U0379910

"十二五"江苏省高等学校重点教材 | 项目编号 2015-1-132

城市总体规划设计
课程指导（第2版）

王勇 著

东南大学出版社
SOUTHEAST UNIVERSITY PRESS
南京·2017

内容提要

这次再版还是从城市规划专业课程设计教学的角度出发,列举城市总体规划编制实际环节中的典型问题,结合总体规划教学的特点,力求为读者(尤其是在校城市规划及相关专业学生)较为全面、系统和综合地阐述如何掌握城市总体规划编制基本技能、方案构思技巧和设计规范应用能力的方法、程序,给学生学习总体规划课程设计提供一本系统、实用的教学指导书。全书主要介绍了城市总体规划编制的基本任务、主要内容和基本程序,分析了城市总体规划编制前期调研技巧和分析预测方法,重点讨论了城市总体布局方案构思和布局艺术,总结了各项专项规划的基本规范。

本书基于实践,立足应用,图文并茂,注重运用实例,突出对规划过程、方法和方案构思的引导,主要适合于城市规划及相关专业和总体规划初学者阅读。

图书在版编目(CIP)数据

城市总体规划设计课程指导/王勇著. — 2版. —
南京:东南大学出版社,2017.12(2023.8重印)
　　ISBN 978 - 7 - 5641 - 7704 - 1

　　Ⅰ. ①城… Ⅱ. ①王… Ⅲ. ①城市规划—建筑
设计 Ⅳ. ①TU984

中国版本图书馆 CIP 数据核字(2018)第 065309 号

书　　　名:城市总体规划设计课程指导(第2版)
著　　　者:王　勇
责任编辑:孙惠玉　徐步政　　　　　　邮箱:894456253@qq.com
出版发行:东南大学出版社　　　　　　社址:南京市四牌楼 2 号(210096)
网　　　址:http://www.seupress.com
出版人:江建中
印　　　刷:南京新世纪联盟印务有限公司　　排版:南京布克文化发展有限公司
开　　　本:787mm×1092mm　1/16　　　印张:20.5　字数:470 千
版印次:2017 年 12 月第 2 版　　2023 年 8 月第 3 次印刷
书　　　号:ISBN 978 - 7 - 5641 - 7704 - 1　　定价:69.00 元

经　　　销:全国各地新华书店　　　　　　发行热线:025 - 83790519　83791830

目录

第1章 导言

一、城乡规划变革

（一）城乡规划的转向

随着市场化、全球化进程的深入和中国社会经济的快速转型,我国城乡关系发生了巨大变迁,城乡规划在变迁中不断变化,在城乡发展中起到了战略引领和刚性控制的重要作用。2006 年《城市规划编制办法》首次明确提出,城市规划是政府调控城市空间资源、指导城乡发展与建设、维护社会公平、保障公共安全和公众利益的重要公共政策之一。伴随着中国新型城镇化道路的推进,城乡规划的主要任务已经从满足基本的增长需求向促进城镇化转型过渡,以及向统筹社会、经济及环境均衡的科学发展转变①。中国城乡规划已经走出了"计划规划""建筑规划"的窄胡同,逐步走向了公共管理,更加明确地凸显城市规划的公共政策特征:由单纯追求经济增长的城市规划转向更多的关注社会弱势群体的利益以及自然生态的长远平衡;由经济效益转向建立于社会和谐、生态平衡之上的可持续发展与社会公平,如维护公共利益、关注弱势群体、理性地调配土地使用、提高和保护自然生态等,把以人为本、尊重自然、传承历史、绿色低碳等理念融入城乡规划全过程,增强规划的前瞻性、严肃性和连续性。城乡规划作为公共政策转向,以政府行为的方式介入社会发展过程,通过调整社会公共资源在不同利益集团之间的分配,纠正市场失灵,维护社会公平,在土地、空间资源的分配上体现社会所期盼的公正性与有效性。

（二）规划办法的转变

2008 年正式实施的《中华人民共和国城乡规划法》(以下简称《城乡规划法》)取代原有的《中华人民共和国城市规划法》(以下简称《城市规划法》),由"城市规划"到"城乡规划",一字之差,就将原来的城乡二元法律体系转变为城乡统筹的法律体系,规划的视野也从城市走向城乡,充分体现了资源保护、公共利益、城乡统筹和科学发展的城乡规划体系。现行《城市规划编制办法》是 2006 年 4 月 1 日起实施的,但是随着我国城市发展进入新的历史阶段,原有编制办法的部分内容已经不能适应当前城市规划编制及管理的需求。因此,住房与城乡建设部也正在对编制办法进行修订。新旧版编制办法在规划主体多元化、系统性、由技术文件转向公共政策方面发生了转变,包括规划编制组织方式的转变、规划前提的转变、规划调控和管理范围的转变、规划编制重点内容的转变、规划功能的转变、规划技术方法的转变。其中规划编制组织方式的转变是指"政府组织、专家领衔、部门合作、公众参与"的组织方式,意味着规划编制从以行政手段为主转向了政府依法行事、社会广

---

① 参见赵佩佩,顾浩,孙加凤. 新型城镇化背景下城乡规划的转型思考[J]. 规划师,2014,30(4):95-100。

泛监督、公众积极参与;规划调控和管理范围的转变指转向突出强调区域统筹和全市域的城乡统筹发展理念;规划前提的转变指预先分析研究当地的资源环境、经济、社会、历史、文化等支撑条件,由此探索与之相适应的发展方向、目标和对策;规划编制重点内容的转变指从确定增长目标、增长速度转向控制合理的环境容量和确定科学合理的建设标准,从确定开发建设项目和安排各类建设用地转向对各类资源实施有效保护和制定空间管制政策;规划功能的转变指从技术文件转向公共政策;规划技术方法的转变指从相对狭窄的工程技术领域拓展到相关领域,广泛借鉴其他学科研究成果和方法,运用新技术,提倡多学科参与、多部门合作,提高城市规划的科学性。

(三)总体规划的取向

长期以来,城市总体规划作为指导城市建设与发展的蓝图,在协调城市发展过程中方方面面的利益和关系上起着至关重要的综合调控作用。每一轮的城市总体规划修编都是城市政府的重要事件,会得到社会各界的广泛关注和支持,传统总体规划的编制体系和方法也在地方规划实践中不断探索变革。随着我国城镇化的快速发展,资源环境、文化特色、社会民生等方面的问题越来越突出,城乡总体规划开始出现七个新的价值取向:规划理念从"以物为本"转向"以人为本";规划编制内容重在界定政府与市场关系,政府从"包办一切"到"管控+供给";规划审批内容重在厘清各级政府纵向关系,从"分工不清"到"责权明晰";规划协调内容重在梳理各部门横向关系,从"九龙治水"到"一张蓝图";规划体系改革重在从"层级脱节"转向"刚性传递";规划技术改革重在从"千城一面"到凸显地方特色与传统文化;规划成果改革重在从"技术文件"到"公共政策"①。在新价值取向的指导下,总体规划开始强化创新空间引领,强化城乡统筹发展,强化区域协同发展,强化绿色发展理念,强化对外开放协作,强化社会多元包容。贯彻落实创新、共享、开放、绿色、协调的发展理念,总体规划才能真正成为保护和管控城乡空间资源的重要手段,保障公共利益和公共安全的公共政策,统筹空间利用的协调平台,指导城乡发展建设的法定蓝图。

(四)规划教育的发展

我国城乡规划学科从20世纪50年代初建设以来,与国家的社会、经济、文化教育事业同步发展,取得了巨大的成就。据全国高等学校城市规划专业指导委员会在2012年做的不完全统计,国内目前设有城乡规划专业的大学院校超过190所,办学领域涉及面较广,涵盖建筑工程类、区域地理类、人文社科类、农林类、行政管理类等,学科发展从传统的工科办学领域拓展到综合领域,初步形成了我国城乡规划教育学科体系,逐步与国际城市规划教育体系接轨。

2011年,我国"城乡规划学"一级学科的正式设立,将"城市"和"乡村"同时纳入城乡规划的学科建设范围,是我国国情所在,是我国城乡建设事业发展和人才培养与国际接轨的必由之路。在中国"新型城镇化"道路的未来发展中,大、中、小城市和广大的农村地区,都急需城乡规划学的专门人才,规划教育发展的重点应集中在规划各门课程的授课过程中,引入情景、案例分析、通过讨论等环节,实现规划知识与技能在应用中的价值观训练。

---

① 《加快城市总体规划改革与创新的倡议书》,参见中国城市规划网。

城乡规划教育和人才培养不断为社会发展和市场需求提供新生力量,这对于促进城乡统筹、区域协调、社会和谐稳定发展都具有重要的现实意义和深远的历史意义。

二、总体规划的编制

(一)总体规划的地位

城市总体规划是全局性、综合性规划,在城市发展中具有战略引领和刚性控制作用,是合理配置城乡资源、优化空间布局、指导城乡建设和管理的基本依据,是城市规划建设管理部门的行政依据,是编制详细规划并依此颁发规划建设许可的法定依据,是指导城市规划建设的法定蓝图。

在当前的城镇化发展阶段,总体规划是现阶段城市发展中建设幸福宜居家园的引领,是建立空间规划体系的主导,是推进治理能力提升的抓手。总体规划的主要作用是发挥规划的宏观调控和综合协调作用,重点解决城市发展的重大问题,从全局的高度确定城市发展的空间布局,既有政策性引导,又有物质空间的控制。长期以来,城市总体规划作为指导城市建设与发展的蓝图,在协调城市各方面的利益和关系上起到至关重要的综合调控作用,其地位和意义是毋庸置疑的。

城市总体规划在空间规划体系中仍然发挥着至关重要的作用,包括"转型指针""战略纲领""法定蓝图""协同平台"。在我国城乡规划编制体系中,总体规划显然是最基本的前提和框架,也是城乡规划工作体系中最高层次、最具权威性的规划,编制各类专项规划,应当依据城市总体规划,对下一阶段详细规划的制订和具体的建设行为具有决定性作用(图1-1)。

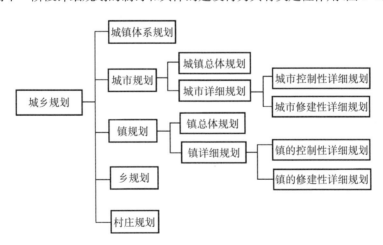

图 1-1 我国城乡规划编制体系图

(二)编制依据

1. 指导城市规划编制的政策

(1)国家和地方的经济与社会发展规划;

(2)国家和地方的城市发展与规划建设政策;

（3）上级政府及职能部门的城市发展建设的工作部署；

（4）各级人民代表大会的相关决议。

2. 规划编制方法的法规依据

（1）《中华人民共和国城乡规划法》，2015 年；

（2）《中华人民共和国土地管理法》，2004 年；

（3）《中华人民共和国环境保护法》，2015 年；

（4）《省域城镇体系规划编制审批办法》，2010 年；

（5）《城市规划编制办法》，2005 年；

（6）《镇规划标准》（GB 50188—2007）；

（7）《城市用地分类与规划建设用地标准》（GB 50137—2011）；

（8）地方各级人民代表大会和政府的城乡规划技术规定、规划建设管理规定、规划编制办法等。

3. 规划编制方法的技术依据

（1）上级区域规划和城市总体规划、城镇体系规划；

（2）相关土地利用、环境保护规划等专项规划；

（3）城市规划指标体系；

（4）其他相关规划设计规范及标准。

（三）编制内容

城市（镇）总体规划的内容应当包括：① 发展目标与战略，包括城市性质、功能定位；城市发展近远期目标，城市总体规划核心指标；人口预测和建设用地规模控制等。② 空间布局，包括市域、城市规划区、城镇集中建设区等不同空间层次的规划布局。③ 专项规划，包括综合交通、生态环境保护、历史文化保护、城市整体风貌、公共服务、城市安全等。④ 规划实施，包括规划实施政策措施和制度保障；分期实施要求和近期建设重点；需要在分区层面规划、详细规划、单独编制的专项规划中深化落实的规划要求等。⑤ 城市总体规划审批机关和城市人民政府认为需要增加的其他内容（表 1-1）。

表 1-1　城市总体规划编制的主要层面及内容

层面	备注
总体规划纲要	确定总体规划重大原则，包括发展目标、区域中地位、市（县）域城镇体系结构与布局、城市性质、规模、总体布局、发展用地、规划范围、重大基础设施及措施
市（县）域城镇体系规划	预测城镇化水平，区域基础设施网络和生态，历史文化保护与建设，城镇职能、等级、空间结构
用地规划	明确用地范围，规划各类城市建设用地的性质、范围以及空间布局，确定城市居住用地及公共配套设施、公共管理和公共服务设施用地等合理分布
专项规划	包括道路交通规划、给水工程规划、排水工程规划、供电工程规划、通信工程规划、供热工程规划、燃气工程规划、园林绿地规划（文物古迹和风景名胜规划）、环境卫生设施规划、环境保护规划、防洪规划、地下空间开发利用及人防规划，7 度以上地震设防城市应编制抗震防灾规划，各级历史文化名城应编制历史文化名城保护规划

层面	备注
近期建设规划	主要依据城市总体规划要求,确定近期建设目标、内容和实施部署,并对城市近期发展布局和主要建设项目做出安排。近期建设规划的规划期限为五年,原则上应与国民经济和社会发展规划的年限一致

　　规划区范围、规划区内建设用地规模、基础设施和公共服务设施用地、水源地和水系、基本农田和绿化用地、环境保护、自然与历史文化遗产保护以及防灾减灾等内容,应当作为城市(镇)总体规划的强制性内容。对于不能明确"定界"的强制性内容,应当在总体规划成果中明确表达需要下位规划落实的内容要求[①]。

　　城市(镇)总体规划的规划期限一般为 20 年,还应当对城市更长远的发展做出预测性安排。

(四) 编制程序

　　城市总体规划编制程序可以分为五个阶段,主要工作内容见表1-2。

表 1-2　城市总体规划编制程序

阶段	主要工作内容
准备	① 了解合同文本,熟悉任务内容、工期要求; ② 了解项目开展的基本条件:基础资料,地形图的覆盖范围、绘制时间、比例大小,行政主管部门的要求,需要跨行政区域协调的问题; ③ 制订工作计划:明确人员分工和技术责任,安排工作进度
调查	① 现场踏勘:了解城市地形、地貌、用地、建筑质量、社会风情、交通情况等方面的现状,绘制现状图; ② 资料收集:收集城市历史、自然条件、人口、工业与仓库、城区道路交通、居住、公共建筑和园林绿化、市政设施、环境保护、郊区、历史文化古迹及人防等资料; ③ 座谈访问:分别召开各专业人员、政府有关部门(如人民代表大会、政协、计划、经济、政策研究等)座谈会,走访社会知情人士、上级有关部门及到相邻城市调研; ④ 对调查资料进行整理,编制基础资料汇编,并对城市的经济结构、用地结构、人口结构、基础设施的基础资料进行分析
方案	① 专题论证:对城市规划中的重大问题进行专题研究(如城市规模、发展方向、产业结构、环境保护、土地与水资源等); ② 方案比选:针对城市发展及布局中的主要矛盾和制约因素,对城市总体布局、发展用地以及城市基础设施开发建设的重大原则问题提出多方案比较; ③ 审查批复:当地人民政府组织纲要审查,审查成果报请市人民政府或上级主管部门批复,作为编制正式成果的依据
成果	① 规划文本:对城市总体规划的各项目标和内容提出规定性要求; ② 附件:规划说明(对文本做具体解释)、专题研究报告、基础资料汇编; ③ 主要图纸(图表)
审批	① 成果审查:由上级主管部门组织专家评审会及成果审查会,经同级人民代表大会或者其常务委员会审查同意后上报; ② 上报审批:按照《城市规划法》第二十一条规定分级审批

资料来源:曹型荣,高毅存,等.城市规划实用指南[M].北京:机械工业出版社,2009:117-118.

---

① 杨保军《从中央城市工作会议精神谈新一轮总规的历史使命》,参见微信公众平台。

（五）编制技术路线

我国目前正处于社会经济的转型期,城市总体规划的编制必须从传统只注重城市规模、空间布局、土地利用等单一的技术工具型编制技术路线中觉醒。传统以发展为唯一主线的技术工具型的规划编制技术路线(图 1-2),关注城市发展,轻视资源保护;关注空间布局,

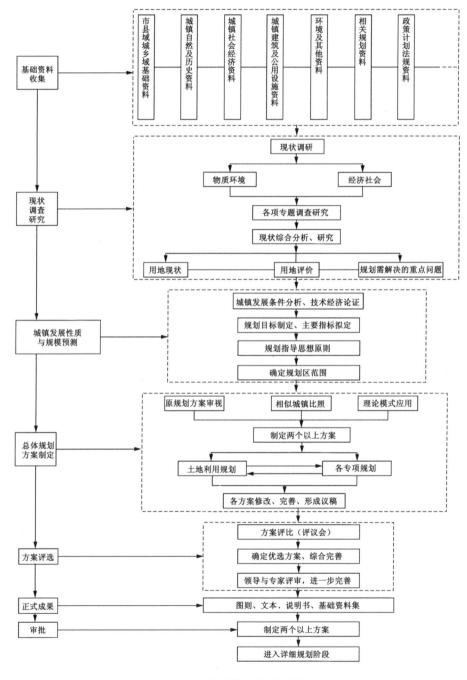

图 1-2 规划编制技术路线

资料来源:华中科技大学建筑城规学院.城市规划资料集第 3 分册:小城镇规划[M].北京:中国建筑工业出版社,2005:17.

轻视空间发展的研究;关注土地利用,轻视利益分配的公正;关注城市规模,轻视发展规律和建设实际;关注城市形象,轻视城市文化;关注规划的技术性,轻视规划的公共政策性。

城市总体规划是对一定时期内城市的经济和社会、土地利用、空间布局以及各项建设的总体综合部署,是建设和管理城市的基本依据,它既是一门科学,也是一项政府职能,又是一项社会活动。作为一门科学,城市总体规划必须首先是一项科学的成果;作为一项政府职能,城市总体规划必须具有公共政策性;而作为一项社会活动,城市总体规划则必须具有可实施性、可操作性。因此,新时期城市总体规划的编制必须走规划与规划实施并行的技术路线,规划沿继承、发展、保护三条主线展开(图1-3)。实施则应对规划的法制性、政策性、市场性内容进行归类,使政府在规划实施管理中有的放矢,达到科学规划、有效实施的目的。

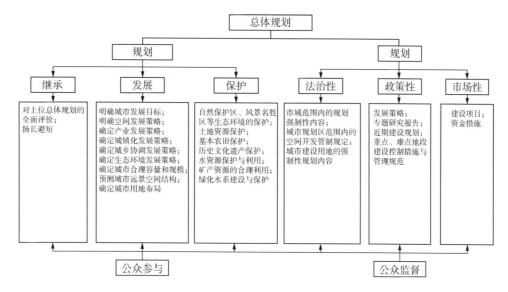

图1-3　城市总体规划编制技术路线框架

资料来源:房艳.新时期城市总体规划编制技术路线的探讨[J].城市规划,2005,29(7):14-16.

三、总体规划设计课程教学基本要求

(一)课程简介

城市总体规划课程是城市规划专业的主要实践内容和课程设计,也是城市规划理论联系城市规划实践的重要教学环节,包括城市总体规划实习和课程设计两部分。通过此课程的实践和教学培养学生认识、分析、研究城市问题的能力,学会协调和综合处理城市问题的规划方法,全面掌握城市总体规划编制的内容和方法,基本具备城市总体规划工作阶段所需的调查分析能力、综合规划能力、综合表达能力。

(二)教学基本要求

1. 课程总体要求

对课程选定的城市(镇)进行社会经济发展及现状设施条件的基础资料汇编的分析与

研究,市(县)域城镇分布图及城市(镇)现状图的绘制,总体规划纲要、文本、规划说明书的编写;城市(镇)建设用地的综合评价,市(县)域城镇体系的分析与规划,城市(镇)性质、规模的论证和确定,城市(镇)总体功能和艺术布局,道路交通系统规划,郊区规划,近期建设规划及各专业系统规划。

在城市总体规划课程设计的教学环节中,从实地的现状调查到规划方案的编制和比选、规划文件的编写,甚至还包括了规划成果的技术评审,通过进行详尽分析讲解和整体实践操作,注重理论与实践相结合,使学生全面掌握城市总体规划编制的全过程,并使学生基本具备从事城市总体规划编制的能力。同时,还注重培养学生的组织能力、社会交往能力和团队合作能力。

2. 分阶段能力培养的基本要求

(1)现场踏勘,收集现状资料及地方对规划的意见,熟悉总体规划资料收集阶段的工作内容和方法,培养学生调查、研究、收集资料的方法与撰写调研报告的能力。

(2)了解总体规划基本内容和特点,在现状资料分析基础上完成规划方案的构思和结构分析,并逐步完善总体规划设计方案。培养方案构思、设计与方案汇报的能力。

(3)在课程设计全过程中,要求具有应用计算机的能力,规划图面表达和说明书、文本编写的能力。

(三)教学方法

(1)坚持理论和实践相结合的基本方法,课堂教学和现场实习教学的方式相结合。

教学内容组织方式结合教学方法,采取课堂理论教学和分组现场及实践教学相结合。根据城市总体规划的教学要求,安排相关理论和专题的课堂教学内容。选择若干个城市(含县城)作为实践教学的案例,将学生分成若干个教学小组,一般每个教学小组有2—4名教师,学生为7—15名。每个教学小组结合某一个案例城市,完成该城市的总体规划,在实践的过程中完成城市总体规划课程的教学。

(2)在教学过程中以个别指导和理论性授课的方式相结合。

在整个教学过程中注重课程设计各阶段学生工作内容分工的调整;注重课程设计各阶段中各种方式的交流;安排大组的专题讲课、各阶段作业讲评以及最终的作业总结和考评。

(3)学生在完成教学课程的过程中以集体合作和个人分工负责的方式相结合。

通过这种教学方式,保证每名学生都能够亲身接触城市的各个方面,感受城市发展的各个领域,真实地了解城市发展过程中出现的问题,并通过所学的专业知识对城市的发展提出相应的对策。

(四)教学案例的选取

总体规划是一门实践性较强的学科,城市总体规划课程结合实践性规划项目组织施教,课程教学的内容和要求可根据实际和虚拟的工程项目来拟定。一般要求尽量选取真题进行实地教学。但由于多方主客观原因,真题选取受到各种限制,会选取一些典型的题目,即虚拟的工程项目,让学生"假题真做"或"真题假做",模拟实际工程项目的各个阶段,促进教学进程。

城市总体规划课程设计的目的是让学生熟悉城市总体规划设计的步骤与内容,了解设计的基本方法。所以,总体规划教学案例的选取,一方面要体现城市总体规划任务的性质;另一方面也要结合总体规划教学,要使学生在规定的教学课时内完成作业,实现教学要求,选取案例的规模和深度一定要适当。在具体案例的选取上,城市规模不宜过大,城市组成要素齐全,学生较容易认识这个城市,调查也比较方便,易于达到训练效果。

一般作为教学案例的规划项目应当根据可能条件在以下的范围内选择:

(1) 中小城市的总体规划编制或调整;

(2) 大中城市的分区规划编制或调整;

(3) 市(县)域规划、城镇体系规划,其中应当包括建制镇、县城等城镇规划的编制或调整;

(4) 其他涉及城市或分区发展目标、规模、总体布局研究的专项性规划编制或调整的项目。

在实际教学中,选题一般以中小城市、小城镇为主,且以选取小城镇为规划对象的较多。本书在一些相关案例的选取上,也主要以小城镇为主。

(五)成果要求

本课程一般是结合实际规划项目进行教学安排,具体要求应结合实际需要及教学要求制定。一般而言,成果应包括规划文件和规划图纸两部分。

规划文件包括规划文本和附件,附件包括规划说明书和基础资料汇编。规划文件中的规划文本,是对规划的各项目标和内容提出条文式、法规式和规定性要求的文件,应当明确表述规划的强制性内容。

文字的表达应准确、肯定、简练。而规划说明书,则用于说明规划中重要指标选取的依据、计算的过程、规划意图等图纸不能表达的问题,以及在实施中要注意的事项。规划图纸与规划文本具有同等的效力,规划图纸所表现的内容要与规划文本相一致。

规划图纸主要包括:

(1) 现状图,即市(县)域布局现状图和中心城(镇)区现状图;

(2) 用地评定图;

(3) 市(县)域城镇体系规划图;

(4) 市(县)域综合交通规划图;

(5) 市(县)域重大基础设施规划图;

(6) 中心城(镇)区用地规划图;

(7) 中心城(镇)区居住用地规划图(包括居住用地的布局规模及配套公共服务设施);

(8) 中心城(镇)区公共管理和公共服务设施规划图(包括行政、教育、科研、卫生、文化、体育、社会福利等公共管理和公共服务设施的用地布局);

(9) 中心城(镇)区综合交通规划图(包括对外公路、铁路线路走向与场站、港口、机场位置,城市干路,公交走廊、公交场站、轨道交通场站、客货运枢纽等的布局等);

(10) 中心城(镇)区道路交通规划图(包括城市道路等级、主要城市道路断面示意等);

（11）各项专业规划图（包括给水、排水工程规划图，电力、电信、热力燃气工程规划图，绿地系统规划图，综合防灾减灾规划图等）；

（12）近期建设规划图。

图纸比例及图幅按实际情况另做要求。图纸内容可根据各组实际要求做适当调整。

四、教学进程的基本框架

（一）总体规划实习阶段

总体规划实习包括两个阶段：前期准备阶段和现状调查阶段。

前期准备阶段：开题（课程任务、要求、规划对象、学习方法与步骤）；资料收集与准备；拟定调研提纲。

现状调查阶段：现状踏勘、收集资料；基础资料的分析、整理；完成调研报告。

一般实习阶段时间为 3—4 周，其中现场实习 4—7 天。

（二）规划研究阶段

规划研究包括两个阶段：前期分析研究阶段和规划纲要阶段。

前期分析研究阶段，主要进行区域（城镇空间分布、交通、资源、生态等）及背景分析，全面把握规划对象的现状特点、问题和发展优势。在此基础上，进行规划纲要研究，主要内容包括：

（1）明确市域城乡统筹发展战略，明确城市规划范围；

（2）分析城市职能，提出城市性质和发展目标；

（3）注重生态环境、土地资源能源、历史文化遗产保护等综合要求，提出禁建区、限建区、适建区范围；

（4）预测城市人口规模，原则确定建设用地规模和建设用地范围，提出市域城镇体系的结构与空间布局；

（5）原则确定市域交通发展策略及对外交通设施布局；

（6）提出重大基础设施和公共服务设施的发展目标；

（7）提出建立综合防灾体系的原则和建设方针。

一般时间为 2—3 周。

（三）总体规划方案阶段

此阶段要求每名学生完成一套规划设计方案，包括用地规划图、结构分析图、用地平衡表及简要说明。此阶段应完成 2—3 个备选方案，达到正草图深度。然后进行规划方案汇总，从所提供的方案中确定一个深化方案。

一般设计时间为 4—6 周。

（四）总体规划方案深化阶段

在确定综合方案后，对公用设施用地（包括供应设施用地、环境设施用地、安全设施用地、其他公用设施用地等)进行市政工程专项规划的编制,并编制近期建设规划,确定城镇近期建设的内容和相关管理控制措施。

一般设计时间为 4—6 周。

(五)总体规划设计成果制作阶段

规划成果编制,包括正式图纸、文本和附件(基础资料汇编和说明书)。

一般设计时间为 2 周。

五、知识准备

(一)规划理论的巩固与理解

城市规划理论大致包括三方面:规划理论、专项规划理论、城市理论。

规划理论集中在规划学科自身以及城市的社会性研究方面。

专项规划理论更多讨论城市物质性的一面,包括城市市政公用设施工程规划的基本知识,如给排水、供热供电、燃气、环境工程、通信和防灾等,同时还包括城市工程管线综合规划的基本知识以及竖向规划的基本知识。

而城市理论对两者均有涉及。这三方面的理论是互补的,彼此支持的,而不是排斥的、唯我独尊的。其关系犹如马赛克镶嵌,即相互共存、补充、完善,从而使我们对城市这个复杂的客体——包括其可见的物质层面和不可见的社会层面——的认识日益全面、深化和丰满。

城市总体规划课程注重对城市规划理论的应用,这就要求学生必须掌握相关的理论知识,并学会应用到规划实践中。城市规划理论基础知识在一些原理类和技术类课程的学习中,往往只做了解性的掌握,而在城市总体规划设计中则成为指导性、参考性甚至是工具性的实用知识,所以,掌握经典的城市规划理论,并注重在规划实践中的应用,是做好城市总体规划的必要前提。

现代城市规划理论演化

现代规划理论在体系演化上经历了城市美化运动、田园城市运动、战略规划思想、倡导性规划、城市复兴运动和可持续发展理念等的发展;在方法论上经历了从系统方法、理性规划、新马克思主义理论、实用主义、后现代主义到协作规划;在规划理念上经历了从生态环境、以人为本、社会公平、公众参与、滚动规划、控制引导到历史文化成为共识等阶段;在内容上有三个明显转变,即从单纯的物质规划论到把社会、经济、文化、环境因素纳入总体规划的转变,从终极蓝图到动态发展的转变,从规划设计到控制引导的转变。

城市规划理论的发展包括以下六个阶段:

(1)1890—1915 年核心思想词:田园城市理论,城市艺术设计,市政工程设计。

(2)1916—1945 年核心思想词:城市发展空间理论,当代城市,广亩城,基础调查理论,邻里单元,新城理论,历史中的城市,法西斯思想,城市社会生态理论。

（3）1946—1960年核心思想词：战后重建，历史城市的社会与人，都市形象设计，规划的意识形态，综合规划及其批判。

（4）1961—1980年核心思想词：城市规划批判，公民参与，规划与人民，社会公正，文化遗产保护，环境意识，规划的标准理论，系统理论，数理分析，控制理论，理性主义。

（5）1981—1990年核心思想词：理性批判，新马克思主义，开发区理论，现代主义之后理论，都市社会空间前沿理论，积极城市设计理论，规划职业精神，女权运动与规划，生态规划理论，可持续发展。

（6）1990—2000年核心思想词：全球城，全球化理论，信息城市理论，社区规划，社会机制的城市设计理论。

2000年以后，更多关注生态文明、文脉传承、存量规划、精明增长、城市治理、区域协调、科学发展等核心关键词。

（二）相关知识的掌握与融汇

城乡规划是一个涉及面非常宽广的专业，是政治与经济、技术与艺术在城市空间上的具体体现，天文地理、人文社会等多方面的知识内容都是构成一个规划方案或一个城市问题研究的影响因素（图1-4，表1-3）。

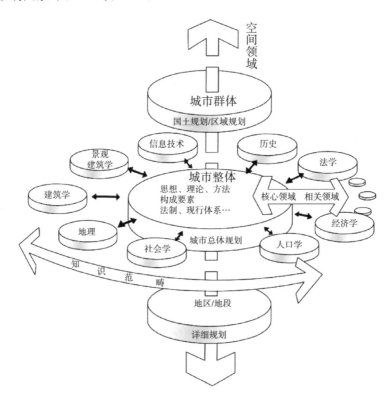

图1-4　城市规划学科知识结构

资料来源：谭纵波.论城市规划基础课程中的学科知识结构构建[J].城市规划,2005,29(6):52-57.

表 1-3　哈佛大学设计学院城市规划基础课程内容

序号	主题	城市规划系列	城市设计系列
1	主题一：现代城市的发展	工业城市的诞生	
2		工业城市中的社会状况	
3		经营城市	
4		住宅问题	
5		装点巴黎	
6		城市理论	
7		城市美化与公园运动	
8		城市规划与设计中的职业道德	
9		城市设计：一个独立的学科或思维框架	
10		规划过程	作为城市建筑的城市设计
11		规划政治学	作为公共政策的城市设计
12		规划、参与和交流	作为复原城市主义的城市设计
13	主题二：城市及其区域的再思考	田园城市	
14		区域规划与大都会地区	20 世纪 20—30 年代
15		美国的郊区化	
16		城市中心的更新	
17		新城或郊区：规划巴黎地区	
18		现代巨型影响力	作为社区行动主义的城市设计
19		环境中的城市	作为聪明增长的城市设计
20		规划中公众关注点的再定义	作为幻想城市主义的城市设计
21	主题三：全球范围的规划设计	殖民地规划	
22		快速城市化的动态	
23		西方模式与发展中国家	
24		经济开发的新合作伙伴	
25		结论：城市设计与规划的相互补充	

资料来源：谭纵波.论城市规划基础课程中的学科知识结构构建[J].城市规划，2005，29(6)：52-57.

城市规划的相关理论基础

（1）经济学原理

经济学与城市规划关系密切，在编制城市规划时要了解经济学的基本知识。规划中，经常运用宏观经济学的分析方法，探讨城市整体的经济增长与衰退、城市规模以及城市化问题；运用微观经济学的原理，可研究城市的空间、土地利用、交通、灾害、居住等问题。

（2）地理学基础

地理学的研究主要为城市规划的核心工作——城市布局，从经济发展、空间布局上提供了理论和事实依据。城市规划中的区域规划、城镇体系规划等需要以地理学作为基础，而地理学从空间研究的角度，对于城市空间结构也提出了许多精辟的见解。

（3）生态学理论

城市规划的任务之一正是在认识和把握自然规律和社会准则的基础上，合理地保护与利用自然资源，维护城市的生态环境平衡。掌握运用生态学理论，通过合理的城市规划，城市在发展的过程中就有可能做到对外尽量降低对自然生态环境的影响，对内实现自然环境与人工环境的有机结合，最终形成城乡一体化的城市乡村关系和城市体系。这种城乡一体化的田园城市也是近代城市发展过程中不断追求的一个梦想。随着生态学理论被大量运用在城市规划中，以营造高质量城市生态环境为目标的理念与思想相继出现，如生态城市、绿色城市、普世城、山水城市、园林城市等。

（4）社会学思维

社会学为城市规划提供了多角度的思维，规划中采纳社会学的成果和方法，可以更深入地把握城市的本质和规律，实现以人为本的规划。城市是社会实体，具有物质性和社会性两方面属性，人与人之间的相互作用和社会关系决定了城市的物质空间形态。城市规划是政府的公共行政手段，是人类社会控制城市空间实现特定目标的工具，需要运用社会学的观点和方法，考察和评价它的社会机制与效果。在城市规划的公共参与、城市更新、文脉发掘等各个方面，社会学正发挥着越来越大的作用。

（5）法学理性

法与现代城市规划存在着密切的关系，法对于规划而言不仅仅是一个可资利用的工具，更是城市规划理性发展的重要来源。现代城市规划走上法制的轨道是发展的必然。

对于城市总体规划设计，相关知识是解决实际问题的重要知识内容之一，尤其是对于问题的分析、思路的拓展、研究的深入都需要有丰富的相关知识体系支持。除了掌握城市规划专业知识外，还要掌握相关知识。与城市总体规划紧密相关的课程主要有：城市规划原理、城市经济学、区域规划、城市地理学、城市道路交通规划、城市生态与环境保护规划、城市工程系统规划、城市规划管理与法规等。

相关知识的综合运用和针对性问题的专题研究，都需借助上述知识体系中的全部或部分知识内容，总体规划设计中对某一方面的深入研究也是提高方案广度、深度和形成新见解的必要途径与方法。

城镇规划内容的扩展

　　城市和区域的社会经济因素,成为新兴的"综合规划"重要内容。综合规划运用系统理论和方法,强调综合性、总体性和长期性。

　　"分离渐进规划"特别注意分解问题,就事论事地解决规模较小的、局部性的问题。较大规模或全局性问题,则将分解成若干小问题,再逐一解决。

　　"混合审视规划"在基本决策时采用综合规划方法,关注实现最重要的目标而不是所有目标;注意城市发展过程中部分变量之间的关系,不是分散力量研究所有的要素。在基本决策的整体框架之下,做项目决策时采用分离渐进规划,保证项目成果服务于基本决策。

　　"连续性城镇规划",克服了以往某些总体规划固守终极状态的僵化,强调城镇规划的渐进过程。连续性规划不是最终的蓝图,而是指导现状改进的法则。不同的城镇规划要素各有一定的时效,例如修建道路与给排水干管,规划期限应长达 50 年,而特定地区的土地利用,不必限定得过于久远,以适应未来经济与社会形势的变化。

——摘自《小城镇规划编制的理论与方法》

（三）规划动态的了解与学习

　　城市规划是一个不断发展变化的学科,城市是各种规划理论与实践的展示地,城市规划中出现的各种新问题也往往超出规划师的知识领域,这就需要城市规划人员对知识不断地学习、不断地更新。

　　总体规划设计中也会出现大量学生在校学习中不曾遇到或无法用所学知识解决的新问题,这就需要有针对性地自学新知识,以及新技术及城市规划新理论的应用等,寻求解决问题的途径与方法。这些都是需重新学习、不断掌握的知识内容。尤其是要注重对同类型研究与设计的最新实例与信息动态的了解,可以这样认为,对相关类型课题或案例的学习、分析与总结是一条学习新知识的捷径。学科的自身发展,多学科的交叉、渗透,新技术与新理论的应用,永远要求一个规划设计人员不断地学习,不断地更新和拓展知识,积极关注国内外城市规划行业发展趋势、学术研究热点和学科发展动态。

中国城市规划未来发展的趋势

　　厦门市城市规划委员会秘书长马武定教授用"七个变化""四个转型"概括:

　　"七个变化"是指:① 政府对待城市规划由以前的任务意识向自觉意识变化;② 由就城市论城市转变到不断拓展城市规划的视野;③ 从局限于城市的性质,人口、规模、空间、用地等方面转变到注重城市的发展机遇、竞争策略、经营理念等方面;④ 从封闭的个体走向开放的城市联合体;⑤ 从说教式、局外人的规划师意识到沟通式的参谋意识、服务意识;⑥ 从严谨的方法规范模式步骤到寻找目标参考提供决策;⑦ 从物质形态规划到社会发展研究。

　　"四个转型"指:① 从精英的理想模式规划到公众实践模式规划;② 由高雅艺术型、

技术型规划到大众文化型和公共政策型规划；③ 由经典的法令型规划转向通俗的契约型规划；④ 由功能评判型规划转向价值评判和导向型规划。

欧美规划的新观点

（1）由"艺术"到"科学"

城镇规划的"物质形体设计"传统转向系统理性的城镇规划。

在传统的"物质形体设计"思想占主导地位的城镇规划中，"美学观念"成为城镇规划的核心和出发点，城镇规划被视为一门"艺术"，主要考虑城镇的物质形体环境或城镇形态，从形体和美学角度规划、设计城镇。而系统和理性的城镇规划将城镇视为包含多种动态的、相互关联的经济和社会活动的大系统，运用系统方法研究各个要素的现状、发展变化与构成关系，综合反映城镇和区域的经济与社会需求。

（2）理性规划理论

相对于过去"作为设计的规划"，理性规划强调以科学和客观的方法认识和规划城镇，这是寻求最好结果的办法。

（3）从实质性规划过渡到过程规划

"行动性规划"，认为规划师还应该是管理者、"各种网络缔造者"和联络者，必须具备"能在谈判桌前更好地促进城镇规划决策"。

倡导性规划的核心是多元主义，规划师作为政府、集团利益、组织利益的代表，或是受政策影响社区个人利益的代表，参与政治进程，能够使公众在民主进程中发挥真实的作用。

（4）后现代主义规划理论

现代主义城镇规划思想是"更为理性地做出公共和政治决策"，依赖理性的工具，自上而下的决策方式，追求"总体综合"的规划观念。

后现代主义城镇规划是关于城镇规划的价值或标准的理论，力求保持城镇的复杂性和多样性。后现代主义放弃了逻辑规划的目标，转而采用启发式的探询过程，将各要素构成的城镇看成没有边际的整体，整个有机体自动维持动态平衡。他们提出，城镇规划不完全是综合、整合行为，原先集中的城镇规划，应该转变为自下而上的社区规划，从国家政策导向转到以人为中心的城镇规划，更能容纳城镇中的多元文化和价值观等因素。

——摘自《小城镇规划编制的理论与方法》

（四）规划技术的实践与应用

城市规划技术可以从工程技术角度来解决城市功能与城市构图美学等问题，诸如城市规划的基本调查方法、数据处理和指标调控、地理信息系统、CAD（计算机辅助制图）辅助设计和各类技术规范等。

现代化技术手段辅助城市总体规划，如城市总体规划应用计算机辅助设计已较普遍地推广，工作图和成果图均可在计算机内编辑完成。AutoCAD 与 GIS 是目前应用最广泛的两种软件。利用 AutoCAD 软件绘图精度高，图面效果精彩，修改方便，可按任意比例复制任意次数。

在城市规划中运用 GIS(地理信息系统)技术,可以为规划提供直观和理性的工具,对规划数据进行存储管理和分析,为规划决策提供评估。近年来,GIS 技术在动态城市规划、规划管理、城市三维可视化中发挥越来越重要的作用。遥感具有获取信息数据资料范围大、速度快、周期短、限制条件少、手段多等优点,在城市规划中运用遥感手段,可以在更大的范围视角下收集信息,进行规划决策。利用 GIS 与遥感技术集成采集规划基础数据,并进行规划基础数据资料的统计分析、空间分析与模拟分析等,如山地城镇规划中坡度、坡向的分析。

(五) 专业技能的训练与准备

城市总体规划是实践性较强的学科,也就要求学生必须掌握一定的规划方法与技能。在理论性知识准备的同时,也要求毕业生在专业技能上有所准备和提高,具体表现为下列四种能力的训练和准备(表1-4):

(1) 规划编制与管理能力:了解城市总体规划编制、审批、实施和管理的基本内容和程序。

(2) 调查和分析研究能力:运用观察、访谈及问卷形式进行数据和资料收集,运用定性、定量方法进行数据和资料的分析、评估,对相关问题进行研究并提出解决方法和建议。

(3) 交往表达能力:具备清楚表达设计意图的能力,包括图纸、文本、解释、研讨和介绍方案等表述能力。

(4) 计算机应用能力:应用计算机进行辅助设计及成果表达。

表1-4　能力培养要求

专业技能	培养要求
规划编制与管理能力	(1) 掌握城市总体规划各项内容中专业术语的确切含义; (2) 城镇体系的含义及其对城市发展的影响; (3) 城市各项基础设施规划的内容; (4) 城市各项公共设施规划的内容; (5) 城市绿地景观系统规划的内容; (6) 城市环境保护规划的内容; (7) 城市规划实施的政策和措施
调查和分析研究能力	(1) 城市基础资料调查的方法和途径; (2) 城市人口统计方法和预测方法; (3) 发现城市现状存在的问题并进行归纳和总结; (4) 对前一轮总体规划的实施情况进行评价,了解城市规划实施的制度与机制; (5) 理解城市发展的复杂性,认识城市管理各部门协调的重要性; (6) 城市总体规划说明书和文本写作的基本能力
交往表达能力	(1) 培养人际交往的基本能力和访谈技巧; (2) 培养团结协作的精神和团体工作能力; (3) 汇报、总结等口头表达的能力

专业技能	培养要求
计算机应用能力	(1) 在大比例尺地形图上进行城市路网和用地布局规划的方案能力； (2) 运用计算机处理城市地形图和绘制规划图纸的基本技能； (3) 探索运用新技术，如 GIS 等，进行城市总体规划相关内容的分析

六、参考借鉴

借鉴一：同济大学《城市总体规划课程》教学大纲①

（一）课程性质与目的

本课程为专业课，是城市规划专业的主要课程设计，也是理论联系实践的重要环节。

本课程的目的是通过对此课程的实践和教学，培养学生认识、分析、研究城市问题的能力，掌握协调和综合处理城市问题的规划方法，并且学会以物质形态规划为核心的具体操作城市总体规划编制过程的能力，基本具备城市总体规划工作阶段所需的调查分析能力、综合规划能力、综合表达能力。

（二）课程基本要求

本课程结合实践性规划项目组织施教。课程教学的内容和要求可根据实际和虚拟的工程项目来拟定。所选项目要体现城市总体规划任务的性质，规模和深度要适当，要使学生可在规定的教学课时内完成作业，实现教学要求。

作为教学案例的规划项目应当根据可能条件在以下的范围内选择：

（1）中小城市或规模较大的建制镇的总体规划编制或调整；

（2）大中城市的分区规划编制或调整；

（3）市（县）域城镇体系规划、县域村镇体系规划，其中应当包括建制镇、县城等城镇或城市规划的编制或调整；

（4）其他涉及城市或分区发展目标、规模、总体布局研究的专项性规划编制或调整的项目。

（三）课程基本内容

本课程的课堂教学是在现场实习教学环节的基础上开展的（具体要求参见城市总体规划实习课程大纲）。在教学过程中以个别指导和理论性授课的方式相结合，学生在完成教学课程的过程中以集体合作和个人分工负责的方式相结合。

为了实现本课程的教学目标，承担本课程的教师在指导学生完成实践性课题项目的过程中，要在城市总体规划实习教学的基础上，按以下两个环节组织教学内容：

1. 课堂指导

1）课堂指导中的主要教学内容

（1）对总体规划方案中涉及的社会、经济和环境条件的要素，如城镇性质和发展目标、人口和用地规模、区域发展等加以论证和提出规划设想；

（2）制定总体布局方案，并进行多方案比较；

（3）制定各主要专项规划的方案；

（4）进行若干专题分析，并反馈到总体规划方案（可选项）；

（5）图纸、文字成果的整理和汇报。

---

① 同济大学城市总体规划教学团队。

2）教学要求与完成成果要求

在教学过程中，应使学生在掌握个人所负责的专项内容的同时，对集体合作的内容以及其他学生负责的内容有全面的了解。

城市总体规划成果要求完成内容的深度要求参照住房和城乡建设部《城市规划编制办法》的要求。

2. 理论教学

在城市总体规划课程教学过程中要辅以较有针对性的理论课教学。理论课分为基本专题和选讲专题，后者可根据实际需要加以选择增减。

1）基本专题

（1）城市总体规划编制、调整的任务、主要内容和法定程序；

（2）区域城镇体系规划与城乡统筹的内容以及方法；

（3）城市总体规划的调查方法和调查内容；

（4）城市用地适宜性评价方法；

（5）城镇人口规模预测的方法及其应用；

（6）城市总体规划方案的制定和多方案比较。

2）选讲专题

（1）城市总体规划基础资料调查研究的意义、内容和方法；

（2）国内外城市规划体系的介绍和评价；

（3）城市总体规划阶段的城市设计问题；

（4）城镇历史文化和风貌规划；

（5）城市绿地和生态环境系统规划；

（6）中小城市道路交通规划；

（7）中小城市市政公用设施规划；

（8）村镇规划；

（9）小城市总体规划深化的途径（开发规划、控制性详细规划）；

（10）近期城镇建设规划和造价估算。

（四）实验或上机内容

本课程要求课内上机时间为17学时，上机内容结合城市总体规划课程设计进行。

（五）能力培养与人格培养

本课程对学生的能力培养要求为满足城市总体规划编制的调查分析能力、综合规划能力、综合表达能力。

本课程的特点为理论联系实践，通过结合实践性规划项目的施教，对学生开展国情了解和中国特色城市发展与规划的人格培养。

（六）前修课程要求

本课程的前修课程为：城市规划原理、城市道路与交通、区域发展与规划、城市工程系统与综合防灾和城市详细规划等专业理论和专业技能课程，本课程的前修实习环节为城市总体规划实习。

（七）评价与考核

本课程为考查课。课程设计过程中共安排两次检查和考核。

1. 本课程第一阶段结束后，应对每名学生完成的城市总体规划方案进行公开讲评，由学生介绍各自方案，每组负责教师进行讲评。学生完成的城市总体规划方案应包括城区土地使用规划总图、规划结构示意图和用地平衡表及简要说明，方案深度应达到墨线正草图要求，不同的土地使用应用不同颜色表示。

讲评结束后，每组负责教师应将学生方案进行归纳汇总，从中确定两至三个可以继续发展的方案进行深化。

2. 整个课程设计完成后,由教学小组组织对各个小组的学生进行考核。考核内容包括:各学生在此阶段所完成的任务及其质量、学生对城市总体规划各个阶段的了解和对城市总体规划其他内容的认识。

考核结束后,各组指导教师应将每名学生的综合评分成绩交教学小组组长。经整理后,教学小组组长应在学期结束后一周内将所有学生成绩交系办公室。

（八）学时分配（表1-5）

表1-5　学时分配表

序号	内容	学时安排				小计
		理论课时	实验课时	习题课时	上机课时	
1	城市总体规划方案(1)	7	—	—	1	8
2	城市总体规划方案(2)	7	—	—	1	8
3	城市总体规划方案(3)、阶段考核	7	—	—	1	8
4	城市总体规划方案汇总(1)	7	—	—	1	8
5	城市总体规划方案汇总(2)	7	—	—	1	8
6	城市总体规划方案汇总(3)	7	—	—	1	8
7	城市总体规划方案汇总(4)	7	—	—	1	8
8	城市总体规划方案调整、完善	7	—	—	1	8
9	城市总体规划方案深化(1)	7	—	—	1	8
10	城市总体规划方案深化(2)	7	—	—	1	8
11	城市总体规划方案深化(3)	7	—	—	1	8
12	城市总体规划方案深化(4)	7	—	—	1	8
13	城市总体规划方案深化(5)	7	—	—	1	8
14	城市总体规划方案深化(6)	7	—	—	1	8
15	城市总体规划方案成果制作(1)	7	—	—	1	8
16	城市总体规划方案成果制作(2)	7	—	—	1	8
17	课程检查与考核	7	—	—	1	8
	总计	119	—	—	17	136

（九）教材与主要参考书

(1) 吴志强,李德华. 城市规划原理[M]. 4版. 北京:中国建筑工业出版社,2010;

(2)《中华人民共和国城乡规划法》;

(3) 住房和城乡建设部《城市规划编制办法》《镇规划标准》(GB 50188—2007)等有关标准及技术文件;

(4)《城市用地分类与规划建设用地标准》(GB 50137—2011)等相关国家标准。

借鉴二：西安建筑科技大学城市总体规划教学日历①

教学日历

课程名称：城市总体规划。本课总学时：100学时＋4周＋1周（表1-6）。

表1-6 城市总体规划总学时分配表

周次	周学时	学时	课堂教学内容	课外学习内容及作业
1	11	4	一、前期准备 （一）开题（课程任务、要求、学习方法与步骤及题目介绍） （二）城市总体规划基础资料的内容与方法	1. 教学分组；选定组长、副组长 2. 收集、学习有关资料、文件和法规 3. 拟定调研提纲 4. 准备现状踏勘、调研
		7	（三）拟定、讨论、完善调研提纲	
2	K	K	二、现状踏勘、调研、资料收集、分析、整理 （一）现状踏勘、收集资料	1. 个人完成一个中小城市总体规划的实例解析 2. 现状（分析）图及技术经济指标（小组） 3. 提交初步调研成果（小组、个人）
3	K	K	（二）基础资料分析、整理	
4	11	11	（三）讨论、完善调研成果	提交正式调研成果 小组：基础资料汇编。个人：调研报告（个人规划设计实践成果）
5	11	11	三、规划研究 （一）前期分析研究 （1）区域（城镇空间分布、交通、资源、生态等）及背景分析； （2）县域城镇分布现状研究； （3）研究现状特点、问题和发展优势；确定规划指导思想、原则和目标；规划措施	1. 完成研究报告 2. 小组分工，完成现状图及相关分析图（个人成果一）
6	11	11	（4）初步确定县域城镇体系结构； （5）初步确定城市性质、期限、规模； （6）初步确立规划经济技术指标体系	
7	11	4	课堂讨论	快题准备
		7	（二）个人规划结构研究 快题：县城总体布局规划（结构及用地布局）	（个人成果二）
8	11	4	快题讨论	—
		7	（三）小组规划研究	
9	11	11	（1）研究确定县域城镇体系规划； （2）研究确定规划指标体系； （3）总体布局规划结构（一）	每个小组形成2—3个方案

---

① 西安建筑科技大学中小城市总体规划精品课程，参见网址 http://netedu.xauat.edu.cn。

周次	周学时	学时	课堂教学内容	课外学习内容及作业
10	11	4	方案比较	—
		4	(4) 总体布局规划结构(二)	每个小组形成一个方案
		3	(5) 用地规划布局(一)	个人完成用地规划图(个人成果三)
11	11	11	(6) 总体布局规划 • 规划结构; • 用地规划布局(二)(综合一个方案); • 道路交通系统规划; • 绿化景观系统规划; • 公共设施系统规划; • 郊区规划; • 近期建设规划	组长负责小组分工,组员明确各自的工作内容和任务,完成各自工作
12	11	4	课堂讨论总体布局规划	—
		7	(7) 调整总体布局规划	完成说明书初稿
	K	K	(8) 市政工程规划 • 给排水工程规划图; • 电力、电信工程规划图; • 供热、燃气规划图; • 防灾规划图; • 环卫、环保规划图	小组成员完成各自工作,并完成说明书初稿(邀请相关教师协助完成)
	K	0.5K	(9) 完善整合规划方案	准备正式成果的编制
		0.5K	四、规划成果编制 (1) 正式图纸;	
	K	K	(2) 文本; (3) 附件(基础资料汇编和说明书); (4) 个人阶段成果	—

借鉴三:苏州科技大学城乡总体规划设计教学任务书①

(一)区域发展分析

通过对该小城镇的社会、经济、能源、环境和基础设施等现状基础资料的调查,了解其在周边区域中的地位和优势,充分分析其在镇域范围内的生产力布局特点、环境资源利用状况以及镇区发展潜力,确定城镇发展职能、结构和规模等级,明确镇域经济发展总体框架,同时,对镇域范围内的基础设施制定规划纲要及总体布局结构。

评价体系:

(1) 镇域综合现状评价;

(2) 镇域城镇体系结构评价;

(3) 镇域环境、能源和资源发展分析;

(4) 镇域基础设施协调概况。

---

① 苏州科技大学城市总体规划教学团队。

（二）规划目标

（1）通过对各项现状基础资料的调查分析,明确区域社会经济发展的优势和制约因素,确定城镇在区域社会经济发展中的地位、主要功能和性质,进一步完善镇区的土地使用和各项设施的结构和功能,对镇区内功能用地和各专项工程系统做出相应的规划布局。

（2）深化总体规划的意图,对镇区开发地块提出主要控制内容和要求。

（3）成果基本组成模块:① 现状调查报告(文字＋现状综合分析图);② 镇域镇村布局;③ 镇区总体布局;④ 专项规划设计(公建、市政设施等)。

（三）规划内容

1. 基本组成

包括总体规划文本、规划说明书、现状调查报告、总体规划设计图纸、其他相应的计算机文件,多人合作完成。

2. 总体规划编制图纸基本内容

① 区位图;② 现状图(用地现状、基础设施现状等);③ 与周边环境的关系分析图(若干);④ 总体布局图(用地性质规划图);⑤ 功能结构分析图;⑥ 道路交通规划图;⑦ 绿地系统规划图(景观组织及构成环境要素的规划设计分析);⑧ 电力电信规划图;⑨ 给水排水规划图;⑩ 防洪防灾规划图;⑪ 近期建设规划图(用地规划);⑫ 近期公建、道路、市政设施等规划图(视需要增减图纸);⑬ 远景规划图等。

3. 图纸规格要求

（1）符合总体规划编制的行业要求和国家标准。

（2）规划设计图纸以 A3(420 mm×297 mm)大小文本方式装订成册(软面胶装)。

4. 设计成果附件要求(计算机文件)

（1）文本文件采用 Microsoft Office(微软办公软件)的 DOC 格式文件编辑;图形文件采用 AutoCAD 的 DWG 格式文件编辑,坐标系应与实际坐标系保持一致;

（2）提交以上电子文件(转换成 PDF 格式文件)。

5. 设计成果的深度说明

（1）总体规划必须符合《城市规划编制办法》的深度要求;

（2）近期建设规划可结合教学目标适当简化;

（3）设计图纸和文件必须做到清晰、完整,尺寸齐全、准确,图例、用色规格应尽量统一,符合行业标准要求。

第2章　现状调查与分析

城市建设是一个不断变化的动态过程。为了科学合理地制定城市总体规划,在规划编制过程中需要对现状资料进行调查、研究与分析。

城市规划调查研究按其对象和工作性质大致可分为三大类:对物质空间现状的掌握;对各种文字、数据的收集整理;对市民意识的了解和掌握。城市总体规划现状调查应根据城市规模和城市建设具体情况的不同而有所侧重,不同规模与深度的城市总体规划对资料收集工作的深度也有不同的要求。

由于现状调查研究是一项繁杂的工作,涉及面广,因此,需采用分工合作的方式进行,一般根据城镇用地大小和系统分类分成若干组,分门别类地收集调查,并加以汇总分析。

一、现状调查

(一)前期准备

1. 课题预先分析

在开展调查以前,要做好充分的准备工作。首先要把所需资料的内容及其在规划中的作用和用途吃透,做到目的明确、心中有数。可以通过图书、资料、档案、报刊、网络等途径,通过查找、浏览、阅读、摘录等方式,收集一些相关的信息,对编制总体规划的城市进行初步的了解,形成初步的认知,对规划对象进行预分析。

2. 实例资料调研

实际案例的研究是一种迅速掌握同类型设计要点的好方法,尤其是针对总体规划设计的现状调查,详细参考和分析已经完成的总体规划的基础资料汇编,通过摘录部分现状调查报告的主要内容和典型段落,能够快速了解总体规划阶段现状调查所需的资料和深度。

3. 调查提纲拟定

在此基础上拟定调查提纲,列出调查重点,然后根据提纲要求,编制各个项目的调查表格。表格形式根据调查内容自行设计,以能满足提纲要求为原则,使调查针对性强,避免遗漏和重复。

4. 地形图的准备

编制规划前,必须具备适当比例尺的地形图(区域、城市)。它为分析地形、地貌和建设用地条件提供了依据。随后,通过踏勘和调查研究,可以在地形图上绘制现状分析图,作为编制规划方案的重要依据和基础。同时,要准备绘图工具。

5. 工作计划安排

制定调查工作框图和详尽的工作计划,摆明各环节的主要内容,进一步研究用什么方法、到什么部门去收集有关资料。

编制总体规划需收集的基础资料

1) 市(县)域基础资料

(1) 市(县)域的地形图,图纸比例为 1/200 000—1/50 000;

(2) 自然条件和资源状况;

(3) 经济发展状况、环境状况,土地开发利用状况;

(4) 主要城镇状况;

(5) 主要风景名胜、文物古迹、自然保护区状况;

(6) 区域基础设施状况;

(7) 有关经济社会发展计划、发展战略、区域规划等方面的情况。

2) 城市基础资料

(1) 近期绘制的城市地形图,图纸比例为 1/25 000—1/5 000;

(2) 城市自然条件及历史资料;

(3) 城市经济社会发展资料;

(4) 城市建筑及公用设施资料;

(5) 城市环境及其他资料。

3) 其他资料

(1) 上位规划和上几版规划;

(2) 国民经济与社会发展统计资料或统计年鉴(近 5 年);

(3) 市(县)志及专业志如建设志、交通志、环保志等;

(4) 相关规划意愿收集汇总:当地和上级政府对城镇发展的设想、民众意愿等;

(5) 专项规划:基本农田保护、交通、市政、产业等相关的专项规划(包括文字、图纸)。

必要时,还需收集城市相邻地区的有关资料。

基础资料可视所在城市的特点及实际需要增加或简化,并进行分析汇编。基础资料数据必须准确。

(二) 资料调查

现状基础资料收集,主要包括相关规划、现状基础资料和相关规划意愿的收集等。要求学生通过部门调查、访谈、问卷调查等方式,从当地城建及有关主管部门收集有关城建及各项专业性资料并加以整理分类,一般分以下几组:

1. 区域环境及上位规划

城市总体规划阶段,要将所规划的城市或地区纳入更为广阔的范围,才能更加清楚地认识所规划的城市或地区特点及其未来发展潜力。区域环境指城市与周边发生相互作用的其他城市和广大农村腹地所共同组成的地域范围。区域环境和上位规划将对城市总体规划编制提供较好的指导依据。调查和评估已有的城市总体规划编制及实施情况,可以明确新一轮总体规划修编的重点和方向。

2. 历史文化环境调查

历史文化环境的调查,首先要通过对城市形成和发展的过程进行调查,把握城市发展的动力以及城市形态演变的动因,包括城市历史沿革、地址变迁、规划史料、历史文化遗产及当地的民俗等等。其中城市的经济、社会和政治状况的发展演变是城市发展最重要的决定因素。通过了解历史沿革,可以以史为鉴,来分析城市未来的发展趋势,有助于确定城市的性质和发展方向,做出富有地方特色的规划方案。同时,使文化遗产得以保护和利用。

如果掌握资料比较充分,可以画出每个阶段的城市历史演化图。

3. 自然环境调查

自然环境是城市生存和发展的基础,不同的自然环境对城市的形成起着重要的作用。不同的自然条件影响决定了城市功能组织、发展潜力、外部景观(如南方与北方、平原与山地、沿海与内地等城市景观的差异)。环境的变化也会导致城市发展的变化,如自然资源的开采和枯竭,会导致城市的兴衰。

在自然环境的调查中,主要涉及以下几个方面:

(1) 自然地理环境。包括地区自然资源概况、勘察资料(即工程地质、水文地质资料)、测量资料(各类地形图和地下管网等测量图)、气象及水文资料等。

(2) 气象因素。包括风象、气温、降雨、太阳辐射等。

(3) 地质灾害。地震情况,以及冲沟、滑坡、沼泽、盐碱地、岩溶、沉陷性大孔土的分布范围,洪水淹没线应在用地评定图上标出。

(4) 生态因素。包括城市及周边地区的野生动植物种类与分布、生物资源、自然植被、园林绿地、城市废弃物的处置对生态环境的影响等。

通过自然环境资料的调查,了解地形起伏、地质地貌、水文地质,以用于城市用地评定,选择城市用地。根据风象资料绘制的"风玫瑰图"是进行功能分区的重要依据之一。自然灾害资料是选择城市用地和经济合理地确定城市用地范围的依据,是做好规划设计的前提条件之一。

4. 社会环境调查

(1) 人口方面。人口分布资料主要涉及现有人口规模、人口构成、自然变动、迁移变动和社会变动等(表 2-1 至表 2-7)。

表 2-1　人口概况表　　　　　　　　　　　　单位:户人

单位名称	总户数	总人口	男	女	非农业人口

表 2-2　人口变动一览　　　　　　　　　　　　单位:万人

年份 \ 人口数	年底总人口	常住人口	暂住人口	流动人口

表 2-3　总人口增长情况　　　　　　　　　　　　　单位：人；‰

年份	自然增长				机械增长				综合增长	
	增长率	合计增长人口	出生人口	死亡人口	增长率	合计增长人口	迁入人口	迁出人口	增长率	合计增长人口
平均										

表 2-4　人口年龄结构　　　　　　　　　　　　　单位：人；%

人口数及其比重 年龄段	人口数	所占比重
0—5 周岁		
6—14 周岁		
15—64 周岁		
65 周岁及以上		
合计		

表 2-5　人口性别结构　　　　　　　　　　　　　单位：人；%

人口数及其比重 性别	人口数	所占比重
男		
女		

表 2-6　人口文化结构　　　　　　　　　　　　　单位：人；%

文化程度	人口数	所占比重
文盲		
半文盲		
小学		
初中		
高中、中专		
大专及以上		
合计		

注：文化构成中不统计 6 周岁以下儿童人数。

表 2-7　人口从业结构　　　　　　　　　　　　　　　　　单位:人;%

人口数及其比重 行业	人口数	所占比重
全部实际就业人数		
农林牧副业		
工业		
建筑业		
交通仓储邮电业		
批发贸易商饮服务业		
其他		

现状人口资料是确定城市性质和发展规模的重要依据之一。通过对城市人口的职业构成和年龄构成的分析,还可了解城市劳动力后备力量的状况,确定公共福利和文教设施的不同种类、数量和规模。根据城市人口的发展规模,确定城市各个时期的用地面积。

可以充分利用曲线图、比例图来直观地从中找出一定的规律和发展趋势。如人口自然增长率和机械增长(或减少)的曲线,人口年龄构成图。

(2) 社会组织和社会结构方面。主要有构成城市社会各类群体以及他们之间的相互关系,包括家庭模式、家庭生活方式、家庭行为模式以及社区组织等。此外,还有政府部门、其他公共部门及各类企事业单位的基本情况。

人口调查

人口调查的主要目的是要摸清城市现状人口规模。包括三部分:① 常住人口;② 暂住人口(居住三个月至一年的外来人口);③ 流动人口(暂不计入城镇人口规模)。前两项构成城镇人口规模。

常住人口又包括:非农业人口和建成区农民。其中,非农业人口又包括:①"吃商品粮"的人口;② 长年从事第二产业、第三产业的外来人口(包括农民进城);③ 中等以上学校招收的农村学生;④ 部队驻军等。

统计现状用地平衡表的人口是指常住人口和暂住人口构成的城镇人口。

总人口可以直接从统计年鉴中调查得到,城市人口除查统计年鉴外还要到公安局(派出所)、教育局(各类学校)以及建成区内各乡、村调查才能得到数据。

5. 经济环境调查

城市经济是影响和决定城市发展的最重要因素,在城市规划中,经济资料的调查是论证和确定城市发展战略目标、性质、规模的基础。城市经济环境调查包括以下几个方面:

(1) 城市整体的经济状况。包括国民经济和社会发展过去、现状以及自然资源的开发利用情况。如城市经济总量及其增长变化情况、城市产业结构、工农业总产值及各自的比重，以及当地资源状况、经济发展优势和制约因素等（表 2-8 至表 2-13）。

表 2-8　国内生产总值主要经济指标

年份	国内生产总值(当年价)(万元)	其中						人均国内生产总值(元/人)	社会总产值(当年价)(万元)
		第一产业		第二产业		第三产业			
		总值(万元)	比重(%)	总值(万元)	比重(%)	总值(万元)	比重(%)		

表 2-9　第一产业行业结构　　　　　　　　　　　　　　　　单位：万元；%

行业名称 ＼ 项目	增加值	比重	比上年增长
第一产业			
农业			
林业			
牧业			
渔业			

表 2-10　工业主要经济指标

项目		企业单位数(家)	工业总产值(当年价)(千元)	上交税金(千元)	实收资产(千元)	年末全部从业人员(人)
总计						
按轻重工业分	轻工业					
	重工业					
按企业类型分	集体企业					
	股份制企业					
	私营企业					
	个体企业					
	其他企业					
农村工业						

表 2-11　工业结构分行业结构　　　　　　　　　　　单位:万元;%

	增加值	比重	比上年增长
总计			
食品加工制造业			
木材加工制造业			
非金属矿采选业			
黑色金属矿采选业			
非金属矿物制造业			
水电生产与供应业			
其他行业			

表 2-12　主要工业企业情况　　　　　　　　　　　单位:人;万元

企业名称	企业属性	年底从业人数	经营项目	总产值	净资产	产品销售收入	税收	利润总额

表 2-13　第三产业行业结构　　　　　　　　　　　单位:万元;%

项目 行业名称	增加值	比重	比上年增长
总计			
农林牧渔服务业			
水利管理业			
交通运输业			
邮电通信业			
批、零、贸易餐饮业			
金融保险业			
房地产业			
社会服务业			
卫生体育社会福利业			
教育文艺广播电视业			
科研和综合技术服务业			
国家政党机关和社会团体			

　　(2)城市中各产业部门的状况。如工业、农业、商业、交通运输业、房地产业等。特别是调查工业现状及规划资料,包括用地面积、建筑面积、产品产量产值、职工数、用水量、用

电量、运输量及污染情况,近期计划兴建和远期发展的设想。工业是城市经济发展的主体,也是城市形成和发展的基本因素。工业布局常常决定城市的基本形态、交通流向和道路网络。因此,掌握城市工业现状和发展的基础资料,才能比较合理地安排城市总体布局。

（3）有关城市土地经济、建设资金等方面的内容。包括土地供应潜力与供应方式、房地产市场的概况、历年城市公共设施、市政设施的资金来源、投资总量以及资金安排的程序与分布等。

6. 城市住房及居住环境调查

（1）居住。包括居民点概况、现有居住区的情况（包括住房建筑面积、居住面积,建筑层数、密度、质量以及居住环境和居住水平方面的资料）。

（2）公共管理与公共服务配套。城市行政、经济、社会、科技、文教、卫生、商业、金融等机构和设施的现状和规划资料,现有主要公共建筑的分布、用地面积、建筑面积、建筑质量和近期、远期的发展计划等（表2-14）。

表 2-14　公共设施一览表

单位名称	建筑面积（m²）	占地面积（m²）	职工人数（人）	备注

通过调查了解城市公共建筑和文化福利设施的水平、分布是否合理,以便在规划中提出改进措施,对于一些必要的大型公共建筑项目,即使近期无修建计划,也应该预留用地。

（3）城市园林绿化、开敞空间及非城市建设用地调查。包括公共绿地的数量及其分布、面积、人均公共绿地面积、绿地率,市域森林、湿地、风景区、生态保护区、各类绿化防护带以及农田林网用地等。

7. 城市道路与交通设施调查

此项调查包括对外交通、市内交通和道路现状、存在的问题和规划设想。

（1）对外交通。交通运输的方式种类、区域和城市高等级公路现状（等级、宽度及长度）及规划设想,包括铁路、公路的技术等级、客货运量及其特点、站场的布点、用地面积;周围河流的通航条件、运输能力,码头设置的现状等（表2-15至表2-17）。

表 2-15　对外交通情况一览表

路线名称	属性	里程（km）	路面宽度（m）	路基宽度（m）	路面种类

表 2-16　航道状况一览表

航道名称				
航道等级				

表 2-17　汽车站一览表

名称		
占地面积(m²)		
建筑面积(m²)		
停车场面积(m²)		
客流量(人)		

（2）市内交通。各条道路的路幅、横断面形式、公交线路、公交站场、公共停车场布点、用地面积，加油站布点、用地面积，主要桥梁位置、结构类型、载重等级（表 2-18 至表 2-20）。

表 2-18　城区道路一览表

名称	走向	性质	长度(m)	宽度(m)	断面形式	备注

表 2-19　主要桥梁一览表

桥梁名称	性质	总长(m)	净宽(m)	使用情况	河流名称	荷载

表 2-20　停车场情况一览表

名称	位置	用地面积(m×m)
＊＊停车场		
＊＊停车场		
合计面积		

均应了解其修建计划及其投资来源，并尽可能按专业附以图表。这些资料是进行市政公用工程系统规划的主要依据。

8. 市政公用工程系统调查

市政公用工程系统主要指各项市政工程、公用事业等。包括给水、排水、供热、供电、燃气、环卫、通讯设施和管网的现状基本情况和存在问题，以及水源、能源供应状况和发展前景。

（1）给水资料：水源地点、水质等级、水源保护现状；现状用水量、供水普及率、供水压力；现状水厂布点、用地面积、地址；现状配水管网的分布、管径；现有水厂和管网的潜力及扩建的可能性（表 2-21、表 2-22）。

表 2-21　现状水厂情况表

水厂名称	所在市、乡镇	水厂日供水能力(t)	供水水源	备注

表 2-22　用水量统计表

	最高日用水量（m³）	平均日用水量（m³）
居民生活用水		
公共建筑用水		
企业用水		
消防用水		
浇洒道路和绿地用水		
管网漏失及未预见用水		

（2）排水资料：排水体制；污水排放设施、地点、处理手段、污水处理率；现状污水排水管网的分布、管径；污水处理设施布点、用地面积、出口位置；雨水排水管网的分布、管径（表 2-23）；涵闸现状；城市及周边地区现状水系。

表 2-23　污水处理厂调查表

名称	建成时间	职工数（人）	位置	设计规模（t/日）	处理量（t/日）	处理工艺	尾水情况	排放情况

（3）供电资料：电厂、变电所、站的容量、位置；区域调节、输配电网络概况、用电负荷的特点；高压线走向、高压走廊等（表 2-24、表 2-25）。

表 2-24　变电站一览表

变电站名称	变电电压（kV）	主变台数（台）	总容量（kVA）

表 2-25　现有输配电网络一览表

输配电线路名称	起点	迄点	等级

（4）电信情况：电信设施及电信电缆（或电讯导管）的布置、走向；电信网点的布点、容量、用地面积等。

（5）燃气情况：现状气种、气源、气化率；现状输配气管网分布、管径。

（6）防灾设施：人防工程现状布置、设施；抗震防灾现状设施、措施；避震疏散道路；防洪、排涝的设施分布、标准；消防站、消防大队、消防栓等设施分布、消防装备,消防供水现状等。了解城市预警系统、应急系统及有关设施的现状情况和修建计划。

以上各项除现状外,均应了解其修建计划及其投资来源,并尽可能按专业附以图表。这些资料是进行城市市政公用工程系统规划的主要依据。

市政公用工程系统调查要求

作为一个系统调查分组,市政组调研点多面广量大,要做到以下三点:

(1) 不缺漏——涉及项目多,要求不能缺项漏项;

(2) 分层面——地域上分大区域、市(县)域、城市(镇)三个层面,时间上分历史、现状、规划三个层面;

(3) 有重点——一般情况下,要抓住水资源调配、城市安全两个重点进行调研。

---

9. 城市环境状况调查

(1) 环境保护:水源保护区,环境监测成果,环境污染(废水、废气、废渣及噪声)的危害程度,包括污染来源、有害物质成分。其他影响城市环境质量有害因素的分布状况及危害情况,地方病及其他有害健康的环境资料以及对各污染源采取的防治措施和综合利用的途径。

(2) 环境卫生:各类废弃物量,废弃物收集、运输、排放、废弃物无害化处理状况,垃圾处理场、收集及中转站、公共厕所的分布,环卫专用车辆及停车场、进城车辆冲洗站,其他环卫机构等的数量与分布。

(三) 用地调查

按照《城市用地分类与规划建设用地标准》(GB 50137—2011),城市用地分类包括城乡用地分类、城市建设用地分类两部分,应按土地使用的主要性质进行划分。用地分类采用大类、中类和小类三级分类体系。大类应采用英文字母表示,中类和小类应采用英文字母和阿拉伯数字组合表示。其中,市域内城乡用地共分为 2 个大类、8 个中类、17 个小类。城市建设用地共分为 8 个大类、35 个中类、44 个小类[①]。

现场踏勘阶段,按照国家《城市用地分类与规划建设用地标准》(GB 50137—2011)所确定的城市用地分类,对规划区范围的所有用地进行现场踏勘调查,对各类土地使用的范围、界限、用地性质等进行实地调查和实物调查,并在地形图上进行标注,编制现状分析图和用地计算表。

作为现状图的地形图一般没有完全反映地形地物的现实,如现有资料精度不够或不完整或与现状有出入,因此必须补绘。补绘上的东西主要有新建的房屋、新开辟的道路、填挖土方对标高的改变、重要植被的改变等。补绘一般必须运用测量仪器,在要求不太精确的情况下也可以找一定参照物用皮尺实地量度,按比例描绘在地形图上。

在现场踏勘时要做到"三勤二多"。"三勤":一要腿勤,即要多走路,以步行为好,在步

---

① 《城市用地分类与规划建设用地标准》(GB 50137—2011)。

行中把地形、地貌、地物调查清楚,把抽象的平面地形图化为脑子中具体的、空间的立体图。二要眼勤,要仔细看、全面看,对特殊情况要反复看,并记忆下来,发现问题时,应联想规划改造的方案,把资料与规划挂上钩。三要手勤,把踏勘时看到的、听到的随时记下来;对地形图不符合实际或遗漏的地方及时修改补充,重要的还要事后设法补测。"二多":一要多问,即多向当地群众和有关单位请教;二是多想,即多思考,对调查中发现的现状情况要反复研究,避免规划脱离实际。

(四)主要调查方法

1. 文献资料的运用

在城市总体规划中所涉及的文献主要包括:历年的统计年鉴、各类普查资料(如人口普查、工业普查、房屋普查)、城市志或县志以及专项的志书(如城市规划志、城市建设志等等)、历次的城市总体规划或规划所涉及的一层次规划、政府的相关文件与已有的相关研究成果等。

2. 现场踏勘调查或观察调查

这是城市总体规划调查中最基本的手段,可以描述城市中各类活动与状态的实际状况。主要用于城市土地使用、城市空间使用等方面的调查,也用于交通量调查等。通过规划人员直接的踏勘和观察工作,一方面,可以获取有关现状情况,尤其是物质空间方面的第一手资料,弥补文献、统计资料乃至各种图形资料的不足;另一方面,可以使规划人员在建立其有关城市感性认识的同时,发现现状的特点和其中所存在的问题,为将来的规划设计提供灵感。

3. 抽样调查或问卷调查

在城市总体规划中针对不同的规划问题以问卷的方式对居民进行抽样调查。这类调查可涉及许多方面,如针对单位,可以包括对单位的生产情况、运输情况、基础设施配套情况的评价,也可包括居民对其行为的评价等,如针对居民的则可包括居民对其居住地区环境的综合评价、改建的意愿、居民迁居的意愿、对城市设计的评价、对公众参与的建议等。

4. 访谈和座谈会调查

通过文献、统计资料、图形资料的收集、实地踏勘等调查工作主要获取城市的客观状况。而对于城市相关人员的主观意识和愿望,无论是城市规划的执行者,还是城市各级行政领导,抑或广大市民阶层,则主要依靠各种形式的社会调查获取。访谈性质上与抽样调查相类似,但访谈与座谈会则是调查者与被调查者面对面的交流。在规划中这类调查主要运用在这样几种状况:一是针对无文字记载也难有记载的民俗民风、历史文化等方面的对历史状况的描述;二是针对尚未文字化或对一些愿望与设想的调查,如广大市民对城市中各部门、城市政府的领导以及对未来发展的设想与愿望等;三是在城市空间使用的行为研究中心的情景访谈。在访谈中要注意提取针对同一个问题来自不同人群的观点和意见。

最后还要说明的是,城市规划调查研究工作始终贯穿与规划编制工作的全过程。除集中在城市规划工作的前期阶段进行外,在规划方案的编制、修改过程中还会根据实际需要反复进行相关补充调研活动。

（五）调查资料汇总

基础资料汇总是城市总体规划中一项繁琐但很关键的工作,基础资料内容的翔实、准确与及时直接影响着城市总体规划最终成果的可操作性和科学性。基础资料汇总一般包括三个方面内容,即电子资料汇总、文字资料汇总、座谈及访谈笔记汇总。

1. 电子资料汇总

电子资料包括图件和文字两部分内容。首先明确工作底图,核对坐标系和比例尺。其次建立资料库,将各类文字资料按专业类别分类归档,由专人保管。

2. 文字资料汇总

文字资料包括各类部门提供的行业资料,项目组要进行清理分类,按专人专项检查有无遗漏,并记录后交与委托方补充。

3. 座谈及访谈笔记汇总

针对不同座谈会的会议录音,记录整理纪要,结合访谈笔记撰写总结,作为现状分析的原始素材。

调查时注意事项

（1）调查市县域和城市两个方面的资料。

（2）图文资料全面收集,注意专业部门图纸与总体规划图纸的差异,做好两种图纸的衔接对应工作。文字资料注意注明年份。

（3）注意部门发展规划与专业规划。

（4）及时整理当天资料,包括现状图的清绘;文字资料的整理、复印、归类保存。

二、现状分析

调查研究的成果包括一套城市现状图和一套现状基础资料报告,这是城市总体规划设计过程的出发点。在搜集和调研的基础上,编制现状综合分析成果,应注意前期各部分资料的整理归纳整合。内容包括用地现状及有关建筑质量、用地调查等图纸和各系统调查报告。

（一）现状图的整理

1. 绘制现状图

现状分析图是编制总体规划工作的基础。现状分析图是把现状情况和存在的问题集中用图的形式表达出来,由于城市总体规划一般包括市(县)域城镇体系规划和城市市区总体规划两个阶段,因此现状分析图也应分为两个部分,即市(县)域城镇分布现状分析图和城市现状分析图。图纸通常包括:区位分析图、现状城镇分布图、产业布局现状分析图、综合交通现状分析图、基础设施现状分析图、人口现状分析图、自然与历史文化遗产保护现状分析图、用地现状图、建筑分布和质量分析图等。

城市现状分析图的比例根据城市大小一般为 1/25 000—1/5 000,大中城市为 1/25 000—1/10 000,小城市为 1/10 000—1/5 000,可以在近期绘制的城市地形图的基础上进行编制,可以编制一张,也可根据需要按不同的内容分项编制几张。值得注意的是城市现状分析图编制中涉及的各项城市建设用地应按现行的《城市用地分类及规划建设用地标准》(GB 50137—2011)中的规定进行分类。大中城市主要分至用地类别中的大类,但对于一些用地如公共管理与公共服务设施用地、工业用地、公用设施用地、绿地与广场用地等可以根据需要分至中类,小城市用地分类则以中类为主,有些用地可划分至小类,这是因为这些用地详细划分后更有利于对城市各建设用地功能的分析以及为下一步编制规划时确定规划结构提供有力的依据。

根据现场踏勘的工作地图,通过计算机制图软件(AutoCAD)绘制城市建成区用地现状图。现状图的内容和精度要求都比较高,因为它直接影响规划师对城市用地发展的判断,是整个用地布局过程的重要依据。

总之,现状分析图的编制是总体规划实习现场调研结束后的一项主要成果,作为规划的参考依据,分析图的内容应尽可能详尽、准确。

现状图绘制要点
(1) 根据图面内容多少适当组合单项图;
(2) 图例完整,采用标准图例;
(3) 采用深颜色表现管线和设施;
(4) 线条粗细、标注大小与图纸大小相配合;
(5) 采用相同的颜色线条较淡的底图。

2. 建立用地平衡表

在现状图数字化的基础上,根据各项用地,建立用地平衡表。按照城市总体规划领域标准规范,总体规划一般以大类、中类为主,特别是中小城市总体规划中的用地划分应以中类为主,部分用地甚至划到小类。因为中小城市用地规模小,地类比较简单,城市问题相对单一,但难以调节,规划师一般将中小城市总体规划内容深化,尽可能做到分区规划的深度,便于与下一阶段的详细规划衔接。因此,在用地平衡表中应注意两点:一是居住、工业、公共管理与公共服务设施、公用工程、道路与交通设施、绿地与广场等用地划分以中类为主,部分划分到小类;二是城市建成区和城市规划建设区带有农业特征用地的划分,如 E 类用地(非建设用地)(表 2-26)。

3. 计算城市用地

在城市用地计算中,要注意以下几个原则:

(1) 根据《城乡规划法》的规定,各城市在编制总体规划时必须规定城市规划区的范围,划定的原则应是有利于城市的合理发展和城市的管理。新标准规定城市现状用地和规划用地均以城市规划区为统计范围。

(2) 分片布局的城市,是由几片组成的,且相互间隔较远,这种城市的用地计算,应分片划定城市规划区,分别进行计算,再统一汇总(图 2-1)。

表 2-26 城市现状用地平衡表

序号	用地代码	用地名称	面积(hm²)	占建设用地比重(%)	人均用地面积(m²)
1	R	居住用地			
2	A	公共管理与公共服务设施用地			
	其中	行政办公用地			
		文化设施用地			
		教育科研用地			
		体育用地			
		医疗卫生用地			
		社会福利设施用地			
		文物古迹用地			
		外事用地			
		宗教设施用地			
3	B	商业服务业设施用地			
	其中	商业设施用地			
		商务设施用地			
		娱乐康体设施用地			
		其他服务设施用地			
4	M	工业用地			
5	W	物流仓储用地			
6	S	道路与交通设施用地			
7	U	公用设施用地			
8	G	绿地与广场用地			
	其中	公园绿地			
		防护绿地			
		广场用地			
合计		建设总用地			

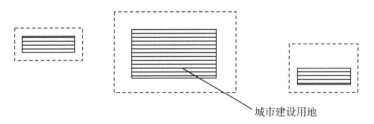

城市建设用地

图 2-1 城市建设用地的计算 A

某些城市虽也由几片组成,但相互间隔较近,可以作为一个城市规划区计算(图2-2)。

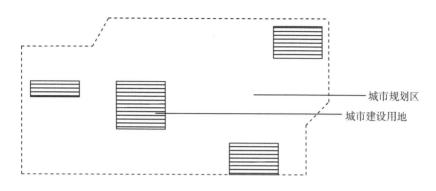

城市规划区

城市建设用地

图2-2　城市建设用地的计算 B

(3)市带县的城市,在县域范围内的各种城镇用地,包括县城建制镇、工矿区、卫星城等,一般不汇入中心城市用地之内,但若在县城范围内存在城市的重要组成部分或有重要影响的用地,如水源地、机场等,可以按上条的原则汇入计算。

(4)现状用地按实际占用范围计算,而不是按拨地范围、设计范围、所有权范围等计算,规划用地按规划确定的范围计算,每块用地只能按其主要使用性质计算一次,不得重复。

(5)城市规划的用地面积一般按照平面图进行量算,山脉、丘陵、斜坡等均以平面投影面积计算,而不以表面面积计算。

(6)总体规划用地计算的图纸比例尺不应小于一万分之一,分区规划用地计算的图纸比例尺不应小于五千分之一,在计算用地时现状用地和规划用地应采用同一比例尺,以保证同一精度。

(7)城市用地的计算,统一采用"公顷"为单位,考虑到实际能够量算的精度,一万分之一比例尺的图纸精确到个位数;五千分之一比例尺的图纸精确到小数点后一位,两千分之一比例尺的图纸精确到小数点后两位。

(二)基础资料的分析研究

事实上,通过各种方法获取与城市规划相关的信息只是城市规划调查研究工作的第一步。接下来还要利用各种定性、定量分析的方法,对获取的信息进行整理、汇总、分析,并通过研究得出可以指导城市规划方案编制的具体结论。

　　值得注意的是,现状调查与资料收集的实际工作过程中,还常常遇到资料的准确性与有效性的问题:资料的年代不一、数据的口径不一、各部门信息的出入等等问题常常使得资料的准确性受到削弱。因此,在具体的资料收集中,要注意信息来源、资料出处、统计年份与统计口径等问题。使调查真正做到有的放矢、事半功倍,对所需掌握的资料做到心中有数,使这些信息是真正能够在接下来的规划环节中发挥重要作用。

科学、细致的现状分析是城市总体规划的基础,差之毫厘,谬以千里,其中的一点疏忽或偏差将严重影响城市总体规划的科学性、合理性和可操作性,因此必须仔细分析、认真对待。

1. 分析内容

以小城镇为例,重点分析以下几个方面:

(1)历史背景分析。通过对城镇形成和发展过程的调查,了解和分析城镇发展动力及空间形态的演变原因。

(2)自然条件与自然资源评价。对自然地质状况和自然性灾害进行分析,对水资源、土地资源、矿产资源、自然风景资源进行评价。

(3)经济基础分析。分析小城镇经济环境状况,如经济总量及其增长变化情况,第一产业、第二产业、第三产业的比例,工农业总产值及其各自的比重等,相对于当地资源状况而言的优势产业与未来发展状况,及其各产业部门的经济状况、产业构成以及主导产业(支柱产业)主要产品的地区优势。通过分析各产业部门的现状特点和存在问题,明确主导产业的发展方向。

(4)社会与科技发展前景分析。小城镇人口分析包括现状人口的总数、构成、分布以及文化程度,分析人口的变化趋势、劳动力状况和新生劳动力情况。对科教事业费用占全镇财政支出的比例,公共教育费用占全镇 GDP(国内生产总值)的比例,科技进步对农业增长的贡献率等进行分析。

(5)生态环境与基础设施分析。包括大气质量、水质、各类污染的排放和处理情况,绿化条件、风景资源、生态特征,基础设施状况及维护的重点等内容。

分析思路:先分析,后综合

分析:就是要把一个问题一层一层地分解下去,直至可以具体操作。通过分析,更深入地了解事物的各个方面及其本质。

综合:就是把分析后的成果进行汇总,重新还原成一个整体。综合是城市规划的重要特征,是规划师最基本的能力。

---

2. 分析研究方法

城市规划常用的分析方法有三类,分别是定性分析、定量分析、空间模型分析。总体规划常用的是定性和定量分析。

(1)定性分析

定性分析方法有两类,即因果分析法和比较法,常用于城市规划中复杂问题的判断。

因果分析法:城市规划分析中牵涉的因素繁多,为了全面考虑问题,提出解决问题的办法,往往先尽可能多地排列出相关因素,发现主要因素,找出因果关系,例如在确定城市性质时城市特点的分析,确定城市发展方向时城市功能与自然地理环境的分析等等。

比较法:在城市总体规划中还常常会碰到一些难以定量分析又必须量化的问题,对于这类问题常用比较法。在横向和纵向上选取各方面条件类似的参照物进行比较,从而在宏观上对城市做出定性的分析,明确城市的区域地位、发展阶段和趋势等。

（2）定量分析

较之传统基于经验和感性判断的定性描述,量化分析能更准确地表达客观现实状况,更加科学、准确、全面地把握城市现状、存在问题以及预测未来的发展趋势,同时使城市规划决策更加科学化。

量化统计分析包括横向分析和纵向分析两类。横向分析指不同城市不同地区同类指标的比较;纵向分析指同一城市不同历史年代同一指标的分析。

横向统计分析一般应用于经济指标分析中,通过对周边城市、同等规模城市或发展历史、地理环境类似城市的相同经济指标进行比较,分析所规划的中小城市的经济发展阶段和存在的问题。

纵向统计分析包括用地数量变化分析、历年经济指标变化分析、历年人口变化分析等内容。

3. 编写现状分析报告

按照上述现状调查小组的分工,根据现场调查的结果,以分析图、统计表和定性、定量分析的形式撰写调研分析报告,分类汇总第一手资料,小组之间并非完全独立,相互有交叉,分别在市域范围和中心城区范围内展开分析。要求文字清晰、资料翔实、分析科学、图文并茂。具体而言,可以分为如下内容:

第一章　区位环境及上位规划,包括城镇体系现状、城市对外交通便利程度、城市地位及发展动力以及土地利用规划等上位规划要求等。

第二章　历史文化环境,包括历史演进过程、地理位置、自然环境条件、自然资源、水文地质条件等。

第三章　自然环境,包括自然地理条件、气象气候特点、地质地貌、生态因素等。

第四章　社会环境,包括人口概况、人口结构、人口综合增长变化趋势、社会结构等。

第五章　综合经济,通过分析,掌握城市社会经济基础、实力和发展前景,包括经济发展水平、经济发展潜力、三次产业发展情况以及三次产业中的支柱产业、现状产业布局等。

第六章　城市住房及居住环境,包括居住分布、居住环境、居住公共设施配套、景观绿地系统布局、公共管理与公共服务设施布局等。

第七章　城市道路与交通设施,包括对外交通、道路交通静态交通设施现状、存在问题和发展意向等。

第八章　市政公用工程设施,主要包括城市给水、污水、雨水、电力、电信、供热等系统的分析,明确现状不足。

第九章　城市环境状况,包括环境污染的有害程度检测与追踪、城市卫生设施的数量与分布等。

三、上一轮规划实施评估

城乡规划是面向未来的主动形成行为,"应对未来的不确定性",必须采用"反馈控制"方式解决核心技术问题,即定期分析内外部的条件变化,评估上一轮规划是否需要校正,从而更好地"应对不确定性"①。"城市总体规划评估"就是所谓的反馈控制方式,通过增加评估反馈机制,指出城市发展的成就和不足,以及开展新一轮城市总体规划编制工作的迫切需要,使城市规划建设成为"实施评估—设计决策—运作实施—实施评估"的动态循环过程②。2008年起施行的《城乡规划法》首次在立法层面提出规划评估的要求,对城市规划体系的完善有重要历史意义。

(一)评估目的与任务

1. 评估目的

城市总体规划期限一般为20年,由于规划期时间跨度较长,所以定期对经依法批准的城市总体规划实施情况进行总结和评估十分必要。通过评估,不但可以监督检查本轮总体规划的执行情况,而且也可以及时发现本轮总体规划实施过程中所存在的问题,提出新的规划实施应对措施,为新一轮总体规划的动态调整和修改提供依据。

2. 评估任务

(1) 对现行总体规划的实施情况和实施效果进行全面的总结;

(2) 对城市近几年的城市规划执行情况和规划管理机制进行检验;

(3) 为总体规划下一阶段的修编提出建议。

评估领域的新近发展引入了生态思想、包容性发展等概念,这使原本主要属于空间发展范畴的规划实施评估要考虑"韧性""可持续发展""生物多样性"以及"绿色、低碳"等多维准则③。

(二)评估范围、对象与期限

(1) 确定评估的范围及重点评估的范围。

(2) 确定评估的对象,评价的主要内容包括主要经济社会发展指标、城市规模、城区建设用地构成、重点项目实施评估、城市建设用地发展态势评估、新确定的重点项目对城市总体规划的影响与分析、评估结果与建议等内容。

(3) 确定评估的期限,一般为现行城市总体规划纲要通过至今的时段。

(三)评估思路

(1) 阐述现行总体规划的主要内容;

(2) 总结现状各项内容的执行情况;

(3) 梳理分析总体规划实施中存在的主要问题;

(4) 分析国家、省级以及市级层面重大发展战略和国家、区域重大建设工程等要素对城市现行总体规划实施中城市规模、空间布局、交通组织等方面产生的重要影响;

(5) 明确现行总体规划下一步实施目标和重点以及总体规划修改的必要性,提出规划修编建议。

---

① 杨保军《从中央城市工作会议精神谈新一轮总规的历史使命》,参见微信公众平台。

②③ 2017全国城乡规划实施评估学术研讨会专家报告系列之赵民《我国城乡规划实施评估的现实基础与发展趋势》。

四、案例解析

案例一:苏州望亭镇总体规划用地现状分析与评价[①]

(一)现状概况

望亭位于苏州市相城区西部,太湖之滨、京杭大运河畔。东与苏州东桥、浒墅关和无锡市后宅三镇接壤,南与通安、浒墅关镇交界,西临太湖,北以望虞河为界,与无锡市新安、硕放、后宅三镇隔河相望。

京杭大运河、沪宁铁路、312国道由西向东南成"川"字形贯穿望亭全境,水陆交通发达,自然资源丰富,是典型的江南鱼米之乡。

目前,望亭建设了工业品商场、望亭商场、草席市场、小商品市场、苗猪市场、木材市场和长三角钢材市场等一批商贸中心市场。京杭大运河以东地区为苏州市望亭国际物流园区,作为市级重要的仓储物流基地,依托京杭大运河、沪宁铁路货运站发展水铁联运,依托苏南硕放国际机场、沪宁城际轨道站、地铁4号线发展商务等相关产业。

(二)用地现状

目前望亭镇镇域由1个镇区、7个行政村组成,各行政村又分散有较多的自然村,大部分自然村沿村道、河流分散布局。全镇形成了"西农、中城、东园"的镇域空间格局,312国道以西为太湖区域生态保育区,生态农业相对布局在太湖边。312国道与京杭大运河之间为镇区,商业服务区是沿问渡路、鹤溪路、望亭大街布置。而居住区则在这些路的后侧形成,有一些是临街道的商住。

工业区布局主要依托市域交通主干骨架,现代服务业大多集中在镇区的北侧和沿312国道附近,京杭大运河以东为苏州市望亭国际物流园区,是市级的仓储物流基地。

城镇自然风景环境和水体资源得到了较好的保护和利用,但城镇用地扩张过快,工业用地比重过高(图2-3)。

图2-3 望亭镇用地现状图

(三)用地分析

1. 地形地貌特点

现状建成区北部,有较为开阔的用地,且地形、交通等条件也比较好。但镇区北部边缘有清水河

---

① 苏州科技大学城市总体规划设计课程作业。

道——望虞河,对城镇建设有生态控制要求。

城镇西部以基本农田为主,可建设区域极少。加之今后西部区域作为太湖生态保育区,城镇建设将受到严格控制。

城镇东部地形平坦,地质条件也较好,但与现状镇区之间有京杭大运河阻断,跨运河发展势必给镇区居民的工作、生活带来不便。

在镇区内部和周边分布着很多河道,一方面河道是历史上城镇发展的依托,另一方面城镇发展地域空间决定于人口和经济规模,在各方向上的拓展是有限的。

2. 居住用地现状分析(图 2-4、图 2-5)

二类居住用地(R2)
村庄基地(R4)
一类居住用地(R1)

图 2-4　居住用地现状图

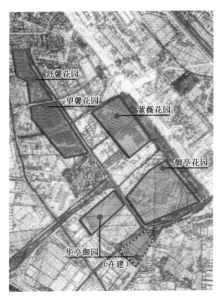

舒馨花园
望馨花园
紫薇花园
御亭花园
华亭御园
(在建)

现状居住用地主要集中在老镇区一带,基本沿鹤溪路两侧分布。主要以 1~2 层住宅为主,建筑质量一般,建筑密度高,基础设施配套不完善,公共活动空间较少,绿化覆盖率低。

老镇区以南沿鹤溪路两侧,近几年新建了多处安置小区、商品房,基本以多层为主,多为砖混结构,建筑质量及居住环境较好,街道宽敞,由于经过统一规划,整体风格一致。

存在问题:
(1)居住用地混乱;
(2)居住环境不佳;
(3)配套设施不足;
(4)居住质量分化。

图 2-5　新建居住区分布

3. 公共设施现状分析（图2-6）

商业金融用地
集贸市场用地
行政管理用地
教育机构用地
文体科技用地
医疗保健用地

现状公共配套设施为行政办公机构、商业金融设施（主要有饭店、商务中心、超市、便利店、社区菜场等），此外还分布有一部分沿街商业网点、文化娱乐设施等。

存在问题：

① 商业设施不成规模，布局零散，中心不突出；

② 体育、文化娱乐设施等配套不足，规模小、等级低，无法满足居民文化和休闲娱乐方面的需求；

③ 中小学的服务面积过大。

图2-6　公共设施现状图

4. 工业仓储用地现状分析（图2-7）

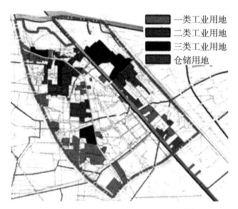

一类工业用地
二类工业用地
三类工业用地
仓储用地

现状工业用地主要分布在312国道东侧的迎湖工业园和镇区北部的工业小区，另外还有部分小型企业散落在各村庄中。

仓储用地主要是沿京杭大运河分布的货场和堆场。京杭大运河以东地区为苏州市望亭国际物流园区，是市级重要的仓储物流基地。

存在问题：

① 工业用地与居住用地混杂，互相干扰严重；

② 部分污染企业对周边居住区影响严重。

图2-7　工业仓储用地现状图

5. 绿地系统现状分析（图2-8）

公共绿地（G1）
防护绿地（G2）

镇区内绿地及广场用地较少，仅在御亭路与鹤溪路交叉口处有一御亭公园，其余零星分布少量的街头绿地。

现状绿地为8.71 hm²，占现状建设用地的2.08%。

图2-8　绿地系统现状图

6. 道路交通设施现状分析(图2-9)

道路存在问题：

① 道路网系统不完善,相互之间缺乏便捷畅通的联系,尤其是东西向联系较弱;

② 道路构成不合理,大部分道路路幅过小,还有相当数量的道路仍为早期建设的土路或砂石路,另外个别道路线形不畅,行车困难;

③ 静态交通设施不足,缺乏公共停车场地。

图2-9　镇区道路系统现状图

(四)用地评价

根据望亭的土地供求关系和自然条件,绘制空间管制图(表2-27,图2-10)。将望亭镇用地分为适建区(适宜修建用地)、限建区(基本适宜修建用地)、禁建区(不适宜修建用地)、已建区(已经建设用地)。

表2-27　镇域空间管制分区表

管制分区		面积(hm²)	范围	控制要求
禁建区	水域生态区	290.02	镇域范围内的水体	以水土涵养和水土保持为主,开展生态公益林建设和天然林保护
	鱼塘	84.72	镇域内的鱼塘	保护鱼塘,禁止破坏鱼塘的建设行为
	生态廊道	—	沿绕城高速、苏锡高速道路红线两侧200 m范围;沿沪宁铁路和城际轨道两侧100 m范围;312国道两侧各50 m范围	严格限制其他建设活动,保证交通正常进行
限建区	农业生态空间	1 759.45	镇域内的农用地	严格按照土地部门要求保护一般农田,依法使用
	重要湖泊、河流	—	沿太湖纵深1—5 km范围;望虞河、京杭大运河沿岸两侧200 m范围	以水源涵养为主导,保护自然生态系统的多样性,严格控制建设活动

管制分区		面积(hm²)	范围	控制要求
适建区	城镇规划建设区	570.49	城镇建设用地范围	合理规划
	国际物流园建设区	727.41	北侧与无锡以望虞河相隔,南临绕城高速,西起京杭大运河,东至沪宁高速公路	重点发展
	村庄规划建设区	415.20	村庄建设用地范围	在保护农田的基础上,合理开发村庄
已建区	城镇建成区	419.30	指现状县城及各建制镇已经建设完成的区域	严格控制建设开发标准并保证足够规模的公共服务设施和商业设施的用地
	农村居民点	1 230.61	包括集镇、中心村、保留发展的农村居民点	严格控制耕地和生态空间,禁止非农建设项目无序分布

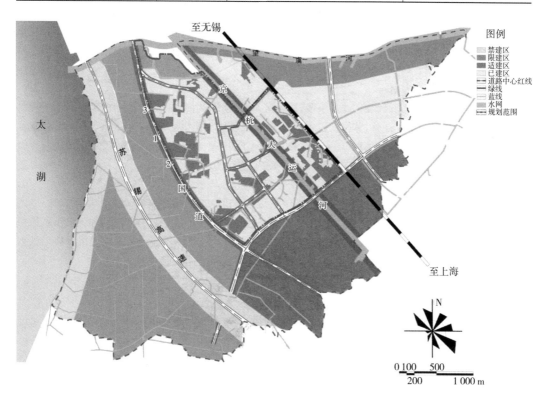

图 2-10 镇域空间管制图

点评:

前期分组进行资料调查和用地调查(又称"条条调查"和"块块调查"),各组绘制出相应的图纸,再汇总编制成基础资料汇编,这为后期的现状分析和规划构思提供了依据和灵感。

用地评定选择和增长边界是两种不同的城市用地限定途径。前者根据自然条件等给出城市用地的终极界限,后者根据土地供求关系等动态管理城市土地使用范围。在望亭镇总体规划教学中要求学生将这两种方式综合使用。

案例二:《苏州市城市总体规划(2007—2020年)》实施评估思路[①]

(一)阐述现行总体规划主要内容

《苏州市城市总体规划(2007—2020年)》从城市转型与发展方面确定了城市发展总目标,明确了城市发展定位,转变城镇空间发展模式;从用地拓展与布局方面,预测城市规模,确定城市发展方向,明确城市空间结构;从资源管控与保护方面,划定四区作为城镇空间布局的前提,建立历史文化名城、历史文化街区(名镇、名村)、文物保护单位三个层次的保护体系。从设施建设与民生方面,新增五个百分点的居住用地,大幅调高公共服务设施用地比例。

(二)总结各项内容执行情况

1. 城市转型与发展方面

自2007年版总体规划实施以来,苏州综合实力不断提升,城市中心性提高,精明增长有所体现,依赖土地资源消耗的经济增长模式得到缓解,生态环境得到较大的改善。然而,科技创新仍显不足,城市转型升级有待进一步提高。

2. 用地拓展与布局方面

规划实施以来,苏州重点建设片区和重大建设项目选址呈现出东部、北部优先的特点。城市空间结构出现了由T字形到"十"字形的转变。建设用地明显增长,中心城区范围内规划至2020年的城市建设用地已基本用完,常住人口也已接近2020年的预测规模。城市建设用地需求较大,由增量规划向存量规划的转变迫在眉睫。

3. 资源管控与保护方面

通过划定禁建区、城市绿线和蓝线等手段,重点保护构成城市生态格局的"四角山水",从而实现对苏州核心生态资源的管控。此外,苏州在历史文化保护、传承和发展方面取得了令人瞩目的成就。随着规划的不断推进实施,苏州低山平湖、鱼米之乡和"海绵型"的整体环境格局逐渐发生改变,地表能量大幅上升。水资源、水环境、水安全、水文化等"水"的问题日益明显。

4. 设施建设与民生方面

苏州市区房地产市场运行整体平稳,大型市级公共设施建设水平高,有序开展苏沪联系、中心城区与各县级市联系的多通道建设,强化市区东西南北片区之间的快速交通联系通道建设,加强城市轨道交通、公交网络与公交快线、公共自行车和有轨电车等基础设施建设。此外,各项市政建设按照规划稳步推进。但随着苏州市外来人口的不断增加,设施建设稍显不足,承受容量接近底线。

(三)分析城市发展的新重点与变化

1. 新型城镇化关注重点

增量走向存量,加快结构调整;优化空间布局,加强区域统筹;坚持绿色低碳,推动可持续发展;坚持以人为本,实现人的城镇化,重视文化竞争力,促进城市人文化。

2. 经济新常态关注重点

增速放缓;结构调整;转型升级;改善民生。

3. 区域发展格局关注重点

经济全球化对苏州世界制造业中心的影响;国家实施长江经济带战略;长三角一体化进程加快,网

---

① 中国城市规划设计研究院,苏州规划设计研究院股份有限公司。

络化格局正在形成;兼顾上海、苏南地区等区域规划相继出台。

4. 苏州自身发展条件变化

市区行政区划调整;进入 500 万人口以上特大城市序列。

（四）提出总体规划修编建议

在 2007 年版城市总体规划的指导下,苏州在空间结构优化、经济发展提升、文化保护传承、社会民生和谐、环境修复改善等方面取得了不俗的成绩,城市发展档次和影响力明显提升。由于城市发展的外部环境发生了巨大变化,2012 年,苏州市进行了行政区划调整。苏州市区由原 1 718 km² 增加到 2 949 km²,未来的城市发展和城市格局都需要在新的空间平台上进行统筹考虑。

按照 500 万人口以上特大城市标准探索总体规划编制改革。

（1）将吴江纳入苏州市区,将市区全部纳入总体规划编制范围,探索 500 万人口以上特大城市用地布局的规划、表达和管控方法;探索建立城市开发边界的划定方法和管控手段。

（2）按照"多规合一"的思路,探索城市总体规划与土地利用规划等其他空间规划紧密衔接的技术方法;探索城市更新(包括生态修复、城市修补、工业用地更新等)的规划方法,建立总体规划层面存量规划的技术路径。

（3）同步编制综合交通规划,将轨道交通、综合管廊、海绵城市等专项规划纳入总体规划统一布局;探索公共中心体系构建和公益性服务设施布局、基层社区公共服务设施配置的方法和措施。

（4）建立完善分区规划编制体系,在总体规划分区控制的基础上,落实分区规划。

第3章 规划分析与预测

一、城市发展的区域分析

城市是区域的中心,区域是城市的基础。城市从区域获取发展所需要的各种要素,又要为区域提供产品和各种服务,城市和区域的这种双向联系每时每刻不在进行,它们互相交融、互相渗透。城市与区域间有什么样的交流手段,就成了城市发展的基础。因此,城市总体规划的首要任务之一就是要研究城市发展的区域基础,以确定城市的职能、性质和规模。

(一)区位分析

区位既有空间位置,也有空间联系,还有被规划布局的含义。区位条件是指一个地区与周围事物关系的总和。包括位置关系、地域分工关系、地缘经济关系以及交通、信息关系等。在城市总体规划中区位条件的分析非常重要,是区域背景条件分析的重要基础。

城市区位分析因城市所处的区域条件、与外界要素的组合关系而千变万化,因此,难以概括出若干分析的固定套路。在进行区位分析时,重点把握城市的空间位置,从自然要素、空间联系、社会经济要素、环境要素等进行具体分析,抓住主导因素重点分析其对城市发展的影响(图3-1)。通过区位分析,从地理位置、交通、文化、经济等方面来分析城市发展的支撑条件,探求城市在区域发展中的对策,对于明确区域发展优劣

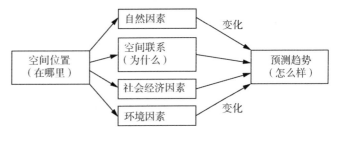

图3-1 区位分析的思维模型

势,在制定、实施正确的发展规划中所起着的决定性作用。

(二)区域条件分析

城市的区域条件与城市的地理位置一样,是影响城市形成和发展的空间条件。城市区域条件的内容丰富多样,它包括矿产资源、淡水资源、动植物资源的状况,包括基础设施的状况、区域劳动力的数量和质量、经济发展的历史传统、现状经济的发展水平和结构特征,以及未来的开发潜力等,这些都会影响区域内的城市发展。这些条件中有的是自然地理条件的衍生转化,有的是区域经济开发的历史积累,还有的是未来的发展可能性。

对这些条件的分析主要目的是明确城市发展的区域基础,摸清家底,评估潜力,为选择城市发展的方向、调整产业结构和空间结构提供依据。为此,对区域自然条件和自然资源的分析,应明确其数量、质量和组合特征,优势、潜力和限制因素,可能的开发利用

方向及技术经济前提,资源开发利用与生态保护的关系等问题;对人口与劳动力的分析应重点搞清人口的数量、素质、分布,其与资源数量、分布及生产布局的适应性或协调性,区域适度人口的规模等问题;对科学技术条件的分析主要应评价区域科学技术发展水平及引进并消化吸收新技术的能力,技术引进的有利条件和阻力,适用技术的选择等;对区域基础设施的分析应重点评价基础设施的种类、规模、水平、配套等对区域发展的影响;区域社会因素的分析应以区域发展政策、制度、办事效率、法制等的分析为重点,评价其对城市发展的作用。

(三)区域经济分析

对于任何区域,经济问题都占据核心位置,因为它是解决其他问题的基础。所以,在区域分析中要将经济问题作为重点来进行分析研究。区域经济分析主要是从经济发展的角度对区域经济发展的水平及所处的发展阶段、区域产业结构和空间结构进行分析。它是在区域自然条件分析基础上,进一步对区域经济发展的现状做一个全面的考察、评估,为下一步区域发展分析打好基础。对区域经济发展水平和发展阶段的分析主要是在建立经济发展水平量度标准的基础上,通过横向比较,明确区域经济发展水平,确定其所处的发展阶段,为区域发展的战略决策提供依据。对区域产业结构和空间结构的分析,主要是通过各种计量方法分析比较产业结构和空间结构的合理性,为区域产业结构和空间结构的调整提供依据。

比较分析法

区域比较法是地理学一切研究方法的基础,在区域分析中有重要的应用价值。因为区域自然及社会经济要素的特征大都是相对的,通过比较而存在的,即所谓有比较才能有鉴别。区域分析中通常所说的发达与落后,稠密与稀疏,都是比较而言的。如果没有参照区域做比较,就很难得出一个区域是发达还是落后的结论。相邻两个区域可以比较,发达地区与落后地区或高速发展区域和停滞区域可以比较,发展水平相当的区域或地理条件相当的区域也可以比较。但是,在做区域比较前,应该注意区域间的可比性,包括它们地域范围的可比性、统计指标的可比性、币值的可比性、结构或者水平的可比性。如果对比的条件不一致,就不可能得出正确的结论。在实际工作中,还必须注意行政区划的变更、统计指标内涵的变动、币值或汇率的变动、地区间物价的差异等造成的指标不一致性。

在进行区域比较分析时,比较素材的获取和表现可以采用地理学中常用的实际考察法、统计图表法、地图和遥感技术法等。尤其是地图和遥感技术的运用对区域分析的意义尤其重大。它不但直观,而且可以应用现代计算机技术对信息进行加工处理,使分析更为方便、可靠。

(四)态势分析

1. 优势——发展与基础

区域在自然资源、气象条件、区域位置以及政策等要素中明显优于其他地区的条件,即为优势(Strengths)条件,对区域及所包含各个城市的发展具有推动作用。优势既包括客观条件上的特色优势,也包括通过主观努力可以形成的类比优势,还包括外部人为因素所构成的注入因素。

> **区域优势的类型**
>
> ① 有形区域优势:地理位置、自然环境、资源状况、经济发展水平、产业结构、交通和邮电网络、市政设施等。② 无形区域优势:居民的文化水平和经营传统、劳动者技艺的高低、科教机构的状况、信息传递的方便程度、对外联系的广度和方向等。③ 绝对区域优势:一个区域或城市,从事某种产品的生产,其劳动生产率较另一区域或城市要高。④ 相对区域优势:不是拿某种产品的成本仅同外区域或外城市比,而且还要同本区域或本城市的其他产品比。⑤ 局部优势。⑥ 全局优势。⑦ 时间优势:在一定地域范围内发展某种生产或产业,开展某种经济活动的良好时机。⑧ 空间优势。
>
> 优势的评判标准:① 地区优势必须与国家的总体发展战略目标一致。② 地区发展优势只有通过对区域内全部生产发展的有利与不利条件进行综合评价后才能确定。

2. 劣势——制约与不足

相对其他有优势的地区,一些条件的匮乏成为区域的劣势(Weakness)条件,明确城市发展的局限性和劣势内容,既包括客观条件上的限制,也包括实践中尚存在的弱点和需要克服的问题,还包括了外部人为因素所构成的制约。

3. 机会——希望与机遇

机会(Opportunities)既包括外部条件注入所提供的机会,也包括发挥自身优势可以创造的机会。在更大区域范围内对突变的国际、国内条件进行分析论证,针对资源结构和经济基础,明确现阶段区域内城市发展的机遇和紧迫性。

4. 威胁——挑战与压力

挑战,也可称之为威胁(Threats),既包括外部可能存在的不利因素,也包括内部处理不当可能产生的不利因素。在同等条件和形势下,区域和城市的发展面临着诸多竞争和挑战。挑战性的翔实分析便于提出应对措施和注意事项,化解将要面临的各种矛盾。

5. 态势分析的运用组合

态势分析(SWOT 分析)法在要素本身和要素间进行分析和交叉分析,针对城市自身的优势和限制,以及所面临的外部机遇和挑战,进行单要素的归纳,再通过各要素间的交叉分析,通过复合要素的"碰撞",制定出利用优势、克服限制,利用机遇、发挥优势,发挥优势、迎接挑战,抓住机遇、克服限制,克服限制、迎接挑战,抓住机遇、迎接挑战等种种战术(图 3-2)。

通过 SWOT 分析,全面把握城市发展的内部优势和限制以及政策、发展趋势等外部机遇和挑战,通过分析和研究,归纳生成相应的战略体系和对应的发展思路,变被动发展为主动出击,加快城市发展速度。

二、城市发展战略与目标

城市发展战略主要是区域经济社会发展战略,包括规划期的经济社会发展战略方向、战略目标(发展速度、发展水平、产业结构、城镇化进程、人均纯收入、恩格尔系数、科技教育水平等)。

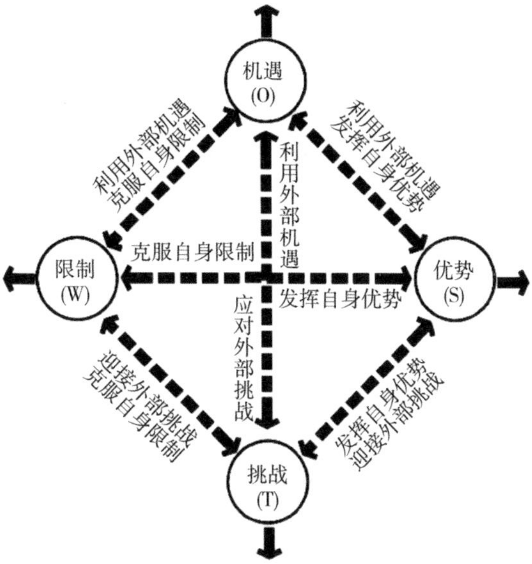

(一)发展战略

研究城市发展战略,是在编制城市总体规划过程中,每个城市首先要解决的问题,可以说是城市规划的灵魂。从本质上说,城市的总体规划可以说就是城市发展的战略安排。

城市发展战略研究,就是要在全面了解城市情况,在分析城市政治(包括军事)、经济、社会、文化诸方面发展现状的基础上,根据省内外以至国内外的政治、经济形势,提出城市发展战略目标,作为今后 20 年或者更长时间的努力方向。

图 3-2　态势分析组合

资料来源:袁牧,张晓光,杨明. SWOT 分析在城市战略规划中的应用和创新[J]. 城市规划,2007,31(4):53-58.

在研究城市发展战略过程中,既要论证城市的区位、资源等自然条件,研究其在地区、省、国家以至世界范围内所处的地位和作用,又要研究城市的区域发展背景、城市的社会经济发展、城市的历史发展过程和人文特点,寻找城市发展的独特道路。

(二)战略目标

战略目标是发展战略的核心。城市发展的战略目标和发展方向是统一的,发展方向通常是定性描述,而发展目标除定性描述外,还应该有量的规定。

一般而言,有关城市发展目标的指标大致可以分为经济目标、社会目标和建设目标三大类系统的指标。它们是:

1. 经济目标指标

经济总量指标:如工农业总产值、国内生产总值、国民收入、社会总产值等。

经济效益指标:如人均国内生产总值、人均国民收入等。

经济结构指标:如第一产业、第二产业、第三产业之间的比例,工农业生产值的比例等。

2. 社会目标指标

人口总量指标:如人口发展规模、总人口的控制数量等。

人口构成指标:如城乡人口比例、就业结构等。

居民物质生活水平指标:如人均居住面积、人口自然增长率、人均期望寿命等。

居民精神文化生活水平指标:如人均受教育的程度、每万人拥有各类学校数量、每万人拥有各类文化设施等。

3. 建设目标指标

建设规模指标：如建设用地发展控制面积、建设用地占区域总面积的比重等。

空间结构指标：主要指各类建设的用地比例。

环境质量指标：如建筑密度、人口密度、人均公共绿地面积、大气质量指标、水质质量指标等。

（三）战略重点

战略重点是指对城市发展具有全局性或关键性意义的问题。为了要达到战略目标，必须明确战略重点。城市发展的战略重点所涉及的是事关全局的关键部门和地区的问题，而不是某一个项目或企业的问题；是体现在城市发展中较长时期发挥作用的行业或地域，而不是只在短期内发挥作用的行业或某一局部地方。

1. 竞争中的优势领域

客观的竞争规律，要求各城市都必须把自己的优势作为战略重点。扬优淘劣，才能争取主动，求得发展。

2. 经济发展的基础性建设

科技是第一生产力，能源是工业发展和社会经济发展的基础，教育是提高劳动力素质和产生人才的基础，交通是经济运转和流通的基础。因此，科技、能源、教育、交通经常被列为城市发展的重点。

3. 发展中的薄弱环节

在整体发展中，各部门、各环节是一个有机联系、互相制约的组成要素；如果某一部门或某一环节出现问题将影响整个战略的实施，则该部门或该环节便会成为战略重点。

值得指出的是，战略重点是具有阶段性的。在城市发展过程中，随着内外条件的变化，城市发展的主要矛盾和矛盾的主要方面也会发生变化，重点发展的部门和区域会发生转换。战略重点的转移往往就成为战略阶段划分的依据。

4. 城乡发展的空间资源配置

空间是城乡发展的物质载体，空间资源配置是战略规划的核心。尤其在面临土地资源紧缺的情况下，积极转变城乡空间资源利用方式十分重要，从而实现资源的高效、集约、综合利用。因此，空间发展研究在城市发展战略规划研究中更占有重要的地位。空间结构规划是城市发展战略规划最直观的也是首要的方面。空间结构是对城乡的空间资源进行科学合理的有效配置，通过优化城乡空间组织，提高空间资源利用效率，实现资源的可持续利用。

三、城市性质与规模

确定正确的城市性质，对城市规划和建设非常重要，它是城市发展方向和布局的重要依据。在市场经济条件下，城市发展的不确定因素增多，城市性质的确定除了充分对城市发展的条件、有利因素、区域的分工、确定城市将承担的主要职能外，还应充分认识城市发展的不利因素，说明不宜发展的产业和职能，如水源条件差的城市对发展耗水大的产业将构成制约因素。

（一）性质拟定

1. 城市职能分析

城市职能研究不仅要进行城市职能类型的划分，而且要研究单个城市的职能体系结构和特征，同时还应进行城市之间职能特征的对比分析；不仅要研究城市的基本活动，而且要研究城市的非经济基本活动，还应分析两类经济活动的相互关系；不仅要研究城市基本活动的量态特征，而且要研究这类活动的空间特征，还应分析其质态特征。

> 1）城市职能
>
> 国标《城市规划基本术语标准》：城市职能是指"城市在一定地域内的经济、社会发展中所发挥的作用和承担的分工"。
>
> 城市内部各种功能要素的相互作用是城市职能的基础，城市与外部世界（区域或其他城市）的联系和作用是城市职能的集中体现。
>
> 2）城市职能的类型
>
> （1）一般职能与特殊职能
>
> 一般职能是指每一个城市所必须具备的功能，如为本城市居民服务的商业、饮食业、服务业和建筑业等。
>
> 特殊职能是指代表城市特征的、不为每一个城市所共有的职能，如风景旅游、采掘工业、冶金工业等。
>
> 特殊职能一般较能体现城市性质。
>
> （2）基本职能与非基本职能
>
> 基本职能是指城市为城市以外地区服务的职能。
>
> 非基本职能是指城市为自身居民服务的职能。
>
> 基本职能是城市发展的主动和主导的促进因素。
>
> （3）主要职能和辅助职能
>
> 主要职能是城市职能中比较突出的、对城市发展起决定性作用的职能。
>
> 辅助职能是为主要职能服务的职能。

（1）城市职能

任何一个城市的职能都是由若干个职能要素或者职能组分所构成的，这些组分分属于不同的城市职能域，它们之间的配比和组合关系支配着城市职能体系的发展和变化。

从城市职能的定义出发，城市职能可以划分成四个职能域，即政治职能域、文化职能域、经济管理职能域、生产服务职能域（图 3-3）。

（2）城市职能结构特征

职能组分及其相互关系反映着城市职能体系的结构属性。根据城市职能组分数量的多少、职能影响的特征，可以将城市划分为四类：单一职能城市、专业化城市、多样化职能城市、中心（综合性）城市。一个城市的职能结构支配着城市的发展能力和方向，也影响着城市与区域的关系。因此，根据城市的职能组成及其配比情况，可以分析城市职能体系的结构发育

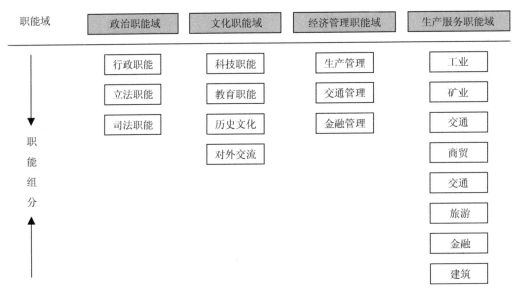

图 3-3　城市职能划分

状况,判定城市与区域关系特征,进而明确城市职能建设的目标和重点,为城市发展提供现实指导。

城市分类

（1）奥罗索分类法

1921年,英国地理学家奥罗索从社会学立场出发,着重政治和社会因子的分析,以城市的专门化职能作为分类依据,提出了一个城市分类方案(被认为是最具有影响的一般性描述分类法)。

① 行政城市;② 防御城市;③ 文化城市;④ 生产城市;⑤ 交通运输城市;⑥ 游览疗养城市。

（2）哈里斯分类法

1943年,哈里斯在《美国城市的职能分类》一文中,侧重分析城市的经济职能,用统计的方法提出了划分城市类型的临界值。哈里斯分类法实际上是主导职能分类法。

哈里斯把605个城市分为以下10类:① 制造业城市;② 综合型城市;③ 加工工业城市;④ 零售业城市;⑤ 批发业城市;⑥ 运输业城市;⑦ 游览疗养城市;⑧ 大学城;⑨ 矿业城市;⑩ 行政城市。

（3）纳尔逊分类法

1955年,纳尔逊在《美国城市的服务分类》中,根据一个城市的几项主导职能,对美国897个城市进行分类。纳尔逊分类法解决了作为决定城市形成和发展的产业部门所应达到的就业规模,比较好地解决了各城市主要职能上的差异。

① 加工工业;② 零售业;③ 专门服务业;④ 交通运输业;⑤ 私人服务业;⑥ 公共行政业;⑦ 批发业;⑧ 金融保险房地产业;⑨ 矿业。

（4）莫塞和斯科特分类法

莫塞和斯科特分类法是在他们合著的《不列颠城镇：社会和经济差异的统计研究》中，根据城市的社会、经济和人口特征分类。

① 主要的休憩、行政、商业城市；② 主要工业城镇；③ 郊区型城镇。

（5）马克斯韦尔分类法

1965年，马克斯韦尔在进行加拿大城市分类的研究中采用了最低需要量分析法。他将加拿大的城市分为五类：专门化的制造业城市、特殊城市、主要大都市、制造业相对重要的区域首府、制造业不甚重要的区域首府。马克斯韦尔分类法是多变量分类法，采用数学方法对城市职能进行分类，使城市分类计量化。

（3）城市职能尺度

城市的职能尺度可以分成以下三个层次：

一是低层次的，职能尺度为城市实体地域，职能组分大多是用于维持城市的正常运转和满足城市居民的基本生活需要，是城市各项职能的载体。

二是区域性的，职能尺度为城市的腹地区域。由于"任何一个城市都是在一定地域范围内起着职能作用的中心"，所以这种职能必然是综合性的，是由多种职能组分构成的。区域性职能是城市职能体系的支柱，是城市中心地位的基石，因而应当成为城市建设和发展的重点任务。

三是跨区性的，这类职能大多是由高度专业化部门承担的，专业性强，职能组分较少，但是职能影响尺度较广。跨区性职能主要表现为超越腹地尺度的专业化工业职能、专业化商贸职能、专业化交通运输职能、专业化旅游职能等，它实际上是城市在更大尺度范围内所承担的劳动地域分工。

跨区性职能是城市与城市之间经济互补发展的重要前提，是城市与外围区域之间经济联系的主要手段。这类职能的培育和建设是以城市及腹地区域的优势为基础的，以专业化部门为支撑的，着眼于城市及区域之间的社会经济分工，是形成合理的城市体系（尤其是职能分工体系）的根本之所在。随着工业化和城市化的逐步推进，社会分工越来越细、越来越专门化。由于经济要素的可分性、流动性、组合性不断发生着变化，城市和区域分工格局也在相应地发生着变化。而城市的职能空间是有限的，职能发育受到很多因素的制约和限制。因此，要根据城市的发展基础、条件和宏观背景，科学合理地选择和确定专门化部门，培育和建设城市的跨区性职能，处理好城市之间的分工关系，拓宽城市的发展空间，进而促进城市的可持续发展。

2. 城市性质确定

（1）城市性质的含义及作用

① 城市性质的含义。城市性质是指城市在国家经济和社会发展中所处的地位和所起的作用，是城市在国家或地区城市网络中分工的主要职能。城市性质体现城市最具本质特征的基本职能，代表城市的个性、特点，反映城市的发展方向。

② 确定城市性质的意义。不同的城市性质决定着城市规划不同的特点，对城市规模的大小、城市用地组织布局结构以及各种市政公用设施的水平起重要的指导作用。因此，在编制城市总体规划时，首先要确定城市的性质。这是决定一系列技术经济措施及其相

适应的技术经济指标的前提和基础。同时，明确城市的性质，便于在城市规划中把规划的一般原则与城市的特点结合起来，使城市规划更加切合实际。

（2）确定城市性质的依据

① 国民经济和社会发展的中长期计划、远景规划和区域规划。从宏观背景要求去认识，即国家的方针、政策及国家经济发展计划、区域发展战略等对该城市发展建设的要求。

② 城市的职能。从城市在国民经济的职能方面去认识，即指一个城市在国家或地区的政治、经济、社会、文化生活中的地位和作用，也就是横向地认识区域条件和城市在区域中的作用。

一般可以从以下三个方面来认识和确定城市的性质：

一是城市的宏观综合影响范围。城市的宏观影响范围往往是一个相对稳定的、综合的区域，是城市的区域功能作用的一种标志。

二是城市的主导产业结构。强调通过对主要部门经济结构的系统研究，拟定具体的发展部门和行业方向。

三是城市的其他主要职能。其他主要职能是指以政治、经济、文化中心作用为内涵的宏观范围分析和以产业部门为主导的经济职能分析之外的职能，一般包括历史文化属性、风景旅游属性、军事防御属性等。

城市职能与城市性质的区别与联系

（1）联系

城市性质是指各城市在国家经济和社会发展中所处的地位和所起的作用，是各城市在城市网络以至更大范围内分工的主要职能。

在确定城市性质时必须要进行城市职能分析，城市职能分析是城市性质确定的主要依据，城市性质是城市主要职能的概括。

（2）区别

城市性质是规划期内预期达到的目标或方向，城市职能分析一般得到的是城市现状职能。

城市未来职能发展方向可能有几个，但各职能强度、规模均有所不同，城市性质关注的是最主要的、最本质的职能，及城市职能强度最强、规模最大的职能，并通过它们来确定城市性质。

城市职能是客观存在的，可能是合理的，也可能是不合理的；城市性质带有规划人员的主观判断，可能是正确的，也可能是不正确的。

③ 城市区域因素。该城市自身所具备的条件，包括资源条件、自然地理条件、建设条件和历史及现状基础条件。从城市形成与发展的基本因素中去研究，即纵向地认识影响城市形成和发展的主导因素。城市性质是由支配城市形成与发展的主导基本因素决定的，由该因素组成的基本部门的主要职能所体现。认识城市形成与发展的主导因素也是确定城市性质的重要方面。在考虑城市区域因素时，主要应明确区域的范围，该城市对区域范围所担负的政治、经济职能，该范围的资源情况，包括矿产、水力、农业、旅游等的开发利用现状与潜力，以及与该城市的关系；区域内交通运输经济联系的状况等。城市本身具

备的条件中首先要重点研究的是提供城市形成的现状与发展的主要自然基础;其次是研究该城市在大的经济区的地位及相邻城市的相互关系,研究其在经济、生产、技术协作等多方面的影响;最后在建设条件方面主要是在用地、水源、电力和交通运输等方面对城市性质的制定具有的潜力和限制。

(3) 城市性质确定的方法

① 确定城市性质的原则

一是全局与局部相结合的原则。正确的原则是把国家和社会经济发展的需要与城市自身的特征及条件结合起来,并把它作为城市性质的准绳和出发点。

二是区域内各城市合理分工的原则。诸城市在职能分工上相辅相成,形成区域内社会经济技术优势,取得最佳的城市组合效益。

三是城市现状和未来发展相结合。借以决定城市性质的条件总要发生这样或那样的变化,有些条件可能消失,如矿产资源枯竭、行政中心变动、交通运输条件变化、新技术的出现。

四是详尽地收集和分析资料。

② 确定城市性质的方法

城市性质确定的一般方法是采用"定性分析"与"定量分析"相结合,以定性分析为主(图3-4)。

定性分析就是在全面分析说明城市在政治、经济、文化生活中的作用和地位。

定量分析就是在定性基础上对城市职能,特别是经济职能用一定的技术指标,从数量上去分析自然资源、劳力资源、能源交通及主导的经济产业部门,说明现有和潜在优势。

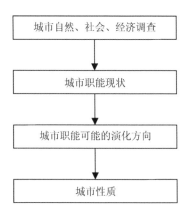

图 3-4　城市性质确定流程图

(4) 城市性质确定的注意事项

① 不能将现状城市职能原封不动照搬到规划的城市性质上。确定城市性质,就是综合分析城市的主导因素及其特点,明确它的主要职能,指出它的发展方向。

② 城市性质的判断,不能脱离现状城市职能而完全理想化。从城市的现有优势、潜在的优势和条件,以及科学技术的进步、经济发展的方向出发,根据区域的城镇体系规划、城镇分工和城市社会、经济发展战略,科学地确立城市性质。

③ 城市性质的确定一定要跳出就城市论城市的观念,牢牢树立区域分析的方法。确定城市性质时,绝不能就城市论城市。不能仅仅考虑城市本身发展条件和需要,必须坚持从全局出发,从地区乃至更大的范围着眼,根据国民经济合理布局的原则分析确定城市性质。因而,开展区域规划工作对于确立城市性质有着重要的意义,城市性质应以区域规划为依据。

④ 城市性质所代表的城市职能发展方向必须要明确,不能过于宽泛。在确定城市性质时,必须避免两种倾向:一是以城市的"共性"作为城市的性质;二是不区分城市基本因素的主次,一一罗列。

(5) 城市性质确定的检验

① 城市性质是否符合国民经济发展计划和区域经济对该城市的任务与要求;

② 城市性质的制定与城市本身所拥有的条件是否相符;

③ 要研究城市区域与城市的关系对城市性质的影响；

④ 检验城市性质中主导部门的确定依据；

⑤ 城市性质要充分考虑发展变化的因素，预测其发展的前景；

⑥ 主导城市性质要反映出城市的特点；

⑦ 确定城市性质要根据城市的实情，扬长避短发挥优势。

（6）城市性质的表述

城市性质的分析应从区域的全局出发，由面到点地全面分析条件、关系、特点和发展前景等。城市性质描述时应简明：① 要突出特色和主导职能；② 不回避难免的"雷同"；③ 要避免罗列，当职能定位回避"罗列"困难时，宜规定不应发展的。

性质表述形式可概括为区域地位作用＋产业发展方向＋城市特色类型（表 3-1）。我国部分城市总体规划中确定的城市性质和职能如表 3-2 所述。

表 3-1　城市性质的要素构成

城市性质	要素构成
外向功能	地域交通与物资储运中心
	区域性专项物资集散地
	科技城
	康疗休闲中心
	大都市的卫星镇
	国防军事基地
	国际口岸城镇
产业结构	地域的政治、经济、科技、文化中心
	以××工业为主导的工业城市
	地域的文教科技医疗卫生服务中心
	农业经济资源加工工业基地
	兵团农场城市、国营农场城市
环境、历史文化及资源特征	历史文化名镇
	风景旅游城镇
	矿山城市
	能源工业城市（水电站、坑口电站）
	滨江的城市
	山区的城市
	革命纪念地

表 3-2　部分城市总体规划提出的城市性质和城市职能

序号	名称	年份	城市性质	城市职能
1	宜昌	2011	世界著名的水电旅游名城,长江中上游区域性中心城市,湖北省域副中心城市	(1) 长江三峡水利枢纽和著名的风景名胜旅游及商务休闲旅游目的地; (2) 长江中上游的区域性交通及流通中心; (3) 长江中上游重要的磷化工业、生物制药业、装备制造业和农产品加工业的生产区; (4) 湖北省重要的金融、文化、教育、科技、卫生、信息服务中心和文化创意产业基地
2	湘潭	2010	长株潭地区中心城市之一,湖南省重要的工业、科技和旅游城市	(1) 市域的政治、经济、文化中心; (2) 湖南省重要的工业基地和科技创新中心之一; (3) 湖南省教育副中心; (4) 湖南省重要的生态休闲旅游城市; (5) 湖南省重要的文化商贸服务中心之一; (6) 辐射湖南省西南部地区的综合服务中心; (7) 长株潭国家级综合交通枢纽的重要组成部分; (8) 国家级"两型社会"建设示范城市
3	大连	2009	东北亚重要的国际航运中心,我国东北地区核心城市,文化、旅游城市和滨海国际名城	(1) 东北亚国际航运中心、东北亚国际物流中心和区域性金融中心; (2) 国际旅游目的地和服务基地; (3) 国家软件和信息服务业基地; (4) 东北地区会展、先进装备制造业中心
4	苏州	2007	国家历史文化名城和风景旅游城市,国家高新技术产业基地,长三角重要的中心城市之一	(1) 国家文化旅游和风景旅游基地; (2) 国家历史文化名城; (3) 国家高新技术产业基地; (4) 长三角次级商务、商贸、物流中心; (5) 长三角地区创业和研发产业基地之一; (6) 长三角地区最具吸引力的居住地之一; (7) 市域政治经济文化中心; (8) 市域综合服务中心
5	杭州	2007	浙江省省会和经济、文化、科教中心,长三角中心城市之一,国家历史文化名城和重要的风景旅游城市	(1) 长三角区域性金融服务中心、现代物流中心和交通枢纽; (2) 国家高技术产业基地、信息经济中心和创新中心; (3) 国际电子商务中心和重要的旅游休闲中心
6	天津	2006	环渤海地区的经济中心,要逐步建设成为国际港口城市、北方经济中心和生态城市	(1) 现代制造和研发转化基地; (2) 我国北方国际航运中心和国际物流中心,区域性综合交通枢纽和现代服务中心; (3) 以近代史迹为特点的国家历史文化名城和旅游城市; (4) 生态环境良好的宜居城市

序号	名称	年份	城市性质	城市职能
7	株洲	2006	湖南省重要的工业城市,长株潭地区重要的交通枢纽和中心城市之一	(1) 我国南方重要的交通枢纽; (2) 以高新技术产业为先导的国家老工业基地; (3) 中南地区重要的商贸和现代物流中心; (4) 面向海内外华人的炎帝历史文化纪念地
8	宁波	2006	我国东南沿海重要的港口城市,长三角南翼经济中心,国家历史文化名城	(1) 国际贸易物流港; (2) 东北亚航运中心深水枢纽港; (3) 华东地区重要的先进制造业基地; (4) 长三角南翼重要的对外贸易口岸; (5) 浙江海洋经济发展示范区核心
9	本溪	2006	辽宁东部的中心城市,是以发展钢铁、旅游和现代中成药为主的综合性工业城市	(1) 全国重要的钢铁工业城市; (2) 东北区中药医药制造业基地; (3) 东北区重要的旅游业城市; (4) 辽中经济区东南部交通枢纽和现代物流中心城市; (5) 辽中经济区旅游休闲服务业基地和生态屏障; (6) 市域公共行政管理中心、公共服务中心和信息服务中心

(二)规模预测

研究城市规模的主要内容是要确定人口规模与用地规模,估计规划期内的建筑量,为城市布局和各项专业规划提供基础数据。

城市规模的确定是城市总体规划根据经济、社会发展的需要,把定性的目标定量化,它是城市空间布局的依据。城市规模确定过大,超出了经济、社会发展的需要,必将造成建设分散、土地浪费;确定过小,则规划常被实际的发展突破,造成建设的混乱与被动。当前主要的倾向是前者,但是城市总体规划是战略规划,不可能把 20 年的用地都计算准确。但可以在现状调查的基础上,对照经济发达城市的发展过程,分析城市发展的规律,做一些预测,使规划指标大体适应需要,并适度超前,留有余地。在规划实施过程中,还可根据实际情况进行微调。

1. 城市规模

城市的规模通常以人口规模和用地规模来界定。但两者是相关的,用地规模随人口规模的变化而变化;根据人口规模以及人均用地的指标就能确定城市的用地规模。所以,城市规模通常以城市人口规模来表示。城市人口规模就是城市人口数量。因此,在城市发展用地无明显约束条件下,一般是先从预测人口规模着手研究,再根据城市的性质与用地条件加以综合协调,然后确立合理的人均用地指标,就可推算城市的用地规模。

(1)确定城市规模的意义

根据国家的有关规定,在城市规划纲要的编制阶段或总体规划编制前,必须对城市规模进行专题研究,确定城市规模对城市总体规划编制具有重要意义。

① 规模过大,用地过大,布局不紧凑,设施配置过多、过散,建设不经济,运行不经济。

② 规模过小,用地过小,或制约发展,或布局混乱,设施配置过少,阻碍城市功能的充分发挥。

（2）影响城市规模的因素

① 自然资源和能源,包括水资源和土地资源,现代城市能源以电力为主。

② 经济地理位置和交通地理位置,其中交通是城市与外界进行物质和能量交换的基本手段。

③ 基础设施和经济实力,在一定程度上制约着城市规模。所谓规模容量,指一个城市在一定时期内由各种资源条件、基础设施等因素决定的能够容纳的最大人口规模,即需要突破城市基础设施的瓶颈制约。

④ 城市的性质和结构,要以一定的城市规模为前提,而城市规模又要以一定的城市结构为内容。

2. 城市人口规模

预测城市人口发展规模是一项政策性、科学性很强的工作。既要了解人口现状和历年来人口变化情况,更要研究城市社会、经济发展的战略目标,城市发展的有利条件及限制因素,从中找出规律和发展趋势,预测城市人口发展,确定城市人口发展规模。

（1）城市人口规模计算中基数的确定

城市人口规模计算中的基数包括城市规划区范围内的所有居住人口;城市非农业人口;居住在城区的非农业人口;一年以上的暂住人口。

（2）城市人口规模的预测方法

我国目前常用的城市人口规模的预测方法有综合平衡法、劳动平衡法、职工带眷系数法、区域分配法（城市化水平法）、环境容量法、线性回归分析法等,这些方法都存在一定的缺陷,不可完全信赖,但它们之间可以相互校核。一般的做法是以一种方法为主,以其他方法进行验算以弥补不足。

（3）对预测结果的检核与综合

城市人口规模的研究主要是对城市人口发展进行预测,根据预测的结果对规划期限末城市的人口总数做出判断。

对根据各种预测方法所得出的城市人口发展的数量进行全面评估,同时考虑城市化发展的水平、城市发展的政策、城市社会经济发展的阶段与水平以及财政能力、城市的环境容量等,最终确定规划期末的城市人口规模（表3-3）。

表3-3　城市规模指标表

城市类型	人口规模指标(万人)
特大城市	＞100
大城市	50—100
中等城市	20—50
小城市	10—20
镇	10以下

3. 城市用地规模

城市用地规模根据人口规模预测的结果和国家人均建设用地指标确定。

（1）用地指标

① 规划人均用地指标。根据国家《城市用地分类与规划建设用地标准》的规定，规划人均用地指标可以划分为四类（表3-4）。

表 3-4　规划人均用地指标级别表

指标级别	用地指标 （m²／人）	指标级别	用地指标 （m²／人）
Ⅰ	60.1—75.0	Ⅲ	90.1—105.0
Ⅱ	75.1—90.0	Ⅳ	105.1—120.0

② 规划人均用地的调整幅度。在确定规划人均用地指标等级时，必须根据现状人均建设用地的水平，按照国家《城市用地分类与规划建设用地标准》的规定确定。所采用的规划人均建设用地指标应同时符合指标级别和允许调整幅度双因子的限制要求。调整幅度是指规划人均建设用地指标比现状人均建设用地增加或减少的数值（表3-5）。

表 3-5　规划人均用地的调整幅度

现状人均建设 用地水平（m²／人）	允许采用的规划指标		允许调整幅度 （m²／人）
	指标级别	规划人均建设用地 指标（m²／人）	
≤60.0	Ⅰ	60.1—75.0	+0.1 至 +25.0
60.1—75.0	Ⅰ	60.1—75.0	＞0.0
	Ⅱ	75.1—90.0	+0.1 至 +20.0
75.1—90.0	Ⅱ	75.1—90.0	不限
	Ⅲ	90.1—105.0	+0.1 至 +15.0
90.1—105.0	Ⅱ	75.1—90.0	−15.0 至 0.0
	Ⅲ	90.1—105.0	不限
	Ⅳ	105.1—120.0	+0.1 至 +15.0
105.1—120.0	Ⅲ	90.1—105.0	−20.0 至 0.0
	Ⅳ	105.1—120.0	不限
＞120.0	Ⅲ	90.1—105.0	＜0.0
	Ⅳ	105.1—120.0	＜0.0

（2）规模预测

城市的用地规模是指到规划期末城市建设用地范围的大小。在对城市人口规模进行预测的基础上,按照国家的《城市用地分类与规划建设用地标准》确定人均城市建设用地的指标,就可以计算出城市的用地规模。

城市的用地规模＝预测的城市人口规模×人均建设用地标准。

在计算城市用地规模时,用地计算范围应当与人口计算范围相一致。

（3）规模控制

在传统城市总体规划编制中,大城市、特大城市的总体规划普遍采用的是扩大建设用地规模的模式,通过增量来保证城市的发展。但是,从一些特大城市发展来看,正面临增量规划带来的问题,如人口和资源环境的矛盾、建设用地的紧张、社会分化的加剧等,严格控制建设用地规模是城乡规划转型的关键,优化配置新增建设用地,积极盘活存量建设用地,有序调整土地利用结构,实现城市就业、居住、交通、服务等功能的改善。

四、案例解析

案例一:寻甸产业园总体规划的区域分析

（一）区位分析

1. 宏观区位分析

中国东盟自由贸易区、泛北部湾经济合作区、西南经济圈等宏观背景和发展战略的变化,对昆明市是一次历史性的重大发展机遇。在中国东盟自由贸易区建设中,昆明可以称得上是通道的交会点、桥梁的桥头堡、经济合作的平台和窗口。而"新昆明战略"的实施,也为周边区域的发展带来了前所未有的机遇(图3-5)。

2. 中观区位分析

寻甸县域东临马龙县、曲靖市,西接富民县、禄劝县,南连嵩明县,北与东川市、会泽县接壤。县政府驻仁德镇,距省会昆明102 km,离曲靖市97 km(图3-6)。

寻甸处于昆曲城市发展轴上,是昆明城市核心圈层的有机组成部分,为寻甸工业发展提供了强有力的区位支撑。

3. 微观区位分析

昆曲高速、嵩待高速和拟修建的"渝昆铁路"等重要的对外通道,是影响寻甸社会经济未来发展的重要因素。境内其他公路、铁路纵横交错,213国道、东川铁路支线贯通南北,贵昆铁路复线斜挂东南,轿子雪山旅游专线、铜矿公路蜿蜒西部,是带动县域经济发展的重要支撑(图3-7、图3-8)。

此次规划的寻甸特色产业园的金所、塘子和羊街三个片区都处于仁德镇周边,方向分别为仁德镇的西部、南部和西南部(图3-9)。

（二）区域条件分析

寻甸处于昆明主城、曲靖1小时通勤圈内,昭通、东川通往昆明的必经之地,滇中地区联系成渝腹地的重要通道。过去,寻甸处在昆明市域城镇南北主要发展轴线末端,位于滇池流域外,长期游离于环滇经济圈以外,一直处于昆明城市经济、环境、交通发展的边缘。

随着外部条件的改善,作为昆明市域城镇体系、经济、环境发展的重要组成部分,寻甸与周边城镇的联系日益密切。

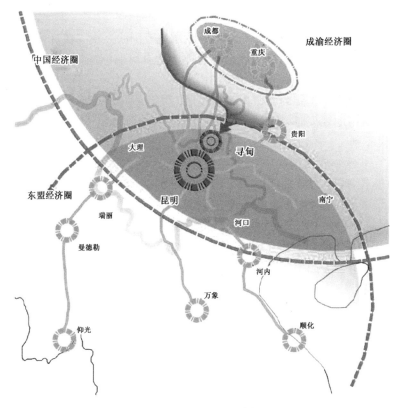

图 3-5　寻甸宏观区位分析图

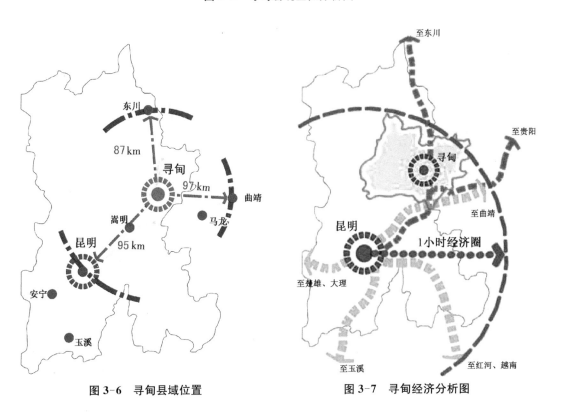

图 3-6　寻甸县域位置

图 3-7　寻甸经济分析图

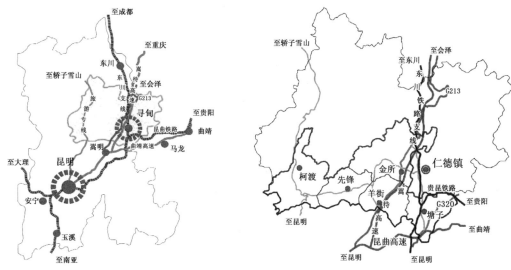

图 3-8　寻甸产业园经济发展图　　　　图 3-9　寻甸特色产业园

寻甸处于市域城镇和产业发展的重要轴线上,易形成产业的互补和联动,随着交通状况的逐步改善,寻甸已开始承担昆明主城疏散出的部分城市职能,特别是产业经济的分工以及资源协调发展的要求不断提高。

随着交通状况的逐步改善,寻甸已开始承担昆明主城疏散出的部分城市职能,特别是产业经济的分工以及资源协调发展的要求不断提高。

(三)区域经济分析

寻甸经济总量提升较快,但总体水平不高,GDP 总值居全市第七,人均仅为全市第十(除主城四区);寻甸工业总值居全市第八,人均为全市第九(除主城四区)。

工业经济进步明显,产业结构仍需优化。以金所、塘子、先锋三个工业片区为主要载体的寻甸特色产业园规划建设成效明显,初步实现了产业聚集、企业集群发展,工业经济雏形显现。

总体评价:寻甸社会经济水平处于全市中下游,经济总量虽逐步上升,但人均水平偏低,县域经济发展不平衡。目前以初级农业和矿产型、机械型和化工型工业为主,服务型的第三产业规模较小,旅游业开发滞后,产业结构有待进一步提高。

(四) SWOT 分析

1. 自身优势

区位优势:便利的交通和优越的区位。

资源优势:广阔的土地资源、充沛的水资源、丰富的矿藏资源、多样的自然生态环境和旅游资源。

2. 外部机遇

国家对中西部地区基础设施建设的投资;中缅石油管线天然气分输门站选址于寻甸境内;国家贫困县的有关扶持政策;现代新昆明建设的带动;昆明产业调整和规划布局的加快。

3. 外部挑战

区域经济一体化使竞争加剧。昆明市域经济一体化日益明显,寻甸未来发展必须向昆明市发展战略靠拢,与全市发展形成统一整体。

4. 内部风险

工业经济对资源依赖较大,与环境保护矛盾渐大。寻甸工业目前以能源、化工等重化工业为主,虽然以丰富的自然资源为依托,但对资源依赖大,如不加大保护和循环利用,对环境和可持续发展影响较大。

县域经济发展不平衡。寻甸土地面积大,乡镇及人口多,县域内经济发展水平相差较大,如何发展中心城镇和经济增长极,从而带动其他乡镇,是县域经济发展的重大挑战。

潜在的地质灾害风险。小江断裂带的东西两支均从规划区及周边通过,规划区内大部分区域9度等震线内,断裂带50—100 m范围内禁止布置建筑。塘子片区位于断裂带东支处,金所、羊街片区位于两条断裂带之间,都具有较大的地震风险。

5. 综合评价

寻甸临近昆明、曲靖,处于滇中连接内陆腹地的最便捷通道上,区位交通优势明显,发展潜力大。处于市域城镇和产业发展的重要轴线上,易形成产业的互补和联动,又处于滇池流域外,环境承载力相对较大。

具有丰富的自然资源优势,矿产、农业、旅游等资源特色明显,这是带动社会经济发展的重要因素。资源的合理利用和生态环境保护是关系寻甸可持续发展的关键,同时断裂带等灾害地质条件对区域发展产生一定不利影响。

在昆明市域范围内,工业发展依然是城市发展的主旋律,在大开发的浪潮中,寻甸特色产业园只有找准自己的特色产业,才能错位发展,获得自身的发展空间。

(五)总体发展战略

寻甸特色产业园总体规划中明确以下五大战略:

1. 空间整合战略

外部空间整合:一方面,要积极融入昆明,充分依托昆明经济圈的辐射作用,通过产业与空间资源整合,实现资源优化,加速实施空间经济一体化战略,实现与大昆明经济圈的整合发展。另一方面,要充分依托县城仁德镇,融合共同发展。在县域层面上,进一步整合资源,提升整体竞争力。

内部空间整合:由于原材料供应地和生产地在不同的区域,又受山地条件的限制,在目前产业园"一园五片"的架构下,交通联系非常薄弱,没有高等级的公路相连,通行效率低下。因此,要重点建构原材料地和生产地之间的交通联系,强化综合交通系统地区整体性,实现基础设施的区域配置,引导开发压力,综合协调发展的方向。

2. 聚集发展战略

立足资源优势、产业基础和区位交通条件,加快工业向园区集中、人口向城镇集中,突出"立足优势,创造特色,打造重点,差异发展",体现"城园一体"发展目标。

3. 产业集群战略

园区目前已经形成煤化工产业、磷化工产业、制药产业、建材产业等具有比较优势的产业,具有一定基础和具有集群雏形的产业,最根本的是发展特色产业集群。寻甸特色产业园要加快载体建设,壮大完善产业集群,增强综合竞争力,形成特色品牌,提升特色产业群层次。

4. 工贸互动战略

在工业园建设与发展过程中,一方面要注重县城服务功能的培育和强化,大力发展现代服务业,实现工贸协调发展,完善城镇服务功能,提高城镇化质量,与工业化进程相配合,共同促进经济发展。另一方面也要注重工业园区内部服务功能的培育。

5. 生态优先战略

在区域范围内确立生态走廊,以生态优先、防治结合、以防为主的发展原则,节约资源,保护环境,把经济发展和环境容量有机统一起来。对产业园内部现存的污染大、能耗多的企业坚决实行环保搬迁和改造。特别是针对先锋、柯渡两个片区,在资源开发利用的过程中,要注重矿山生态环境恢复与治理,提高资源开发效率,保护和恢复生态环境。

寻甸特色产业园总体规划中,通过对寻甸特色产业园发展背景分析、区位分析等相关分析,确定寻甸特色产业园功能定位为:① 云南重要的特色产业基地;② 滇中城市群的重要组成部分;③ 承载昆明产业转移的主要空间载体;④ 县域经济发展的强大引擎。

确定园区性质为:以煤磷化工产业为基础,以煤磷精深加工、装备制造和农业资源加工三大战略支撑产业为主导,以硅藻土产业为特色,以新能源及建材产业为补充,以产业集群为主体的省级特色产业园。

案例二:城市总体规划重大专题研究

城市总体规划专题研究是将城市研究引入城市规划设计的一个新举措,对城市的一些重大问题,如城市性质与规模的确定、城市用地发展方向、城市重大基础设施、城市对外交通、城市规划新理论与新技术、新政策与新理论对城市总体规划的影响(如可持续发展、山水城市、市场经济、保护耕地等)、城市特色(如历史文化名城、旅游城市)、影响城市发展的重大问题、资源与经济等等。在城市总体规划中都必须做专题研究。这些研究报告是规划编制的重要参考依据,规划采用的许多结论来源于这些研究报告。

《城市总体规划编制审批管理办法(征求意见稿)》第九条(专题研究和技术论证):在城市总体规划编制过程中,城市人民政府城乡规划主管部门应当组织相关方面的专家,对涉及城市发展建设和空间资源保护利用等重大事项开展专题研究,对规划草案进行技术论证①。

《上海市城市总体规划(2016—2040年)》是中央城市工作会议召开后第一个展望至2040年并向国务院报批的超大城市总体规划(表3-6)。2014年6月3日,上海市城市总体规划编制工作领导小组办公室正式发布新一轮总体规划战略研究议题。本轮研究工作围绕上海未来建设"全球城市"的目标定位,按照新一轮城市总体规划"四个转变"的基本理念和"开门做规划"的工作原则,对影响未来上海发展的重大战略性、宏观性、创新性和关键性问题开展广泛深入的研究咨询,明确上海未来作为全球城市的发展战略和实施策略,指导下一阶段总体规划编制工作。

新一轮城市总体规划战略研究聚焦提高城市国际竞争力、增强城市可持续发展能力、提升城市魅力、优化城市空间四大领域,重点强化对未来全球发展环境和趋势的研判、对国家宏观战略要求的落实,以及对当前核心瓶颈问题的破解,形成18个支撑性专题,涵盖城市发展目标定位、区域协调、城市规模、空间优化、公共服务、综合交通、城市安全、规划实施等多个方面,并突出空间优化、政策支撑和近期实施。

表3-6 《上海市城市总体规划(2016—2040年)》战略研究议题一览表

核心议题	序号	研究专题	研究重点
一、提高城市国际竞争力,建设适合各类人才成长创业的宜业城市	1	上海全球城市建设的目标内涵、战略框架与发展策略研究	(1)聚焦战略动态,研究上海未来建设全球城市的目标内涵、发展理念与战略导向,分析上海在全球城市体系中的合理定位; (2)聚焦核心功能提升,突出国际金融中心、贸易中心全球资源配置能力,强化国际创新中心的驱动力和竞争力,提升国际文化中心的软实力,关注功能特征和发展路径; (3)聚焦空间应对,研究全球城市的城市形态与空间结构,分析满足核心功能的空间需求特点和规划应对策略

---

① 《城市总体规划编制审批管理办法(征求意见稿)》第九条。

核心议题	序号	研究专题	研究重点
二、增强城市可持续发展能力，建设生态良好、社会和谐、智慧低碳、安全便捷的宜居城市	2	上海与长三角区域生态环境综合治理与协调机制研究	(1) 研究跨区域水环境保护的建设机制、保护策略和相关政策，明确水环境重点保护/整治区； (2) 研究跨区域大气环境保护的建设机制、保护策略和相关政策，明确大气环境重点保护/整治区； (3) 研究区域生态敏感性、主要生态功能等，提出跨区域生态保护的建设机制、保护策略和相关政策研究，以及对空间布局的要求
	3	全球视野下的上海和长三角区域海洋发展战略与空间应对研究	(1) 从国家战略和区域协同发展角度，明确上海海洋发展战略的整体框架以及国际航运中心建设内涵和发展路径； (2) 研究长三角范围内滨海岸线使用类型(如生产/生活/生态)、滩涂资源开发利用情况与发展诉求，明确上海都市区范围内滨海地区空间发展战略与政策保障机制
	4	资源紧约束条件下的城市规模(人口与建设用地)多情景预测与应对策略研究	(1) 资源紧约束条件下上海人口发展的多情景预测、情景变化监测方法及其关键指标； (2) 分析最可能出现的发展情景，以及最可能情景下人口结构的预测，尤其注意人口结构的变化对空间方面的需求差异； (3) 分析人口、产业、住宅、用地等之间的联动关系，研究不同人口预测情景下产业、住房、用地、交通等方面的应对策略和弹性调整预案
	5	资源紧约束背景下的城市更新和城市土地使用方式研究	(1) 分析上海土地资源紧约束的发展背景，提出上海未来城市更新和城乡土地使用方式转变的总体导向和基本思路； (2) 分区分版块提出引导策略，研究城市更新的土地运作模式，明确存量土地的二次开发机制； (3) 聚焦 TOD(以公共交通为导向的开发)导向下土地集约复合使用及高密度城市绿地生态效能优化路径研究，提出开发强度提升和公共绿地统筹规划、联动建设等政策机制
	6	上海低碳城市建设发展目标与路径研究	(1) 根据生态文明总体导向，研究上海建设低碳城市发展的目标、内涵、框架和指标体系； (2) 聚焦减少碳排放和增加碳汇的途径和方法； (3) 提出上海低碳城市建设的阶段部署设想及实施机制保障
	7	上海智慧城市规划发展目标与路径研究	(1) 界定智慧城市概念，研究上海建设智慧城市的发展内涵、目标、框架和指标体系； (2) 聚焦智慧城市发展对产业体系变革、人群生活方式和行为习惯以及城市空间布局带来的影响，提出前瞻性的规划应对设想； (3) 提出城市信息基础设施网络建设策略，探索创新智能化城市管理模式

核心议题	序号	研究专题	研究重点
二、增强城市可持续发展能力、建设生态良好、社会和谐、智慧低碳、安全便捷的宜居城市	8	城市安全与综合防灾系统研究	(1) 分析上海城市可能遭遇的灾害种类以及各自对城市的影响程度和形式,重点研究上海在城市生态环境、气候变化、信息安全、生命线保障和公共卫生等领域面临的新问题; (2) 研究上海特大型城市安全的总体战略框架、实施路径和保障机制,提出城市安全运行的对策; (3) 研究城市在人员组织、资源调配和利用等方面的综合应急响应机制
	9	上海特大城市社会治理与规划实施体制机制研究	(1) 围绕规划实施,提出城市政策协同治理的体制机制,完善公众参与机制,保障公共利益的实现; (2) 研究提出规划立法的核心框架和实施策略,推进《生态红线法》《城市更新法》《新城法》等项立法,优化完善上海城乡空间规划编制和管理体系,健全优化城乡土地管理体制机制; (3) 完善总体规划实施评估的制度化建设和分期建设规划编制,定期评估规划实施的结果和过程,从而优化调整不同发展阶段的规划政策
三、提升城市魅力,建设令人向往的国际文化大都市	10	以人为本的基本公共服务体系和社区规划研究	(1) 根据对人口结构和公共服务的发展趋势分析,研究分析公共服务体系的内涵和构成,结合国际国内经验和城市总体发展目标,提出公共服务发展的总体要求; (2) 研究各级公共服务中心的功能内涵和配置标准,并根据不同的功能内涵要求与配置标准提出针对性的空间发展策略; (3) 提出系统化的社区治理与运营策略
	11	上海城市公共开放空间体系和休闲活动网络研究	(1) 提出基于休闲活动网络的城市公共开放空间体系的整体框架、层次结构; (2) 研究构建以绿道、蓝道、公园绿地、广场为重要载体的休闲活动网络及各类功能设置导向和环境建设要求; (3) 创新体制机制,提出各类城市公共开放空间和休闲活动网络载体的规划导向和建设实施策略
	12	上海城市历史文化保护与城乡特色风貌体系研究	(1) 深入挖掘上海既有历史文化资源,提出城市历史风貌保护规划的总体框架和实施路径; (2) 构建覆盖城乡的特色风貌体系,突出文化传承和特色保护,深化规划控制策略; (3) 探索历史保护和风貌建设的创新机制

核心议题	序号	研究专题	研究重点
四、优化城市空间,建设世界级城市群的核心城市	13	上海与长三角区域城镇群协同发展战略研究	(1) 研究长三角经济社会和空间数据,剖析长三角区域现状特征、发展阶段、未来趋势和主要问题; (2) 综合国内外发展经验和形势,提出区域未来一体化发展的目标和路径,以及基于产业分工协作、城镇协同发展、交通高效衔接、生态紧密互动和社会广泛融合的区域空间战略; (3) 提出城镇群协同发展的区域联动机制和实施策略
	14	上海与长三角区域交通发展战略研究	(1) 研究长三角区域综合交通枢纽体系的战略发展目标、提升策略及规划导向; (2) 提出长三角港口功能布局和规划定位,以及多式联运、协同发展的策略; (3) 提出区域综合交通与空间一体化的发展目标与策略,并对上海大都市区重要交通走廊提出规划导向和协同发展建议; (4) 针对上海中心城、新城及中心城周边、重要产业区等地区,提出综合交通发展分区指导策略
	15	上海大都市区空间发展战略研究	(1) 研究上海在长三角城镇群中发挥龙头作用需紧密关联的区域,论证上海大都市区的空间范围; (2) 提出适应上海全球城市发展的大都市区开放式、网络化、高效能的空间结构及发展模式; (3) 提出上海大都市区范围内各战略性空间板块的分区发展导向和定位,对不同地区提出符合定位导向的政策引导、规划策略和协作机制
	16	上海市域城镇体系和城市发展边界研究	(1) 研究与上海建设全球城市目标相匹配的市域城镇空间体系的基本框架,重点明确中心城(及周边地区)、新城、新市镇和村庄的发展导向; (2) 划分市域空间功能分区,明确各分区发展导向、规划重点、公共中心服务体系等发展策略及分区联动发展机制; (3) 分析评估城市生态安全和资源承载力,研究生态保护红线、基本农田保护线和城市发展边界范围和划定方法; (4) 研究与上海建设全球城市目标相匹配的城镇空间体系和城市发展边界的实施政策和保障机制
	17	转型发展背景下的产业结构与就业空间研究	(1) 把握全球经济转型与产业技术革命趋势,提出上海新型产业体系发展战略及其空间要求; (2) 分析各类新型产业的空间需求特征和变化趋势,探索与之相适应的空间布局模式; (3) 研究就业空间格局变化和产城融合发展策略

核心议题	序号	研究专题	研究重点
四、优化城市空间,建设世界级城市群的核心城市	18	公共交通优先导向下的城市客运交通发展策略研究	(1) 研究建立与全球城市功能相匹配、与特大型城市空间格局相协调的城市客运交通体系,提出上海大都市区公共交通优先在不同发展阶段的实现目标、战略和规划导向; (2) 分析不同区域的空间发展特征和趋势,研究分区域的差别化公共交通发展模式与策略; (3) 基于 TOD 发展理念,研究公共交通客运走廊及枢纽地区的综合开发模式及规划导向,提出以轨道交通为核心的常规公交、非机动车、步行等多种交通方式一体化发展的交通设施规划策略

资料来源:上海市城市规划设计研究院网站.

第4章 城乡空间组织

城乡空间组织是以城乡一体化为目标的城乡空间组织过程与状态,主要通过促进城乡主体的互动以及各类要素在城乡之间的高效配置与有序流动,来建构城乡社会经济生态空间联系与相互作用秩序,以实现空间结构的优化与空间功能的提升。

城乡空间组织需要牢固树立创新、协调、绿色、开放、共享的发展理念,创新规划理念,改进规划方法,把以人为本、尊重自然、传承历史、绿色低碳等理念融入城市规划全过程,增强规划的前瞻性、严肃性和连续性。全面摸清每一寸国土空间的本底条件和适宜用途,把城乡空间作为一盘棋来考虑,统筹各类空间规划,有机叠加各类空间开发利用布局,统一管控和高效利用空间资源,提升空间治理能力,促进城乡经济社会全面、协调、可持续发展。

一、城乡统筹规划

(一)城乡统筹发展

城乡统筹发展已成为现代城市规划的突出主题。以"构建新型城乡关系、优化区域城乡空间系统"为核心目标,对城乡关系优化转型相关内容进行探讨和思考,提出城乡生态空间、农业空间、城乡居民点和乡村发展规划、基础设施和公共设施等方面的规划指引,推进城乡统筹规划的系统发展。在城市总体规划中要贯彻正确的指导思想和发展理念,统筹城乡发展策略,重点要协调好以下几个方面的关系[①]:

1. 协调好发展与保护的关系

良好的生态环境和悠久的文化遗产,不仅不会成为城市发展的阻碍,反而会成为城市发展最具魅力的资源与财富,成为后工业时代城市真正不可替代的核心竞争力。

应当在保护的前提下发展,在发展中推进保护,形成保护与发展的良性循环。保护生态环境,保持乡村风貌。严格保护基本农田,强化农村作为生态本底的作用,突出城乡空间特色差别,保持农村自然生态风貌。应当从挖山填湖转变为让城市望山见水,从大拆大建转变为尊重城市文化特色。

2. 协调好城市与乡村的关系

乡愁的本质是家园情怀。高速发展期,城市建设处于一种"游子心态",漂泊无依,这个阶段,城市对于外来人只是寄居的空间;而到了稳定发展期,游子走向成熟,心态由离转

---

① 杨保军《从中央城市工作会议精神谈新一轮总规的历史使命》,参见微信公众平台。

归,需要精神慰藉。在这个阶段,城市要强化包容性和认同感,成为"家园城市"。未来,我们要让城市成为情感的渊源、沟通的桥梁、精神的归宿,成为"心灵的故乡"。要正确处理城市和乡村的关系,从城市吞噬乡村到城乡共生,从城乡不分到城乡分野。

3. 协调好生产与生活的关系

在工业化时期,城市围绕生产空间组织;到了后工业化时期,城市应当以生活为核心,通过家、服务设施、交通节点组织"个人生活圈"。在"个人生活圈"中实现功能混合、步行可达、空间集聚。要推动乡村的维护与复兴,关注弱势群体的利益诉求与表达,建设开放、多元、包容的社会。

4. 协调好数量与质量的关系

城镇化快速发展步入中后期之后,资源环境瓶颈约束愈加明显,因此,应调好数量与质量的关系。从注重数量增长转向量质并重;从粗放增长转向"精明增长";从注重效率与速度转向注重公平与安全;从增量为主、外延发展转向存量为主、内涵发展;从以房地产开发为主转向以大力提高市政基础设施和公共服务水平为主;从保障"住有所居"转向更加强调"住优所居"。

(二)城乡用地规划

1. 用地布局原则

(1)底线控制、生态优先

按照应保尽保、宁多勿少的原则划定生态保护红线,按照最大程度保护生态安全、构建生态屏障的要求划定生态空间,在确保生态功能不降低、面积不减少、性质不改变基础上,谋划国土空间开发布局。

(2)集约发展、优化布局

着力调整优化空间结构,提高空间利用效率。落实主体功能定位,扩大自然生态空间,严格控制城镇空间特别是城镇工业空间规模。适应人口城镇化发展需要,增加城镇生活空间,减少农村建设空间。

(3)明确格局、强化管控

合理确定城镇、农业、生态三类空间比例,科学测算总体开发强度,将国土空间开发限制在资源环境承载能力之内。建立三类空间开发强度控制体系,注重空间边界和主要控制线落地,强化空间管控。

(4)设施一体、服务高效

基础设施的建设和规划要城乡统一布局,重点解决城乡地区基础设施建设的衔接问题。统筹城乡公共资源配置,加大广大农村地区的教育和医疗投入,做好农村居民社保普及,促进城乡公共服务均衡发展,实现高效的公共服务体系。

(5)依法依规、联动调整

规划编制应符合城乡规划、土地管理、环境保护等现行法律法规和相关技术标准规范等要求,城乡规划、土地利用总体规划等法定规划应根据本规划成果按相应法定程序修改完善;在运行实施过程中,应动态维护空间规划成果,并加强空间规划成果与相关法定规划的联动,确保以空间规划成果为先导,实现各类规划的动态合一。

2. 空间管控"多规合一"

城市总体规划作为政府引导城市发展建设的法定依据,是保护和管理城市空间资源的重要手段,是引导城市空间发展的战略纲领和法定蓝图。我国现阶段制定规划部门多,规划种类多,涉及专业多、行业多,各个层次的规划都具有自身的刚性控制作用与内容。因此,城市总体规划的制定,必须科学有效综合协调各层次规划的刚性控制内容,切实做到合理利用每一寸土地、节约用地,实现土地资源的可持续利用和区域社会经济的可持续发展,从而确保城市总体规划的权威性。在城乡用地布局中,需要整合基本农田保护规划、土地利用总体规划、国民经济和社会发展规划以及城乡居民点规划,详细分析各个规划中对土地利用(城镇、农业、生态空间)的刚性管控要求和不可逾越的控制红线(生态保护红线、永久基本农田、城镇开发边界),使之落实到城乡空间用地布局之中(图4-1)。实现"多规融合",形成横向到边、纵向到底的一本规划、一张蓝图。

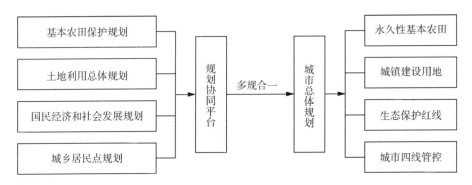

图4-1 土地利用各项刚性管控要求的"多规合一"

同时,城乡用地布局规划,要实现由"增量扩张"向"存量优化"空间发展模式的重大转变,注重两个协同①。

(1)城乡规划与土地利用总体规划的"两规协同"。在与土地利用总体规划衔接的基础上,确定全域建设用地规模,实现阶段性指标统一,并"自上而下"地进行指标分配。在具体指标分配中,由国土部门与规划部门协商统一,对县城、镇乡的用地规模做出发展预判,给出规模控制值。

(2)建设用地与非建设用地的协同。根据资源承载力评价和用地适宜性分析,在全域范围内综合布局建设用地与非建设用地空间,划定规划期内城镇建设用地范围线和远景建设用地范围线,以明确城镇建设用地的发展方向、规模及范围,使城乡空间形态一目了然,防止建设用地无序蔓延。

(三)城乡空间优化

城乡空间优化,落实以人民为中心的发展思想,注重产城融合、城乡平衡、生态改善、基础设施完善和生活服务提升。

---

① 参见罗彦,杜枫,邱凯付. 协同理论下的城乡统筹规划编制[J]. 规划师,2013,29(12):12-16。

1. 城镇空间优化

重点发展市域中心城市、二级城市,通过设施统一配置协调中心城市与周边城镇空间发展;提高乡镇建设用地土地使用效率,推进乡镇空间集约发展。

(1)协调中心城市与周边城镇的空间关系,进行适度的乡镇撤并,增强中心城市的资源支配能力,形成合理的功能布局。

(2)市域中心城市、二级城市与周边地区实行统一规划,协调用地布局。

(3)严格控制城镇建设用地规模,调整空间布局,通过土地置换、提高工业用地容积率等措施,充分提高城镇建设用地使用效率。

(4)充分挖掘乡镇特色,根据不同的发展条件和环境明确不同的发展方向和优势产业,形成错位发展,避免恶性竞争。

(5)提高城镇公共服务设施建设标准和服务水平,增强其服务能力和服务半径。

2. 农村空间优化

严格保护基本农田,保持农村自然人文风貌。根据统筹规划、因地制宜、以民为本、有序推进的原则对零散分布的农村居民点进行撤并,从而提高土地利用率,改变散乱破碎的自然村庄布局,优化农村居民点内部结构功能。

(1)保护现状规模较大、发展条件较好、特色风貌鲜明的村庄的空间格局,维系原有社会网络;合理提高基础设施和公共服务设施配套水平,加强村庄绿化和环境建设,改善村庄居住环境;根据未来发展以及吸纳安置周边撤并村庄人口的需要,可依据规划紧凑布局,适当扩建。

(2)保护具有重要历史文化保护价值、现存比较完好的传统特色村落,并对有损传统特色风貌的建筑物、构筑物进行改造,妥善协调好新建住宅与传统村落之间的关系。

(3)根据村庄撤并的需要,考虑耕作半径要求,在发展条件较好、环境影响较小的地区建设新的农村居民点;居民点建设应与自然环境相和谐,完善配套设施,充分体现浓郁的乡风民俗和时代特征。

(4)现状规模过小、发展条件较差、处于环境敏感地区的村庄和空心村等应予以逐步拆除或合并。

二、城乡空间管制

在城市总体规划中,通过空间管制实现城乡统筹和谐发展、合理使用各种资源、保护和改善生态环境的目标。从规划实施上看,空间管制提出区域空间开发共同遵守的原则,以"空间准入"的思想,划分空间不同利用程度的区域,如优先与鼓励发展、严格保护和控制开发、有条件许可开发等地域空间,提出不同空间的利用标准、准则和措施,使城市总体规划更具有可操作性。

《城市规划编制办法》对总体规划中进行"四区"划定提出了明确要求,其第31条规定,中心城区规划应当划定禁建区、限建区、适建区和已建区,并制定空间管制措施(表4-1至表4-4)。

表 4-1 "禁建区"划定类型细分与管制要求

分区	对应空间用地类型		管制要求
禁建区	水域		包括河流、湖泊、水库水面,禁止破坏水域的建设活动
	水源保护区(一级)		禁止新建、扩建与供水设施和保护水源无关的建设项目,禁止向水域排放污水,已设置的排污口必须拆除;不得设置与供水无关的码头,禁止停靠船舶,禁止堆置和存放工业废渣、城市垃圾、粪便和其他废弃物;禁止设置油库,禁止从事种植、放养禽畜,严格控制网箱养殖活动,禁止可能污染水源的旅游活动和其他活动
	自然保护区	核心区、缓冲区	禁止建设任何生产设施
		试验区	不得建设污染环境、破坏资源或者景观的生产设施
	基本农田保护区		基本农田保护区经依法划定后,任何单位和个人不得改变或者占用。禁止任何单位和个人在基本农田保护区内建窑建房、建坟、挖砂采石、采矿取土、堆放固体废弃物或者进行其他破坏基本农田的活动
	风景名胜区		核心保护区内禁止任何建筑设施。以自然地形地物为分界线,其外围应有较好的缓冲条件。一级保护区内可以设置所必需的步行游赏道路和相关设施,严禁建设与风景无关的设施,不得安排旅客住宿床位。二级保护区可以安排少量旅客住宿设施,但必须限制与风景游赏无关的建设。三级保护区内有序控制各项建设与设施,并应与风景环境相协调
	地质灾害危险区		包括地面严重沉降区,地裂缝危险区,崩塌、滑坡、泥石流、地面塌陷危险区。禁止城乡建设开发活动,加强植被建设
	森林公园、湿地公园		核心景区:除必要的保护和附属设施外,禁止建设宾馆、招待所、疗养院和其他工程设施。非核心景区限制建设污染环境、破坏生态的项目和设施
	其他禁建区		因防洪等要求禁建的地区

资料来源:袁锦富,徐海贤,卢雨田,等. 城市总体规划中"四区"划定的思考[J]. 城市规划,2008,32(10):71-74.

表 4-2 "限建区"划定类型细分与管制要求

分区	对应空间用地类型	管制要求
限建区	山体、森林	限制大型城镇建设项目,加强自然生态环境维护,允许设置一定的林业设施、旅游设施等,但控制其建设开发强度
	旅游度假区	限制城镇和村庄建设
	重要生态防护绿地	包括水域周边绿化防护用地、重大基础设施的防护走廊功能性生态隔离用地,严格控制城镇和农村居民点建设
	地质灾害不利区	地质灾害危险性中等的地区,限制大型建设项目,控制开发建设比例
	一般农田	限制在本区域内进行各项非农建设
	蓄、滞洪区	限制建设非防洪建设项目。如需建设需经过一定的建设程序报请批准
	发展备用地	控制预留发展备用地的开发建设,不得随意安排建设项目

资料来源:袁锦富,徐海贤,卢雨田,等. 城市总体规划中"四区"划定的思考[J]. 城市规划,2008,32(10):71-74.

表 4-3 "适建区"划定类型细分与管制要求

分区	分区对应空间用地类型	管制要求
适建区	城镇建设用地	将城镇建设限制在规划的建设用地范围内开展
	村庄建设用地	积极引导农村居民点建设在规划的集中建设的村庄布局
	重大基础设施走廊	预控发展空间,禁止其他建设占用

资料来源:袁锦富,徐海贤,卢雨田,等. 城市总体规划中"四区"划定的思考[J]. 城市规划,2008,32(10):71-74.

表 4-4 "已建区"划定类型细分与管制要求

分区	分区对应空间用地类型	管制要求	
已建区	城镇、村庄已建设区	结合规划用地布局,加强已建用地的调整优化。以内涵挖潜为主,充分利用现有建设用地和闲置用地	
	文物保护单位	保护范围	禁止建设新建筑
		建设控制地带	新建建筑物的高度、体量、色彩和形式应根据维护历史风貌的原则进行严格控制

资料来源:袁锦富,徐海贤,卢雨田,等. 城市总体规划中"四区"划定的思考[J]. 城市规划,2008,32(10):71-74.

三、用地评定与发展边界划定

(一)用地评定与选择

1. 用地评定类型

用地评定是城市规划的一项基础工作。城市总体规划用地的综合评价以自然环境条件(地形、工程地质条件等)为主要内容,考虑城市经济技术、现状的建设条件和社会政治文化背景以及地域生态等多方面的因素,抓住对用地影响最为突出的环境主导因素,按照建设需要和整备地块在工程技术上的可能性及经济性,确定用地的适用程度,以确定其对城市建设的使用程度,为选择城市发展用地、合理规划布局和功能分区提供科学依据。

通常将城市用地按优劣条件分为三类:适宜修建用地、基本适宜修建用地、不适宜修建用地(表 4-5)。

表 4-5 用地评定类型划分

类型	内容
适宜修建用地	指地形平坦(坡度适宜)、规整、地质良好、没有洪水淹没危险的用地。这些地段,因自然条件比较优越,一般不需要或只需稍加工程措施即可进行修建	① 非农田或者该地段是产量较低的农业用地; ② 土壤的允许承载能力满足一般建筑的要求; ③ 地下水位低于一般建筑物基础的埋置深度; ④ 不被 10—30 年一遇的洪水淹没; ⑤ 平原地区地形坡度,一般不超过 5%—10%,在山区或丘陵地区,地形坡度一般不超过 10%—20%; ⑥ 没有沼泽现象,或采用简单的措施即可排除渍水; ⑦ 没有冲沟、滑坡、岩溶及膨胀土等不良地质现象

类型		内容
基本适宜修建用地	指需要采取一定工程措施才能使用的用地	① 土壤承载力较差,修建时建筑物的地基需要采取人工加固措施; ② 水位较高,修建时需降低地下水位或采取排水措施的地段; ③ 洪水淹没区,但洪水淹没的深度不超过 1—1.5 m,需采取防洪措施的地段; ④ 地形坡度在 10%—20%,需建时需要有较大土石方工程的地段; ⑤ 地面有渍水或沼泽现象,需采取专门的工程准备措施加以改善的地段; ⑥ 活动性不大的冲沟、沙丘、滑坡、岩溶及膨胀土现象,需采取一定工程准备措施的地段
不适宜修建用地	指不宜修建,或必须经大量工程措施才能修建的用地	① 农业价值很高的丰产农田; ② 土壤承载力很低,一般允许承载能力小于 0.6 kg/cm^2 和厚度在 2 m 以上的泥炭层、流沙层等,需要采取很复杂的人工地基和加固措施才能修建的地段; ③ 地形坡度超过 20%,布置建筑物很困难的地段; ④ 经常受洪水淹没,淹没深度超过 1.5 m 的地段; ⑤ 有严重的活动性冲沟、沙丘、滑坡和岩溶及膨胀土现象,防治时需花费很大工程数量和费用的地段

2. 用地选择的原则

用地选择一般遵循如下原则:

① 要满足工业、住宅、市政公用设施等项目建设对用地的地质、水文和地形等条件的要求,尽量减少工程准备的费用。

② 要有足够数量适合建设需要的用地,并使城市有发展的可能。

③ 要有利于城市用地的合理布局和功能组织。

④ 要有利于基础设施的配套建设及高效合理运行,形成方便、舒适、优美的工作和居住环境。

⑤ 要有利于保护耕地,少占良田,城乡一体化协调发展。

⑥ 要有利于城市的可持续发展及城市建设的分期实施。

用地选择应对用地的工程地质条件做出科学的评估,要结合城市不同功能地域对用地的不同空间与环境质量的要求,尽可能减少用地的工程准备费用;注意保护环境的生态结构、原有的自然资源和水系脉络,要注意保护地域的文化遗产。

3. 用地发展方向选择

城市规划必须对城市用地的整体发展方向或称城市空间的发展方向做出分析和判断,对城市用地的扩展或改造应适应城市人口的变化。由于城市用地发展事实上的不可逆性,对城市发展方向做出重大调整时,一定要经过充分的论证,慎之又慎。

(1)影响因素

涉及城市用地发展方向的因素较多,可大致归纳为如下几种:

① 自然条件。地形地貌、河流水系、地质条件等土地的自然因素通常是制约城市用

地发展的重要因素之一;同时,出于维护生态平衡、保护自然环境的目的,各种对开发建设活动的限制也是城市用地发展的制约条件之一。

② 人工环境。高速公路、铁路、高压输电线等区域基础设施的建设状况以及区域产业布局和区域中各城市间的相对位置关系等因素均有可能成为制约或诱导城市向某一特定方向发展的重要因素。

③ 城市建设现状与城市形态结构。除个别完全新建的城市外,大部分城市均依托于已有的城市发展。因此,城市现状的建设水平不可避免地影响到与新区的关系,进而影响到城市整体的形态结构。城市新区是依托旧城区在各个方向上均等发展,还是摆脱旧城区,在某一特定方向上另行建立完整新区,事实上已经决定了城市用地的发展方向。

④ 规划及政策性因素。城市用地的发展方向也不可避免地受到政策性因素以及其他各种规划或计划的影响。如城市重大近期项目和意向项目。

⑤ 其他因素。除以上因素外,土地产权问题、农民土地征用补偿问题、城市建设中的城中村问题等社会问题也是需要关注和考虑的因素。

(2)选择的步骤方法

在进行用地评定的基础上,综合以上因素的影响,进行用地发展方向的选择。一般按以下的步骤和方法进行:

① 对可供选择的用地进行综合评定,划分出不适宜进行建设的用地和适宜进行建设(包括采取城市用地工程准备措施后适宜建设)的用地范围。

② 估算适宜进行建设的用地满足城市建设需要的程度,通过用城市人口平均占有城市总用地的指标来估算总用地的需要量。

③ 在适宜建设的用地范围内选择工业、生活居住、对外交通、市政公用设施等各种用地。此项工作要同城市功能分区结合进行,通常要提出若干方案进行比较。

④ 进行综合比较,选定合理可行的方案。

方案综合比较的内容涉及社会、经济、技术、环境等方面,主要有:用地的自然条件是否用于集中紧凑地进行建设,需要采取的工程措施及其费用;在用地范围内是否占用农田,尤其是高产农田,占用农田带来的损失以及所需的补偿费用,是否便于合理安排城市各种用地,特别是工业用地与生活居住用地的相互位置是否恰当,对外交通是否有进一步发展的条件;原有城镇是否得到充分利用。在进行多方案比较时,要根据城市的具体情况,在上述各项中以对该城市起主要作用的方面作为重点,其他方面可以有所取舍或增减。

用地条件关系到城市的总体布局和用地规模。从某种意义上说,城市总体规划主要是城市用地布局。城市各种工程设施在建设上对用地都有着不同的要求。认真研究城市规划区的自然条件,特别是用地条件(图4-2),并与现状结合起来进行分析。巧于利用自然条件,对于城市总体布局的成功构思具有十分重要的意义。

此外,土地适宜性评价、中心城区增长边界的研究、空间管制的划分等也为城市规划方案提供科学的依据。

(二)划定城市规划区范围

城市规划区是指城市市区、近郊区以及城市行政区域内因城市建设和发展需要实行

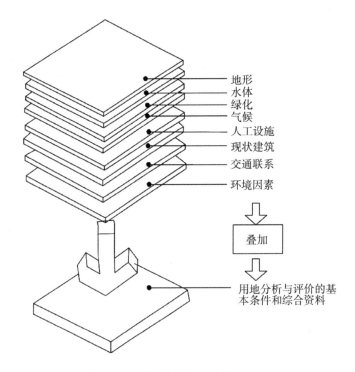

图 4-2　用地分析的分项叠加方法

规划控制的区域(图 4-3)。在城市总体规划中,必须划定城市规划区的具体范围,城市规划区是城市建设管理和规划需要控制的区域,城市规划区的界定主要考虑到以下几个方面的需要:

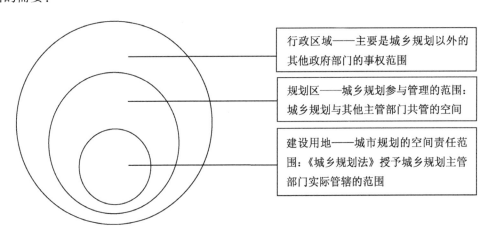

图 4-3　城市规划区的划定

（1）满足城市建设用地总体布局的需要,满足规划期内和远景城市发展对城市建设用地的需要,保护好城市周围的景观环境,适当兼顾行政区划的完整性。

（2）充分考虑大型城市基础设施和区域性基础设施发展的需要。

（3）保持城市良好的生态环境、城市景观和旅游发展的需要。

城市规划区的划定，除了包括城市总体规划建设和控制所需要的用地，还应包括外围生态环境用地。

（1）城市规划建设用地：位于城市规划区中心位置，包括规划期内总体规划中确定的各类城市建设用地。

（2）城市远景发展用地：规划期内，区内除了根据规划要求建设区域性城市基础设施外，不得建设永久性建设物，可作为林地和牧场使用。

（3）城区外围生态环境绿地：城市建设用地外围应保留河流等水系和林地。

（三）划定城市增长边界

城市增长边界是指城市的建设发展可能达到的地方，即城乡结合部。在城市规模一定的情况下，城市总体规划所表述的城市建设用地范围是中心城区增长的一种边界，但也有其他可能的建设用地范围。城市最理想的规模可能达到的各种建设可能性所达到的空间线为中心城区空间增长边界。它大于规划建成区范围、小于规划区范围。

城市增长边界的制定应以区域统筹、城乡统筹理论为基础，对城市所在区域的各生长要素加以分析研究，在总体规划中体现城市增长边界的"区域性"和"可持续性"，体现其应有的技术和公共政策两方面的属性。应统筹分析区域内的各用地类型规划、区域重大基础设施、生态安全等方面的制约影响，最终确定合理的城市增长边界，避免在城市中出现土地荒置现象及产业在整个地区的分散布局。

在城市总体规划用地选择中，把新增建设用地严格控制在扩展边界范围内，防止城乡建设用地盲目和无序扩张，有效减缓建设对耕地特别是基本农田和其他重要生态环境用地的侵占。在划定城市增长边界时应统筹两方面的因素。

（1）自然环境的保护。充分考虑区域的自然环境，利用 GIS 等技术对区域的生态环境容量及城市的生态适应性进行分析评价，跳出城市自身生长的小环境，划定城市增长边界的"刚性"边界，对城市可建设用地及非建设用地进行明确的划分。

（2）城市发展规模预测。根据动态发展的思想，在现阶段城市人均建设用地指标逐渐失效的情况下，以"生长"的理念对城市增长边界进行划定，在规划期内划定不同发展阶段的城市增长边界，完成对不同发展阶段的城市空间布局，保障城市空间布局的可持续性和合理性。广州市在运用生态优先原则划定城市增长边界时，根据不同时期的人口预测确定了用地规模，在此基础上划分了不同发展状况下的城市增长边界，使规划具有了较好的弹性[①]。

从本质上讲，城市增长边界分为"刚性"边界和"弹性"边界，对不同的用地类型应采取不同的管制办法。"刚性"边界是针对城市非建设用地边界提出的，是城市增长所不能逾越的界限，是城市发展的。"生态安全底线"，对这类边界线应严格控制，不得有任何违规现象发生。"弹性"边界是针对城市建设用地发展提出的，原则上不允许被修改，如遇城市增长过快或有特殊发展要求时，在严格的技术论证后可以进行适当调整，以适应城市增长中未预见的可变情况。

---

① 参见黄明华，田晓晴. 关于新版《城市规划编制办法》中城市增长边界的思考[J]. 规划师，2008，24(6)：13-15。

美国波特兰市空间发展战略：动态划定增长边界，鼓励城市内涵式发展

美国波特兰市从1979年划定城市空间增长边界即有效地控制了城市的无序蔓延，在边界内土地支持道路、给排水、公园、学校、消防、警卫等服务，形成具有活力的居住、工作和娱乐区；保护乡村土地；在目前的中心区、主要街区和就业区投资，提高边界内土地利用、公共设施以及服务的效率，成功地将以住宅开发为主的城市建设限制在边界以内，鼓励城市内涵式发展。同时，采用动态的城市空间增长边界，根据需求加以调整以满足城市的发展（图4-4）。

图4-4　波特兰地图

在"城市增长边界"划定要保护的自然林地、农田等，以确保城乡整体生态格局的基础上，波特兰市设计"城市中心到自然地域的廊道系统"以及"绿色街道系统"等绿化空间，以强调城市与自然的连续化、系统化。并采用传统建筑结构与形式、可渗透地面技术等低技术来回归自然与传统，形成自然循环的连通，打造生态环境。

四、城镇体系规划

镇域镇村体系规划应依据县（市）域城镇体系规划中确定的中心镇、一般镇的性质、职能和发展规模进行制定。镇域镇村体系规划应包括以下主要内容：

（1）调查镇区和村庄的现状，分析其资源和环境等发展条件，预测三次产业的发展前景以及劳力和人口的流向趋势；

（2）落实镇区规划人口规模，划定镇区用地规划发展的控制范围；

（3）根据产业发展和生活提高的要求，确定中心村和基层村，结合村民意愿，提出村庄的建设调整设想；

（4）确定镇域内的主要道路交通、公用工程设施、公共服务设施以及生态环境、历史文化保护、防灾减灾防疫系统[1]。

---

① 《镇规划标准》（GB 50188—2007）。

在外部区域环境面临重大变化和内部空间调整面临巨大压力的背景下,应对经济发展转型和规划目标的变化,规划的视角需要进一步聚焦到综合调控的职能上来。

(一)提出城镇体系职能结构和城镇分工

城镇体系职能结构规划的内容与步骤如下:

(1)认识现状特点与问题

通过对现状城镇体系职能类型结构特点与存在问题的认识,在规划中采取针对性的措施予以改进和完善。

(2)确定城镇职能结构发展方针

通过对现状城镇职能结构特点与存在问题的分析,提出城镇体系职能结构的发展方针,以使城镇职能结构的发展有一个明确的目标。

(3)划分职能结构的等级序列与类型

这是城镇体系职能结构规划的主要内容,包括两个方面:① 等级序列:目的是解决城镇体系现状职能结构存在的问题,使其职能结构层次完整、分工明确。② 职能类型:城镇体系中每一个城镇不仅需要明确其在城镇职能结构序列中居哪一等级,而且还要明确它的职能类型,这样才能使其发展方向明确。在这一阶段,应对城镇体系内每一个城镇确定其职能类型;对于整个城镇体系而言,应确定城镇体系共有几种职能类型,每类城镇的数量及名称。

(4)选择重点发展城镇

为体现集中力量,以点带面,把有限的力量投放在城镇体系的关键点上,应在城镇体系内选择重点发展城镇。每一个城镇体系应在体系内部条件和外部环境的全面权衡和把握的基础上,确定重点发展城镇的选择依据。

(5)确定主要城镇职能性质与发展方向

城镇体系内主要城镇的存在是城镇体系发展的重要因素之一,因而主要城镇的性质与职能也对整个城镇体系的性质与职能起关键作用。鉴于此,一般城镇体系职能类型规划对体系内主要城镇职能性质与发展方向皆做较详细的分析和阐述。

有必要指出,城镇体系的职能类型结构规划也应考虑未来一定年限内的新设城镇,并划定其职能层次,确定其职能类型,使其与城镇体系原有城镇协同发展。

(二)确定城镇体系等级和规模结构规划

1. 规模结构确定的思路

(1)城市化水平控制下的城镇人口分布模型;

(2)分类别、分等级、分层次的城镇人口预测;

(3)与各个城镇的规划规模进行对比分析。

2. 规模结构研究

(1)城镇人口规模变动分析,即分析各城镇人口规模的变动趋势和相对地位的变化,预测今后的动态;

(2)城镇规模分布特点,即分析现状城镇规模分布的特点;

(3)可能出现的新城镇,即确定规划期内可能出现的新城镇,包括某些农村集镇的晋升和因基本建设而可能新建的城镇；

（4）城镇规模结构方案，即结合城镇的人口现状、发展条件评价和职能的变化，对新老城镇做出规模预测，制定城镇体系的等级规模规划，形成新的、合理的城镇等级规模结构。

3. 规划步骤

城镇体系规模等级结构规划的内容与步骤如下：

（1）现状特点与问题分析。要对城镇体系的远期规模等级结构做出规定，首先应明了其规模等级结构的现状特点与存在问题。

（2）城镇体系规模等级结构变动因素分析。城镇体系规模等级结构变化是体系内外因素共同作用的结果，在城镇体系规模等级结构规划之前，应能掌握这些因素并对之进行分析。

（3）城镇体系规模等级结构发展方针。在明确城镇体系规模等级结构的特点与存在的问题，并进行城镇体系规模等级变动因素分析之后，就可制定适宜的城镇规模等级结构发展方针。目的是使对体系的规模等级结构进行调整、完善的行为依据充分，有的放矢，以促进城镇体系的发展。

（4）各级城镇的人口规模预测。由于城镇体系的规模等级结构规划是回答体系内每个城镇未来一定时期的人口规模及其在体系中所处的层次等级，因此每个城镇的人口规模预测就成为所必需的前提和步骤。

（5）确定城镇体系规模等级结构。城镇体系规模等级结构的具体内容包括：新的城镇体系规模等级结构的等级设置、各等级的人口规模确定、城市（镇）个数的确定、规划城镇人口数及占区域总人口的比重等。

值得注意的是，各城镇的规划人口规模之和要与城镇化水平预测得到的城镇人口基本一致。城镇的规模分布有自身的发展规律，各地城镇体系的等级规模规划应根据自己的条件和特点酌情处理。

城镇规模分布理论

城镇规模分布形式是城镇化研究的核心之一，主要揭示城市从大到小的序列与其人口规模的关系，理论界常常把其分为序列大小分布和首位分布。

（1）位序—规模分布

齐夫（Zipf）模型较好地反映了城市规模与等级的关系：

$$P_i = P_1 / R_i^q \text{（或者 } P_i = P_1 \cdot R_i^{-q}\text{）}$$

式中：P_i 是第 i 位城市的人口；P_1 是规模最大的城市人口；R_i 是第 i 位城市的位序；q 是常数。

当 $q > 1$ 时属首位分布，q 越大时，首位城市越发达；$q = 1$ 时为序列大小分布；$q < 1$ 时亦为序列大小分布，但中等城市比较发达。

一个国家或地区的城镇规模分布形式的形成是受多种因素共同作用的结果，采用何种形式为好，一直是一个有争论的问题，但是长期的趋势是由首位分布向序列大小分布转化，在此过程中假如各种因素随机作用，则呈序列大小分布，但若某些因素被加强或减弱,则可能会演变成首位分布。

（2）城市首位度

城市首位度是指首位城市人口规模与第二城市人口规模的比值,反映了城镇化的集中程度。

城市4位度和11位度的计算式为：

$$S_4 = P_1/(P_2 + P_3 + P_4)$$

$$S_{11} = 2P_1/(P_2 + \cdots + P_{11})$$

二者在理论上都应为1,城市首位度在理论上为2,越小说明分布越趋均衡。

传统观念认为首位度越高,反映城镇体系呈首位分布,对应的是城镇体系发育的低级阶段。位序分布对应了城镇体系发展的高级阶段。但此后贝里对世界各国的研究表明,在首位分布的15个国家中,发达与发展中国家均有。

最近研究表明首位城市的空间集中能产生大量的资本和人力积累,加深知识专门化和广泛的思想交流与创新,尤其是随着全球化进程的推进,城镇间竞争首先表现为首位城市的竞争,首位城市控制其他城市,因此,只有经过首位城市充分发展后的城市首位度降低,才是理性选择。

（三）确定城镇体系空间布局

城镇体系的空间网络结构是区域规划和城镇体系规划最重要、最具综合性的规划内容,是职能类型结构和规模等级结构在区域内的空间组合和表现形式。

1. 主要内容

这是对区域城镇空间网络组织的规划研究。它要把不同职能和不同规模的城镇落实到空间,综合考虑城镇与城镇之间、城镇与交通网之间、城镇与区域之间的合理结合。这项工作主要包括以下内容:① 分析区域城镇现状空间网络的主要特点和城市分布的控制性因素。② 区域城镇发展条件的综合评价,以揭示地域结构的地理基础。③ 设计区域不同等级的城镇发展轴线(或称发展走廊),高级别轴线穿越区域城镇发展条件最好的部分,连接尽可能多的城镇,特别是高级别的城市,体现交互作用阻力最小或开发潜力最大的方向。本区域的网络结构要与更大范围的宏观结构相协调。④ 综合各城镇在职能、规模和网络结构中的特点和地位,对它们今后的发展对策实行归类,为未来生产力布局提供参考。⑤ 根据城镇间和城乡间交互作用的特点,划分区域内的城市经济区,为充分发挥城市的中心作用、促进城乡经济的结合、带动全区经济的发展提供地域组织的框架。

2. 总体框架构思

城镇体系的空间结构有没有统一的、固定的模式？可以肯定地回答:没有！

城镇体系的空间结构规划集中体现了城镇体系规划的思想和观点,是整个成果的综合和浓缩,是最富于地理变化和地理创造性的工作。由于决定空间网络结构的因素是很多的,包括现状及规划的城镇分布、各种资源的分布及开发状况、主要交通干线的框架、区域对外的主要经济联系方向等。因此,各个区域城镇空间网络结构是千差万别的,没有一个统一的模式可遵循。城镇体系的空间网络结构是本区域的综合地域结构以及与更大范围区域整合的集中反映。只有深入分析各地区特有的背景、条件、矛盾和出路,才能找出适合于它特有的空间结构。

一般来说,从点—圈—区(带)—线的角度去考虑。兼顾点(城镇)、线(交通)、面(区域)之间的关系,确定区域内不同等级的发展轴线和重点城镇。发展轴在此处主要是重要交通线,有时也包括动力供应线、富水带、矿产资源带等有开发潜力的地带。高级别的发展轴一般串联尽可能多的具有活力和优先发展的重点城镇。这样做的目的是引导工业布局和城市发展,正确处理好集中和分散的关系。

五、案例解析

案例一:芜湖市空间规划[①]

《芜湖市空间规划(2016—2030 年)》分为市域和市区两个层次。

市域,即芜湖市行政辖区范围,包括镜湖区、弋江区、鸠江区、三山区、无为县、芜湖县、繁昌县和南陵县,总面积约为 6 026.05 km²。

市区,即芜湖市辖区范围,包括镜湖区、鸠江区、弋江区及三山区的行政区范围,面积为 1 495 km²。

1. 市域空间

(1) 市域发展定位

市域发展定位:国家重点开发区域、国家农产品主产区、全国重要的先进制造业基地、综合交通枢纽、现代物流中心、文化旅游和科技教育卫生中心,国家创新型城市和长江流域具有重要影响力的现代化滨江大城市。

(2) 空间发展战略

区域联动发展战略:坚持"区域联动、组群发展"思路。融合"一带一路"倡议及长江经济带发展战略等,全面对接长三角城市群空间布局,协调沿江城镇生产、生活、生态关系,将其打造成为区域联动、优势互补、经济繁荣、城镇密集的沿江发展带。

区域城乡统筹战略:按照市域一体、城乡统筹的思路,坚持"三个集中""两个延伸""六个一体化"(工业向园区集中、农民向城镇集中、土地向规模经营集中,基础设施、公共服务向农村延伸,城乡产业发展、规划管理、基础设施、社会事业、就业和社会保障、生态环境建设一体化),着力打造生态城市,建设美好乡村。

空间重构发展战略:坚持组团发展与产城融合理念,整体提升江南、加快建设江北是推动未来芜湖城市空间发展的主导战略。

(3) 市域空间结构

坚持"轴向组团"的城镇空间布局模式,构建"两带两轴"的城镇空间布局结构(图 4-5)。"两带",分别为南沿江城镇发展带和北沿江城镇发展带。"两轴",分别为合芜宣城镇发展主轴和巢黄城镇发展次轴。

(4) 城乡居民点体系

城乡等级结构体系规划:一级——芜湖主城,即市区。二级——无城、湾沚、繁阳和籍山四个副城,

---

① 芜湖市城乡规划局,参见搜狐网站。

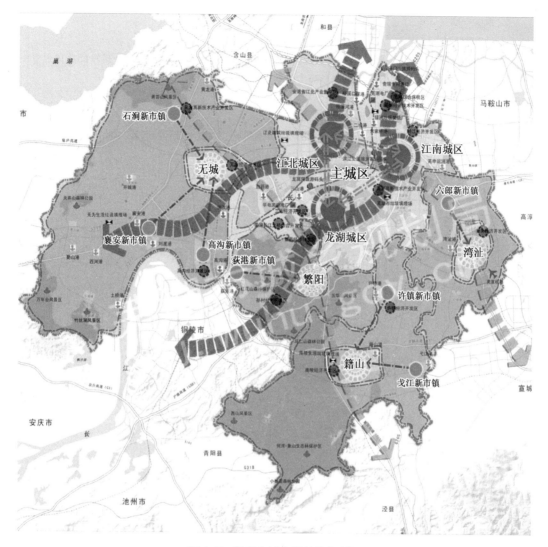

图 4-5 芜湖市域空间结构规划图

为市属四个县城。三级——高沟、襄安、石涧、荻港、六郎、许镇、弋江七个新市镇,另有牛埠、开城、蜀山、严桥、平铺、陶辛、红杨、三里、何湾九个中心镇。四级——若干个中心村和自然村。

(5)空间管控指标

开发强度管控指标:至 2030 年,市区开发强度控制在 9.19%,无为县开发强度控制在 4.89%,芜湖县开发强度控制在 2.94%,繁昌县开发强度控制在 2.1%,南陵县开发强度控制在 2.78%。

建设用地规模管控指标:至 2030 年,市域建设用地总规模控制在 131 917.50 hm²。其中,芜湖市区建设用地规模控制在 55 369.10 hm²,无为县建设用地规模控制在 29 449.69 hm²,芜湖县建设用地规模控制在 17 700 hm²,繁昌县建设用地规模控制在 12 648.16 hm²,南陵县建设用地规模控制在 16 750.55 hm²。

非建设用地规模管控指标:至 2030 年,市域非建设用地总规模为 470 687.50 hm²。其中,芜湖市区非建设用地规模不低于 94 098.74 hm²,无为县非建设用地规模不低于 172 648.50 hm²,芜湖县非建设用地规模不低于 48 940.30 hm²,繁昌县非建设用地规模不低于 45 797.29 hm²,南陵县非建设用地规模不低于 109 202.67 hm²。

2. 市区空间

（1）城市职能

城市职能：全国重要的先进制造业基地、综合交通枢纽、现代物流中心、文化旅游和科技教育卫生中心，国家创新型城市和长江流域具有重要影响力的现代化滨江大城市。

（2）空间结构

市区规划城市空间结构为"龙湖为心、两江三城"。

"龙湖为心"：以龙湖生态环境敏感区为自然本底，构筑城市生态绿核，同时作为城市未来发展的重要战略储备区域。

"两江三城"：以长江、青弋江—漳河为轴线，形成"江南城区、龙湖新城和江北新城"三大主城区，实现两岸共同繁荣(图4-6)。

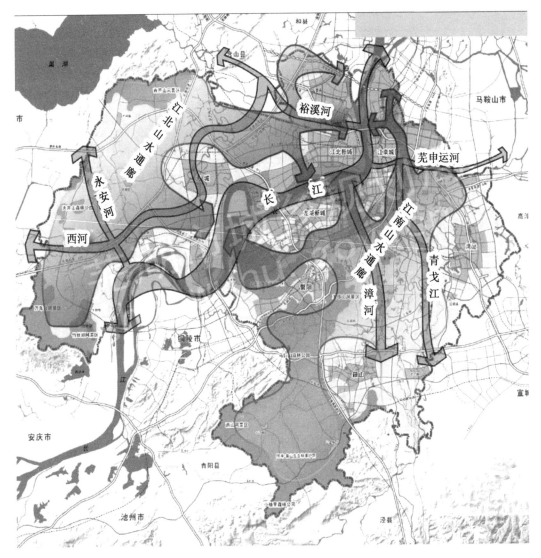

图4-6 芜湖市域生态空间格局规划图

（3）空间管制指标及规模

① 开发强度管控指标。至2030年，市区城镇空间总面积为81 933.60 hm²，城镇空间开发强度控制

在 60.14%;农业空间总面积为 48 345.42 hm²,农业空间开发强度控制在 11.73%;生态空间总面积为 19 188.82 hm²,生态空间开发强度控制在 2.20%。

② 控制线管控指标。至 2030 年,市区城镇开发边界线内用地总规模为 46 747.16 hm²,生态保护红线内用地总规模为 377.69 hm²,永久基本农田边界线总规模为 33 652.71 hm²。

③ 人口规模。至 2030 年,芜湖市区常住人口是 351 万人。峨桥镇域总人口约为 5.0 万人,城镇人口为 3.9 万人,峨桥中心镇区常住人口为 2.5 万人。

(4) 空间布局

① 城镇空间划定。本次规划划定城镇空间面积为 819.34 km²,占芜湖市区国土面积的比例为 54.82%,其中城镇建设空间规模为 492.78 km²。至 2030 年,城镇空间开发强度控制在 60.14%(图 4-7)。

图 4-7　芜湖城市开发边界内用地规划图

② 农业空间划定。本次规划划定农业空间面积为 483.45 km²,占芜湖市区国土面积的比例为 32.35%。至 2030 年,农业空间开发强度控制在 11.73%。

③ 生态空间划定。本次规划划定生态空间范围为 191.89 km²,占芜湖市区国土面积的比例为 12.84%。至 2030 年,生态空间开发强度控制在 2.20%。

案例二:中江县域城镇空间组织布局①

1. 基本概况

(1)地理位置

中江县位于川中丘陵地区西部,是成都大平原与川中、川东过渡带,东邻三台,南连蓬溪、乐至,西接金堂、广汉,北毗罗江和绵阳市区,总面积为 2 199 km²(图 4-8)。中江县城距省城(成都市)90 km,距德阳市区 36 km,距绵阳 62 km。省道 106 线过境段纵贯南北,省道 101 线从县域中北部呈东西穿境而过,德中公路直连成绵高速、成南高速,达成铁路从县域南部穿过(图 4-9)。

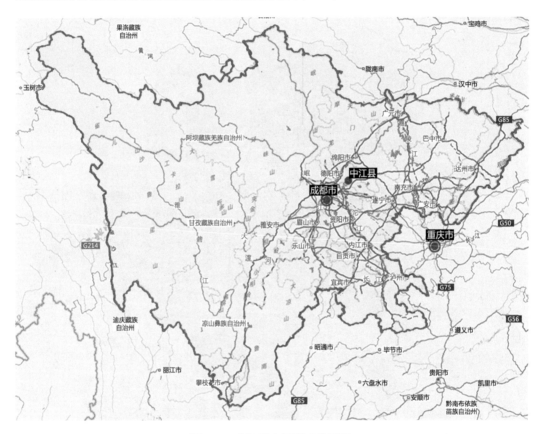

图 4-8　中江县在四川省位置图

(2)自然环境

中江县属"四川盆地中亚热带湿润季风气候区",主要气候特点是气候温和、雨量较充沛、无霜期长、四季分明。地貌由平坝、丘陵、低山组成。

(3)社会经济

中江县综合经济实力在四川省处于中等水平。从地理位置的角度来看,中江是承接成都大平原和川东丘陵山地的过渡地带;从经济的角度来看,中江处于成德绵都市圈经济的边缘位置。近 10 年,与周边县市区比较,中江经济平均增速居后,是德阳市域经济发展的"洼地"。

———————————

① 苏州科技大学城市规划设计研究院有限公司。

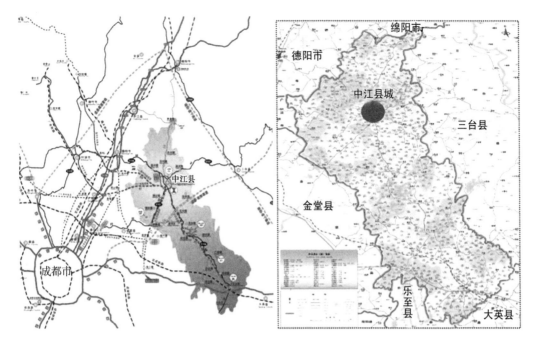

图 4-9　中江县与成都空间位置关系图及江县地理位置图

2. 城镇体系基本特征

乡镇发展水平低。根据实地调查,除凯江、南华、仓山、龙台、辑庆等极少数乡镇具有现代意义的工业外,绝大多数乡镇工业主要是粮油粗加工、砖瓦建材,工业基础薄弱。乡镇规模差异大,平均规模小。

乡镇发展空间极不均衡。沿省道、高速的乡镇发展水平相对较高。沿省道、高速的 17 个乡镇,占县域面积的 45.98%,集中全县非农业人口的 78.3%,全县 GDP 的 63.4%。

城镇体系不发育,等级不完整。由于乡镇职能单一,通达性差,乡镇之间缺乏联系,未能形成规模、层次的差异性及密切联系的城镇体系,县域乡镇呈相对低水平均质分布状态。城镇体系出现较为明显的"断层"。

3. 城镇战略定位

(1) SWOT 分析

① 自身优势:优越的自然环境;丰富的劳动力资源;扎实的农业基础;快速成长的工业;良好的"外向型"开端。

② 自身劣势:交通相对不便;较为贫乏的矿产资源;非农产业层次低;有限的可建设用地。

③ 外部机遇:灾后大量资金扶持,掀起重建热潮;成都后备产业转移基地建设对中江形成辐射、带动;成都拟建第二机场,其对中江辐射、带动的作用加强;成南巴高速路建设,改善中江交通条件;扩权强县,赋予县级单位更大的发展权。

④ 外部威胁:面临邻近县市激烈竞争;承接产业转移的不确定性;发展和保护两难选择;外向型经济的发展风险。

(2) 发展战略定位

依托区位和资源等优势,主动接受成德绵都市圈特别是成都大都市辐射,接轨成都,融入成都,通过招商引资、产业基地建设,以体制机制创新为动力,坚定不移地走"农业固县、工业强县"之路,实现超常规、跨越式发展,全力推进中江融入成都经济圈,努力将中江建设成为三次产业繁荣、生态环境优美的四川省工业强县。

4. 城镇空间组织布局

（1）研究方法和思路

一方面,如同城市总体规划不能"就城市论城市",城镇体系规划也不能就"区域论区域"。在市场经济背景下,对于一个开放的区域而言,需要从更大的空间尺度来把握区域内城镇空间结构重构,来研究城镇体系的演化方向。换言之,中江城镇体系规划必须从四川省、成德绵都市圈、成都、德阳空间组织的视角来研究(图4-10)。

图4-10 中江城镇空间布局规划研究的构思

另一方面,对于一个开放的区域,外部一切因素只有通过影响内部功能(社会经济发展)、通过功能"传导"才能对区域内部空间结构产生影响,区域内功能强度的变化和功能空间的转移才能对空间结构产生决定性的影响。

因而,区域内城镇空间格局的变动是内外力量互动的共同结果。中江城镇空间演化需要从大尺度空间组织和内部空间变动分析入手。其中,经济空间格局变化是内部空间变动最直接的因素,而人口的空间变动是衡量空间变化最重要的综合指标。

（2）影响城镇空间结构演化的因素

城市或区域空间结构的演变受多种因素的综合影响,在本质上,大中地理尺度的空间结构是"政策力""经济力"和"社会力"三者的互动结果。而非农产业布局(非农产业布局同样是"政策力""经济力"和"社会力"三者共同作用的结果)是县域空间结构规划的主要依据之一。影响非农产业空间布局的主要因子有以下五个方面:

① 区位:现代产业布局,区位越来越重要,良好的区位意味着有较好的发展潜质。中心位置、门户位置、大中城市周边乡镇等都是产业集聚、人口集中的重要节点。

② 交通条件:在日益开放的市场经济环境下,交通的通达性、便捷性在很大程度上决定产业布局,交通节点往往是产业布局的理想位置。

③ 原有经济基础和产业基础:从大的角度来看,产业倾向于在经济基础条件好的地区集聚,尤其对于传统产业而言。

④ 资源禀赋:在很大程度上影响传统的资源型产业布局。

⑤ 城镇等级体系:在现行的体制下,行政权力是中国各级政府获得再分配资源的主要来源之一,等级越高的城镇,行政权力越大,发展潜力越大。

（3）县域城镇空间组织(图4-11)

以县城为核心,以仓山、辑庆—兴隆、黄鹿等重点镇为依托,以干线交通系统为纽带,形成"一心、一带、两轴、三重点"的县域城镇空间结构。

①"一心"。即以中江县城规划区为核心,涵盖凯江镇全部和南华镇、东北镇部分的范围。"一核"不仅是中江县域政治经济文化中心,也是成德绵都市圈轻纺工业重要基地、成德绵都市圈机械制造重点配套协作基地、成都周边电子产业带节点以及县域名特优农产品流通、集散中心。

②"一带"。即临蓉产业带:邻近成都大平原,区位优越,潜力较大,但现状产业基础较弱。规划以兴隆和石笋为中心,逐步实现乡镇节点与成都金堂间基础设施对接,规划新建"兴隆—太平—石笋—永兴—冯店"二级以上道路。以工业、远郊都市农业、食用菌生产为主导。

③"两轴"。S101和规划成南巴聚合轴:该轴线上的城镇具有极佳的产业发展基础和潜力,构成了

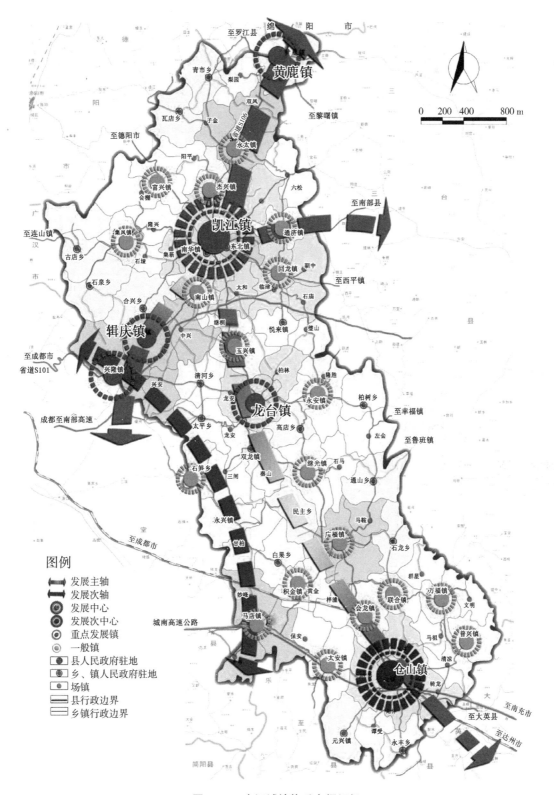

图4-11 中江城镇体系空间组织

图例

- 发展主轴
- 发展次轴
- 发展中心
- 发展次中心
- 重点发展镇
- 一般镇
- 县人民政府驻地
- 乡、镇人民政府驻地
- 场镇
- 县行政边界
- 乡镇行政边界

县域发展最重要的轴线之一,是县域非农产业集聚带。S106南北向发展轴:该轴线上的城镇具有很好的产业发展基础和条件,构成了县域发展最重要的轴线之一,是县域非农产业集聚带。

④"三重点"。仓山镇:县域副中心,县域重要的工业集中片区、历史文化名镇、商贸重镇、南部农产品交易中心,规划为综合性城镇。辑庆—兴隆镇:县域重要的工业集中片区,成都产业转移后备基地之一,三次产业繁荣、生态宜居的组合型城镇。黄鹿镇:县域工业集聚点之一,县域西北部门户,以食品、农副产品集散和乡村旅游为主的工贸旅游型城镇。

第5章　初步方案构思

做好布局规划,需要有一个构思,规划构思是规划设计的主要过程,通过这个过程把总体规划涉及的自然、经济和社会错综复杂的问题,理出一个合乎逻辑的、符合科学的概括,并运用形象作图的方法表达出来,形成一个或几个布局规划方案。这个规划过程就是规划构思,其成果表现就是布局规划方案。

设计的关键在于构思,构思的关键在于科学的设计分析与恰当的构思方法的运用。

初步方案构思阶段,即根据城市地理地质特征、历史文脉、布局现状、城建现状综合分析设计城市空间结构。该阶段的规划手段宜粗不宜细,宜宏观不宜微观,宜整体不宜局部,规划的重点应首先放在宏观内容的把握上。

一、设计分析

为了设计少走弯路或不走弯路,设计分析是关键。规划工作者在提出布局规划方案之前必须认真研究经过加工整理的基础资料,从而掌握这个城市的历史、现状和设想这个城市的未来。这就是设计分析的过程,是设计构思的前提,也是规划构思的依据。合理周全的设计分析不但使构思目标明确,使构思方案更加具有说服力,而且会使规划方案在设计过程中少走弯路或不走弯路。

设计分析是一个思维发散的过程,其特点在一个"分"字。主要分析城市总体规划设计需要考虑的因素。

(一)分析未来

掌握国家各级机关、部门提出的发展规划以及区域规划或区域经济分析中提出的城市发展依据,明确城市的性质、规模以及城市发展的具体建设项目和发展方向。这项工作是前期调研分析的主要成果。

(二)分析现状

弄清城市现状是城市规划的一项基本任务,对于提出符合实际的规划方案具有决定性意义。规划师也要依据各项现状分析资料与图纸,认真研究,加深对城市现状的认识。同时,还可以对城市现状进行重点调研,以便对现状的改造、利用做出正确的判断,为规划方案的提出打下可靠的基础。

针对现状的分析内容,主要归纳为以下几个方面:

1. 总体布局的分析

城市总体布局的现状,是城市长期建设的产物,它具有涉及因素太多和不宜变动的特点。城市规划必须认真分析原有城市总体布局合理与否,其分析的重点可放在以下方面:

（1）城市总体布局是否正确反映城市的性质与特色；

（2）城市各功能系统之间的相互联系和城市用地之间的内在联系是否合理，它们之间还存在哪些矛盾；

（3）城市现状的用地分布同自然环境是否协调以及城市总体布局现状对城市环境产生的影响等。

2. 城市规模的分析

城市规模包括人口规模和用地规模两个方面。城市规模的分析主要着重在以下方面：

（1）现有城市规模与城市生产设施、生活服务设施和基础设施等的现状是否相适应；

（2）促进或制约城市规模发展的因素。

3. 交通现状的分析

城市规划中，对交通现状的分析应包含两个方面，即城市对外交通现状的分析和城市道路交通现状的分析。其主要分析内容包括以下两个方面：

（1）了解现有城市对外交通的运输能力与设施布置，分析其能否满足城市的需要，对城市的发展是否有阻碍；

（2）对现有城市道路系统的技术资料要做全面的了解，分析其交通状况、客货运的流量与流向、与城市原有布局的协调程度以及能否满足生产和生活要求。

4. 生活设施的分析

一般来说，城市生活设施及其用地在城市各组成要素中所占比重最大。城市各项生活设施是指居民生活所需要的住宅和公共服务设施。对于城市原有的生活设施，应积极贯彻合理利用、积极改善、适当调整、逐步改造的方针，处理好利用与改造的关系。对现有生活设施的分析主要从它们的分布、配套、数量、质量水平及土地利用等方面来加以考虑。

（三）分析用地

用地条件关系到城市的总体布局和用地规模。从某种意义上说，城市总体规划主要是城市用地布局。城市各种工程设施在建设上对用地都有着不同的要求。认真研究城市规划区的自然条件，特别是用地条件，并与现状结合起来进行分析。巧于利用自然条件，对于城市总体布局的成功构思具有十分重要的意义。

此外，土地适宜性评价、中心城区增长边界的研究、空间管制的划分等也为城市规划方案提供了科学的依据。

（四）分析历史

在提出方案之前，还必须对城市形成和发展的历史进行了解，对于帮助认识城市发展的规律性，以便从中吸取历史的经验和教训，以及认识某些历史遗存、遗迹在规划中的保留价值，并在规划中保护和体现历史的地方特色等都具有重要意义。

二、纲要制定

总体规划纲要是制定城市总体规划重大原则的纲领性文件，也是编制总体规划的依据之一。总体规划纲要的制定有助于深入研究城市规划中的重大问题,有助于确立总体规划重大原则、框架、方向,有助于防止和避免出现方向性、原则性的失误和偏差。总体规划纲要应当包括下列内容[①]:

(1)市域城镇体系规划纲要。内容包括:提出市域城乡统筹发展战略,确定生态环境、土地和水资源、能源、自然和历史文化遗产保护等方面的综合目标和保护要求,提出空间管制原则;预测市域总人口及城镇化水平,确定各城镇人口规模、职能分工、空间布局方案和建设标准;原则确定市域交通发展策略。对市和县辖行政区范围内的城镇体系、交通系统、基础设施、生态环境、风景旅游资源开发进行合理布置和综合安排。

(2)提出城市规划区范围。

(3)分析城市职能,提出城市性质和发展目标。

(4)提出禁建区、限建区、适建区范围。

(5)预测城市人口规模。

(6)研究中心城区空间增长边界,提出建设用地规模和建设用地范围。

(7)提出交通发展战略和主要对外交通设施布局原则。

(8)提出重大基础设施和公共服务设施的发展目标。

(9)提出建立综合防灾体系的原则和建设方针。

三、方案构思

方案构思过程中考虑到的许多问题是模糊的、零散的、不系统的,在规划分析阶段对城市有了全面的认知,对规划方案有了一些想法,怎样把这些模糊的、零散的、不系统的设计想法变为我们能看得见的、具体的方案呢?这就是方案构思的过程。

规划方案的构思,是基于现状调查研究和分析的基础上,通过思考将客观存在的各要素按照一定的规律架构起来,形成一个完整的抽象物,并采用图、语言、文字等方式呈现的思维过程,其特点在一个“构”字。

城市规划设计方案是设计构思创作的结果,相同的项目由于不同的设计人、不同的思路会产生不同的方案。一般来说,在明确规划目标和现状分析的基础上,进行设计分析和方案构思。

(一)方案的构思方法

方案构思是设计过程中最富有挑战性的环节,它要求我们根据规划目标要求,大胆构思,努力挖掘自己的创造潜力,提出解决问题的多个设想。这个过程最具挑战性,需要创新思维,大胆构思,发挥个人潜力。

1.“画”——画草图

草图法最大的优点就是捕捉灵感,自由发挥。通过画草图,能够直观明了地表达设计者的设计意图。

草图法不仅能将一些想法较明确地表达出来,而且可以随时修改,对画图技术不过分

---

① 《城市规划编制办法》(建设部令第 146 号)第二十九条。

强调。在绘制草图的过程中,学生可自由发挥、不受拘束,很多灵感、新的想法会被激发出来,新的构思也会因此而形成。

2. "仿"——模仿

通过一些相关的规划实践案例的学习,总结其规划构思的思路、方法、理念,寻找与规划对象的相同之处,通过功能模仿、结构模仿等,形成自己的规划构思。模仿法的核心在于通过别人的想法、构思,激发自己的灵感。通过模仿、借鉴、学习成功的经验,可以使方案构思简单易行、少走弯路。

3. "想"——联想

爱因斯坦说过:"想象力比知识更重要,因为知识是有限的,而想象力概括着世界的一切,推动着进步,并且是知识的源泉。严格地说,想象力是科学研究的实在因素。"

城市总体规划是城市未来发展的蓝图,代表城市的发展方向。规划方案代表着规划师对城市现状的理解和对城市未来的期望与描述,未来,城市发展的蓝图也需要设计者张开想象的翅膀,由此及彼,在分析现实可行的基础上去设计构思。

要用联想法进行方案构思,就必须具备丰富的实践经验、较广的见识、较好的知识基础以及较丰富的想象力。

4. "立"——立意

设计的构思,立意至关重要。可以说,规划设计方案,没有立意就等于没有灵魂,设计的难度也往往在于要有一个好的构思,亦就是设计理念的构思。设计理念的形成,是一个较为成熟的构思,往往要有深厚的理论基础和足够的信息量。

方案的构思方法有很多,这里我们只谈到其中的一部分。在构思时,应该开阔视野,灵活运用多种方法为构思服务,最后形成丰富的,既体现创造特征,又遵循一般设计原则和设计规范的多个方案,从而为方案的比较和权衡奠定基础。

(二)方案构思的切入点

一般来讲,根据前期的现状分析、规划目标的拟定,给出初步方案构思。方案构思是一个综合分析思考的过程,要求对设计对象进行设计分析,并能制定出设计方案,能用草图或文字对设计方案进行说明,能对设计方案进行比较和权衡。在这个过程中,一方面考查学生对现状的认知程度,另一方面检验学生对基础理论知识的灵活运用能力。

方案构思实质上是十分基础而粗略的,它用各种形状的泡泡在平面图上确定分区。方案构思应注重整体性,不可拘泥于某个用地布局的细节,而且要随意,不要怕犯错误,这样才能不断地提出新的设计思路。

1. 从问题入手

城市问题的滋生是由于城市规划的不合理和建设发展的不恰当,有的也由于功能的失控和管理的不严,城市问题归根结底是社会、经济和发展进程中的问题。城市问题的解决,包括探索可以采取对策的过程,其结果都要在城市布局结构中体现出来。

中小城市总体规划与大城市总体规划相比,更注重解决城市现状问题,其次才是城市发展问题。因此,城市现状问题的把握直接影响城市用地布局方案。

挖掘城市问题是总体规划第一个关键的技术步骤,规划师一般从经济发展、城市结构、用地布局等方面深入分析,并通过各项数字指标阐明城市现状和发展的重大问题,可以用图解法找出需要解决问题的次序(图 5-1),并在方案深化中对应解决。

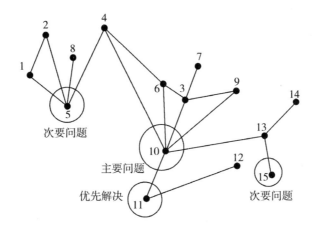

图 5-1　排列解决问题次序的图解法

资料来源:赵天宇.城市规划专业毕业设计指南[M].北京:中国水利水电出版社,2000.

抓住城市建设和发展中的主要矛盾

　　一个特定的城市,在其规划期间,城市建设和发展的矛盾很多,但其中总归存在着主要矛盾,即影响和左右整个城市发展和布局的各个(或多数)方面。因此,在贯穿调查研究的始终,应尽力揭露和明确规划期间城市建设发展的主要矛盾,据以进行总体构思和布局。

　　一般来说,城市建设发展的主要矛盾是与其发展性质(城市性质)及其不同发展时期密切相关联的。例如,为了充分发挥城市客观存在的主要职能,对大多数以工业生产为主体的生产城市,其总体布局应从工业布局入手;交通枢纽城市一般随着有关交通运输各物质要素用地安排;风景游览城市应首先安排好风景游览用地和设施布局等。当然,一个单一职能的城市是不多见的,在指导思想上,则应在综合分析中,分清主次,抓住主要矛盾。

　　在城市发展的不同时期,城市建设发展的主要矛盾往往会发生变化。例如,一个工业城市,在其特定的规划期内,如果工业发展和布局已基本定型,则城市建设发展的主要矛盾就不是工业布局,而是其他相关问题。总之,对一个城市规划期内面临的主要矛盾,应做具体分析。

（1）城市结构问题

综合审视现状城市的空间结构特征、存在问题和改良目标,通过城市建设史分析城市结构的必然性和成因。着重分析城市用地的历次重大调整,指出城市结构出现问题的症结和时间。城市结构的改良要逐步进行,分阶段引导。

（2）历版城市规划实施问题

通过对比历版总体规划的编制内容和特定的编制背景,把握城市历次的实施情况和原因,特别是对上一轮规划的评价。评价一般从以下几方面着手:城市的性质、规模、建设范围、影响城市发展的重要基础设施突破、城市的发展方向、结构功能的变化等。

（3）城市各类用地布局问题

按照城市用地分类,系统总结城市各类用地的不合理配置,既包括自身位置、规模、功能和数量上的不合理,也包括各类用地之间的相互干扰。不同性质用地对环境既有一定的影响,也有特殊要求,在用地布局中通常考虑各项用地的相融性和相关性。例如,仓储用地主要承担大量的进货和出货,交通十分繁忙,噪声大,一般布局在对外交通便捷、与居住区保持一定距离的城郊,但随着城市的扩展,在大多数中小城市中,仓储用地被包进城市,对居民生活造成极大干扰。因此,在新版城市总体规划中应充分分析城市发展过程中新出现的各种不合理用地问题。

（4）城市环境问题

城市环境包括城市自然环境和人文环境两种,通过分析自然环境总结城市生态问题;通过分析城市独特性和特有的民俗习惯、历史文化等人文内容,总结城市形象特征,提炼城市特色。

2. 从环境入手

> 我们对城市观察所获得的最大价值是,成功的信念和以尊重的态度对待城市美的创造。成功的信念是,在一切类型的地形条件和文化条件下,都能创造出美的城市;采取尊重的态度是,把城市看作是大自然的宾客这样一种认识。
>
> ——F. 吉伯德

从环境入手,就是在方案构思中,重视生态环境的设计,也就是强调生态观念。通过对区域环境的解读,依据区域自然环境对城市的影响,在方案构思中特别强调自然环境与城市空间的融合与渗透。

在城市规划中,可以通过绿色空间、水体的运用和阳光的重视,改变人们心目中传统的城市形象,把人们从传统的钢筋混凝土唤回到生态美的形象塑造中。我们可以看看美国华盛顿特区的城市规划带给我们的启示:美国华盛顿是一个现代化大都市,但它的市中心既不是一个标志性建筑,也不是最热闹的地区,而是一片低洼的原始大森林,整个城市围绕这片森林来建设和规划。这个200年前的城市规划所具备的眼光与理念,非常值得学习和借鉴。

著名的芝加哥湖滨绿带规划建设也是一个较成功的例子。芝加哥湖滨绿带是沿密歇根湖开发的一个带状公园,经过100多年的努力,建成了今天芝加哥市内长38 km、平均宽1 km的连续湖滨公园,其绿地面积占了芝加哥绿地系统的一半。这个绿色长廊对于芝加哥城市形象的提升和经济的发展起着重要的作用,滨湖地区成为美国城市中最壮观的公共空间。像在苏州这种以水为主体的河网地区,城市规划中更应突出体现江南水乡的特色。

如苏州相城区规划理念:以"绿色、生态、花园"为主题,形成一核三片组团式的城市布局结构。其规划构思就是充分利用境内阳澄湖、三角湖、漕湖和太湖等自然水体要素的支撑,从水着手,通过组团间的生态绿带,打造绿色通道,把周边的水系生态引入到城市环境之中,全力打造"水相城、绿相城"（图5-2）。

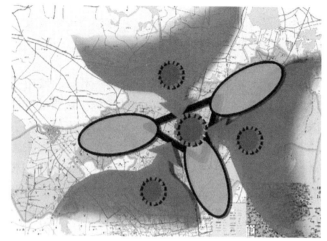

图 5-2　相城区空间结构规划图

从环境入手，构思总体规划设计方案，主要是通过塑造城市环境，彰显城市自然环境特色，让"自然"在城市中自然地生长，让自然自身的独特价值彰显出来。这主要通过以下两个途径实现：一要将已经被赶出城市之外的自然重新拉入到城市环境之中，而且更近一步；二应将城市中的自然山水作为城市建设的中心，作为城市环境的骨架。在方案构思中，要注重维护和强化整体山水格局的连续性，通过充分利用原有城市的地形地貌，即借山、用水、透绿，来营造适宜人类居住的生活情境。

规划设计特色塑造的重要途径之一就是做到与环境融合。如何做到对环境的正确认知与合理解读是前提，也是症结所在，即体现地理环境特点，体现出对环境的正确解读与精妙诠释。通过对环境的正确认知与合理解读，从而提出应对之道。这样可以使设计构思有的放矢、逻辑严密，对于城市规划设计融入环境、形成特色、增强个性、体现地域环境特色是非常有益的途径。

3. 从功能入手

城市功能是城市存在的本质特征。功能和结构是紧密相关的，城市功能的变化是结构变化的先导，功能决定结构的变异和重组。功能是结构的缔造者（芒福德），城市的结构调整必然促进城市功能的转换，城市功能的重塑也必将导致结构的调查和完善。

城市的功能活动总要体现在总体布局之中，以城市的功能、结构与形态作为研究城市总体布局的切入点，便于更加本质地把握城市发展的内涵关系，提高城市总体布局的合理性和科学性。

城市功能、结构与形态的关系

城市功能是主导的、本质的，是城市发展的动力因素。

城市结构是内涵的、抽象的，是城市构成的主体，分别以经济、社会、用地、资源、基础设施等方面的系统结构来表现，非物质的构成要素如政策、体制、机制等也必须予以重视。结构强调事物之间的联系，也是认识事物本质的一种方法。

城市的形态是表象的，是构成城市所表现的发展变化着的空间形式特征，是一种复杂的经济、社会、文化现象和过程,它是在特定的地理环境和一定的社会经济发展阶段中,人类各种活动与自然环境因素相互作用的综合结果。

从功能入手,构思城市总体规划方案,主要要重视城市性质和规模。不同的城市性质,在用地布局上也是不同的。规划方案的构思,要有利于城市功能的发挥。城市的发展过程,主要体现在城市规模的扩张、用地空间的往外拓展、交通的组织以及功能的重新组合上。通过研究,确定城市未来发展的合理规模,明确城市往外扩张的主要方向以及未来城市中心区的位置,对用地功能在空间上进行合理布局。在强调部分功能分区的基础上,注重功能混合。在规划方案的构思上,适当融入居住、文化、娱乐设施和具有综合服务设施的功能混合区,将会更有利于人们的工作和生活,而这也是目前城市规划比较注重的一种新的思潮。

另外,规划更突出公共政策取向,因此,在方案构思中,除了考虑城市功能多元化发展的要求,还要注重考虑人的需求,重视人性空间的塑造,突出"以人为本"的主题。在城市规划设计中,要处处考虑人的适宜感受和各种需求。

在布局构思时可先从理想的分区出发,然后结合具体的条件定出功能分区(图 5-3);也可从单项的用地功能着手,找出各项用地功能之间的逻辑关系,综合考虑后定出功能分区(图 5-4、图 5-5)。

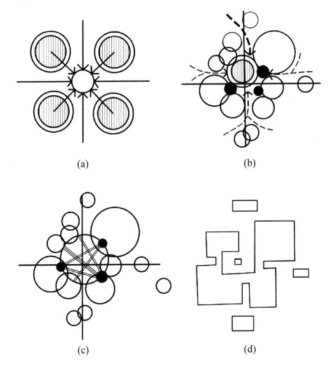

(a)   (b)

(c)   (d)

图 5-3　从理想与条件出发解决功能关系示意图

注:(a) 抽象、理想的关系;(b) 解决矛盾、提出一些基本构想;

(c) 考虑相对的尺度以及主要交通;(d) 平面较为肯定的方案。

资料来源:赵天宇. 城市规划专业毕业设计指南[M]. 北京:中国水利水电出版社,2000.

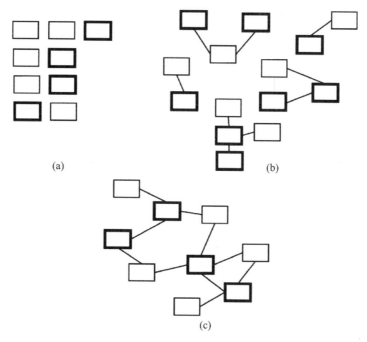

图 5-4　从内容本身出发解决功能关系示意图

　　注:(a) 将所需布置的内容排列出来,用粗框表示主要内容;

　　　　(b) 对各内容进行分析,找出它们之间逻辑上的关系;

(c) 综合上面的关系形成网络,它只表明各内容间的相互关系,而不是各内容明确的位置与距离关系。

　　资料来源:赵天宇.城市规划专业毕业设计指南[M].北京:中国水利水电出版社,2000.

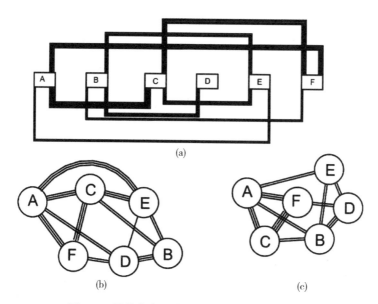

图 5-5　用线条书目表示关系强弱的方法示意图

　　注:(a) 各功能区用方块依次排列,关系的强弱用线条数目表示;

　　　　(b) 将关系强的放近一些;

　　　　(c) 排列得更清楚一些。

　　资料来源:赵天宇.城市规划专业毕业设计指南[M].北京:中国水利水电出版社,2000.

规划构思，关键是要有严谨认真的态度和科学的方法，需要对城市现状和未来进行透彻分析与研究，抓住城市发展的主要矛盾和未来发展的主线，才能找到合理的切入点和规划方案。规划构思需要综合庞大的信息群，需要客观的判断。这就需要多人共同参与个案，集合所有人的智慧、经验、理论和技术。

四、架构总体布局

布局规划方案涉及的方面很广，必须抓住主要方面。为了便于构思，要从各项功能用地的布局规划方案考虑，再加以综合。

规划时要做到城市各主要用地功能明确，备用地之间的关系协调，交通联系方便、安全。城市各组成部分力求完整，避免穿插，尽可能利用各种有利的自然地形、交通要道、河流等合理划分各区，并有利于各区的内部组织。

各组成部分功能明朗，结构清晰，交通便利。

（一）功能分区

《雅典宪章》中明确了城市的四大功能，即居住、生产、交通、游憩。城市中由于各种经济活动的需要而导致同类活动在特定空间上的高度集聚，就形成了各种功能区，如住宅区、工业区和商业区等。各功能区间的界限有以道路为界的，也有犬牙交错的，更有表现不明显的，同时还有两种或两种以上功能的区域。大城市中有明显的行政区和文化区，而中小城市中这两项职能在用地上不成规模，难以用空间区域分离出来，一般与其他功能混合存在。城市地域由不同的功能区组成，城市规模越大，城市经济越发达，城市功能分化越显著。

城市布局结构的宗旨就是适应经济社会发展要求，满足人在城市活动的功能要求，因此，城市用地布局就是在用地调查、评定、选择的基础上，依据城市性质、主要功能、人口和用地规模以及未来的发展方向，拟定、探求功能区的组成规模、形式。总体规划中应从长远的角度进行城市各项功能的分区，对不同功能的用地按照不同要求进行科学划分和组织，做到不同功能用地之间构成有机的协调，合理地利用土地。只有做到各功能区的统一安排、合理布局，使城市各组成要素在功能区的活动中既各就其位、各得其所，又有机联系，使城市各项功能达到高度的现代契合，实现功能分区合理、用地布局科学、近期合理完整、远期预有安排、发展弹性适度。

城市中不同功能的用地要素很多，总体规划应着重把影响到城市基本布局的主要功能的用地组织好。这些用地包括：工业用地、仓储用地、生活居住用地、对外交通用地、绿化用地以及其他占用较大城市空间的用地。首先，把不同功能要求的用地组织好，包括对城市用地是集中还是分散布置，是采用多中心还是单一中心，是城市规划过程中最基本的、最初步的构想；其次，处理好工业、生活、对外交通与必要的空地、绿地、主要公共活动中心等用地间的关系具有决定性意义，需要通过多种方案比较，以定取舍。

（二）结构设计

如果说城市用地功能分区是对各类城市用地性质的兼容性考虑，那么，城市结构设计则是在城市土地作用、地域分异过程中形成的多种功能用地的空间组合形态。按哈里斯—乌尔曼的多核心城市地域结构理论，在大城市和特大城市中具有多个核心。美国地理学者哈里斯和乌尔曼在研究不同类型城市的地域结构后发现，大城市除原有的中心外，还有支配一定地域的其他中心存在。而中小城市经济基础薄弱，消费能力有限，城市规模小，城市空间距离较小，居民的出行方式以自行车和步行为主，难以形成多核心状态，一般表现为单核心形态，在城市结构设计中应体现城市核心位置、城市发展轴、城市景观轴，以及各个二级或三级中心，如区中心、组团中心，从而增强中小城市的凝聚力和合力。

1. 功能结构

不同性质、功能的城市，其经济结构、模式和形态也不同，必然造成城市布局结构的各异。这是由于不同经济结构的城市，具有不同的规模、基础设施、环境和工程技术等条件要求，它们是探索城市布局结构的本源。

城市功能结构是城市各项用地为载体所赋予的功能及功能区之间的组织和联系，是城市主要功能用地的构成方式及用地功能组织方式，是总体布局的基础与框架。城市布局规划结构要求各主要功能用地相对完整、功能明确、结构清晰并且内外交通联系便捷。性质和特点不同的城市，其工业区、绿地、对外交通设施用地、行政区等在总体规划结构中的地位及作用有所差异，因而要按照总体规划布局的原则和具体要求确定合理的功能结构。

2. 空间结构

空间结构是社会经济结构在土地使用上的反映。总体规划设计主要从空间结构去探讨各组成要素间的关系、组合方式。

确定空间结构的要点：

（1）合理选择城市中心；

（2）协调好居住、生产之间的关系，要有利于生产、方便生活；

（3）对外交通便捷，对内道路系统完整，各功能区之间联系方便；

（4）有利于近期建设和远期发展，不同发展阶段用地组织结构要相对完整。

3. 交通结构

城市干道系统是联系城市各功能区之间、功能区内部的城市干道以及城市与城市之间和城乡之间的外部干道的总称。它构成了城市的骨架，并为城市各项管线、建筑物、构筑物提供了必要的空间。从城市的动态来讲，道路系统构成城市的运转循环系统，沟通城市各部分，保证了城市生产、生活活动的运行，使城市成为一个有机的整体。干道系统和功能分区规划形成城市布局结构的基础，是城市规划中最关键的一个步骤。

4. 生态结构

生态结构由自然环境结构和人造环境结构构成。生态结构的构思就是在满足城市不同功能要求的基础上，对城市空间布局和环境面貌的构思。通过对自然环境的利用、借鉴、改造，对城市的河湖水面、山川林木、绿地空地、农田植池以及城市的重要建筑物、构筑物、干道广场等等，对自然环境及人工环境有重大影响的因素进行空间的规划组织，塑造出因地制宜的布局结构，使自然环境和人造环境融为一体，形成自然与人工统一协调的城市面貌。

（三）重要节点和轴线

拟定主要的发展轴线和重要节点,构建结构性景观系统,设计结构式综合交通体系等。系统分析城市发展轴的选择和定位,对城市重要节点,如城市中心、立体交叉口、大型市政工程设施、自然保护单元等,进行相互作用分析,鉴别位置、规模和与其他地区的连通性,通过大尺度的景观系统设计勾画未来城市的蓝图,粗线条规划城市道路系统和城市对外交通系统,疏通城市各类活动,表现各个功能区的运营情况。

（四）布局方案的提出

在方案构思阶段,主要是考虑大框架的用地布局。根据规划结构的构思,模拟表示城市的规划布局,主要考虑城市道路用地、对外交通用地、工业用地、仓储用地、公建用地、居住用地和绿化用地等类型。根据各个单项用地类型的布局原则,以互不影响、利益互动的目标进行城市用地粗线条布局。大框架用地布局有利于对城市结构和功能分区提供支撑条件,有利于形象地阐述城市发展的合理性。

制定城市规划总图之前,有必要勾画城市规划布局示意图(图 5-6)。该图主要反映城市工业、仓储、对外交通运输、生活居住用地等的相互配置,特别是工业用地与生活居住用地的组合方式、生活居住用地的组织结构以及道路骨架等。它实际是城市总体布置的一种"框架性"的示意图。

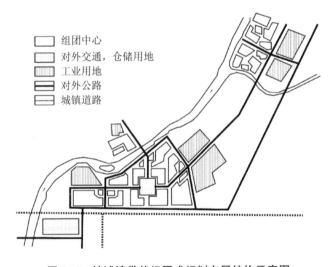

图例：
□ 组团中心
□ 对外交通,仓储用地
▨ 工业用地
▬ 对外公路
░ 城镇道路

图 5-6　某城镇带状组团式规划布局结构示意图

大框架的用地布局的目的是提出综合方案(图 5-7)。综合方案不是各项构思规划方案的简单叠加,而是一个经过全面考虑的统一协调的规划方案。它的形成主要是设计人员的知识与经验。为了提出更加理想的方案,往往先经过若干个单一方案的分析,有时还要做许多单一方案的多种比较,在多种单一方案比较的基础上,再综合成统一的整合方案,最后选出最优的方案。

不同方案的侧重点不同,做出的解决办法自然也相异。一般而言,规划方案的出发点大致有以下三种:

（1）从现状条件的可行性出发。如近期投资数量的可能性，地形地质条件的可能性，拟建设地区动迁、征地的可能性等。

（2）从规划布局的合理性出发。如从道路系统的完整性出发；从居民就近工作、形成生产生活综合区出发；从消除三废污染出发；从近远期规划结构的完整性出发等。

（3）既考虑现实条件的可行性，又考虑规划结构的合理性。这往往是较理想的方案，但也较难得到。

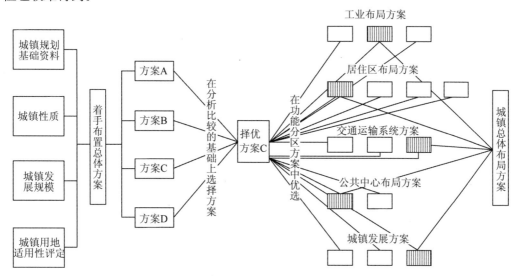

图 5-7   城市总体布局规划阶段的方案编制、分析和选择的程序示意图

资料来源：陈友华，赵民. 城市规划概论[M]. 上海：上海科学技术文献出版社，2000.

五、方案比较与选择

城市总体布局不仅关系到城市各项用地的功能组织和合理布置，也影响城市建设投资的经济效益，并涉及许许多多错综复杂的城市问题。因此，在进行城市总体布局时一般需要做几个不同的规划方案，通过反复比较，综合分析各方案的优缺点，选择其中一个，也可将各方案的长处加以归纳集中，探求一个布局上科学、经济上合理、技术上先进的综合方案。

（一）方案比较

1. 多方案比较的作用

城市是一个开放的巨系统，城市总体布局是一个多解的，有时甚至是难以判断其总体优劣的内容。正因为如此，在城市规划编制过程中，城市总体布局的多方案比较就显得尤为重要。多方案比较的作用和意义包括以下四个方面：

（1）从多角度探求城市发展的可能性与合理性，做到集思广益；

（2）通过方案之间的比较、分析和取舍，更全面而深入地研究分析问题，消除总体布局中的"盲点"；

（3）通过方案分析比较的过程，可以将复杂问题分解梳理，有助于客观地把握和规划

城市,为后续的方案深化工作提供各种参考资料;

（4）为不同社会阶层与集团利益的主张提供相互交流与协调的平台。

因此,在具体的规划方案构思时,也不应满足于一个方案,而应尽量多做几个方案来进行比较,从中找出最合理的规划方案来。

所以,在总体规划教学中,一般要求学生人人敞开思想,从各种可能性入手,动手构思方案,甚至一人提出几个构思方案。值得注意的是,在讨论、比较方案时,要看到否定方案的作用。它不仅有助于我们选出主要方案,而且所谓一得之见,可能包含了对某一问题的独到见解,正好弥补主要方案之不足。

2. 多方案比较的思路

在城市规划设计的各个不同阶段,都应进行多方案比较。多方案比较应围绕城市规划与建设中的主要矛盾来进行,考虑的范围与解决的问题可以由大到小、由粗到细。

城市总体布局构思与确定阶段的多方案比较主要从城市整体出发,对城市的形态结构以及主要构成要素做出多方位、多视角的分析和探讨。关键在于要抓住特定城市总体布局中的主要矛盾,明确需要通过城市总体布局解决的主要问题,不拘泥于细节。在多方案比较中,首先要分析影响城市总体布局的关键性问题,其次还必须研究解决问题的方法与措施是否可行,再次看方案特色是否鲜明,最后看方案中的交通处理、功能布局以及方案可操作性等方面。

在城市总体布局多方案比较的实践中,存在着两种不尽相同的类型。一种是包括对城市总体布局前提条件分析研究在内的多方案比较,或者称为对城市发展多种可能的探讨。在这类多方案比较中,研究的对象不仅限于城市的形态与结构,同时往往还包括对城市性质、开发模式、人口分布、发展速度等城市发展政策的探讨。城市总体布局多方案比较的另外一种类型则是在规划前提已定的条件下,侧重对城市形态结构的研究。此外,在城市规划实践中,除了对城市总体布局进行多方案比较外,有时还会针对布局中某一特定问题进行多方案的比较,例如城市中心位置的选择、过境交通干线的走向等。

在进行多方案比较时,一方面,如果能明确断定各方案的优缺点,当然很容易就能区分优劣,尽量选用较为理想的方案。但在实际工作中,优缺点往往互相关联,因而较难做出明确结论。尽管如此,只要仔细地分析每个方案的优缺点,还是可以比较出较优方案的。另一方面,如果确实没有最佳方案,则可以在吸取各方案特点的基础上做综合方案。

在此要着重提出的是,城市总体规划的最佳方案和一个单项工程的最佳方案不同。规划的最佳方案往往从某一单项工程来看并非最佳,但是考虑到城市整体各项工程的综合因素,这个方案却最能兼顾全面,所以为"最佳",这也就是规划工作的"综合性"表现。它要求规划人员对各项专业知识均有所了解,同时又能超越单项专业的范围,从城市整体的合理发展这一全局观点来综合平衡。

3. 多方案比较的内容

城市总体布局涉及的因素较多,为便于进行各方案间的比较,通常将需要比较的因素分成以下几个不同的类别:

（1）自然环境和自然条件:地理位置及工程地质等条件、各方案用地范围和占用耕地情况,以及城市选址（或发展用地）中的工程地质、水文地质、地形地貌等是否适于城市建设。

（2）各项功能组织：居住用地的选择和位置恰当与否，用地范围与合理组织居住用地之间的关系，各级公共建筑的配置情况，工业用地的生产协作和组织形式及其在城市布局中的特点。

（3）城市总体布局：城市用地选择与规划结构合理与否，商务和商业服务等城市中心功能、工业区等产业功能以及居住功能等主要功能区之间的关系是否合理。除了处理市区与郊区、近期与远景、新建与改建、需要与可能、局部与整体等关系中的优缺点，城市总体布局中的艺术性构思也应纳入规划结构的比较。

（4）交通运输：铁路、公路、机场、码头等城市对外交通设施是否高效服务于城市同时又对城市发展不形成障碍；过境交通对城市用地布局的影响；长途汽车站、燃料库、加油站位置的选择及与城市干道的交通联系情况；城市道路系统是否完整、顺畅、高效、合理。

（5）城市生态和环境保护：工业"三废"及噪声等对城市的污染程度，对农田等资源的占用以及对生态系统的影响是否最小；城市用地布局与自然环境的结合情况，是否有利于城市环境质量的提高。

（6）工程设施和投资估算：给水、排水、电力、电信、供热、煤气等城市基础设施的系统结构、关键设备布局是否合理；高压走廊的走向对城市是否有影响；城市防洪、防震、人防等工程设施所应采取的措施；城市开发建设的投入产出比例等经济效益是否高效、合理。

（7）分期建设与可持续发展：是否有利于城市的分期建设；是否留有足够的进一步发展空间。

应该指出的是，现实中每个城市的具体情况不同，对上述要素需要区别对待，有所侧重，甚至不必针对所有因素进行比较。同时，多方案比较本身的目的也直接影响到多方案比较的主要内容和侧重点的不同。此外，有关各类因素在比较中加权、侧重的量化问题较为复杂。

在多方案比较中，表述上述几项内容，应尽量做到文字条理清楚，数据准确明了，分析图纸形象深刻。方案比较所能涉及的问题是多方面的，要根据各城市的具体情况有所取舍，区别对待。但有一点是统一的，那就是多方案比较一定要抓住对城市发展起主要作用的因素进行评定与比较。

总体布局多方案比较的一种方法是，对不同方案的各种比较条件（应具有可比性）用扼要的文字或数据加以说明，并将主要的可比内容绘制成表，按不同方案分项填写，以便于进行比较（表 5-1）。

表 5-1　城市总体布局多方案比较内容一览表

序号	比较类别	方案一	方案二	方案三	方案四
1	用地选择				
2	用地功能组织				
3	规划结构				
4	艺术构思				
5	交通组织				

序号	比较类别	方案一	方案二	方案三	方案四
6	城市生态与环境质量				
7	工程设施和投资估算				
8	分期建设与可持续发展				

将各方案需要比较的因素采用简要的文字或指标列表比较的方法,这也是一种定性分析的方法。首先通过对方案之间各比较因素的对比找出各个方案的优缺点,并最终通过对各个因素的综合考虑,做出对方案的取舍选择。这种方法在实际操作中较为简便易行,但比较结果较多地反映了比较人员的主观因素。

与此相对应的是对方案客观指标进行量化选优的方法,即将各个方案转化成可度量的比较因子,例如,占用耕地面积、居民通勤距离、人均绿地面积等。但在这种方法中,存在某些诸如城市结构、景观等规划内容难以量化的问题。因此,实践中多采取多种方法相结合的方式进行方案比较。

规划方案的评价方法

在规划方案制定后,对方案的实施结果进行预测与评价,使政府的决策者能更理性地选择出实施政府政策的最佳规划方案。规划方案的评价方法很多,主要有成本收益分析法(Cost-Benefit Analysis),利奇菲尔德(N. Lichfield)的规划平衡表法(Planning Balance Sheet),希尔(M. Hill)的目标效益矩阵法(Goals Achievement Matrix)以及戴蒙德(D. Diamond)提出的适应平衡表法(Adapted Balance Sheet)等。成本收益分析法是把经济学关于成本收益的分析方法应用到规划方案的评价中来适应平衡表法,是试图通过建立公共利益的平衡目标体系,把规划方案对于环境的适应性作为评价标准等,这些方案的评价方法各异,但共同点都是对规划方案做出规范性的分析,以科学的、客观的姿态来评价方案的优劣。

(二) 方案选择与综合

在多个方案经构思形成之后,我们往往要对这些方案进行评判和比较,要对各个方案的优缺点加以综合评定,取长补短,归纳汇总。方案的权衡是一个综合考虑过程,它们相互关联、互相制约,要抓住设计的核心与关键。

城市总体布局的合理性在于综合优势,所以要从环境、经济、技术、艺术等方面比较方案的优缺点,经充分讨论,并综合各方意见,同时要从设计的目的出发,针对一些相互制约的问题进行权衡和决策,然后确定以某一方案为基础,在吸取其他方案的优点与长处后,进行归纳、修改、补充和汇总,提出优化方案。优化方案确定后,再依据总体规划的要求,进入各专项规划的深化。

这里需要说明的是,城市总体布局多方案比较的目的之一就是要在不同的方案中找出最优方案,以便付诸实施。但是,城市总体布局的多方案比较仅仅是对城市发展多种可能性的分析与选择,并不能取代决策。城市总体布局方案的最终确定往往还会不同程度地受到某些非技术因素的影响。

> 罗纳德·托马斯(Ronald Thomas)在城市设计(City by Design)中所提出的"不涉及(外观)风格的六条方案质量评价标准"如下:
>
> (1) 历史保护与城市改造:设计方案是否保护并加强了城市的传统习俗,是否保护了城市有价值的历史元素并有所发扬。
>
> (2) 人的需求:设计方案是否为人的生活提供了舒适的环境。
>
> (3) 综合功能:设计方案是否为办公、购物、服务、居住、文化娱乐提供了方便的整体综合功能。
>
> (4) 文化传统:设计方案是否体现了城市的文化传统,并以新的艺术形式使之更为丰富多彩。
>
> (5) 环境关系:设计方案是否改善了人与自然的关系,把人与自然要素有机结合起来。
>
> (6) 艺术价值:设计方案中的建筑形式或环境艺术形态是否反映了时代特征并适合城市的功能。

六、案例解析

案例一:苏州望亭镇总体规划方案构思分析①

1. 构思方案一

(1) 构思分析

从历史入手,研究城镇发展变迁过程(图5-8、图5-9)。

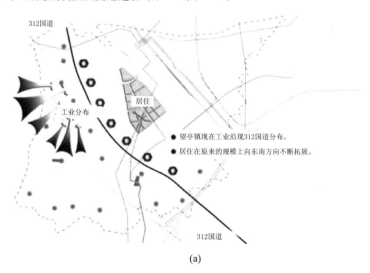

(a)

---

① 苏州科技大学城市总体规划设计课程作业。

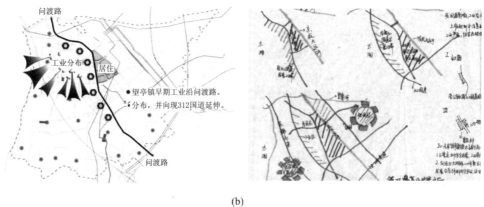

(b)

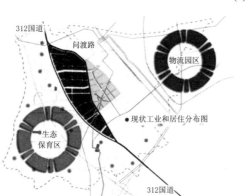

从望亭镇的发展历史情况可知，望亭镇的发展主要沿路沿河发展，镇区用地的扩展主要沿外部交通伸展，特别是随着312国道的改道，城镇用地出现跳跃性拓展。

(c)

图 5-8　望亭镇城镇空间拓展演变示意图

用地拓展方向：工业用地、居住用地沿道路轴向伸展

城镇中心位移：工业、居住往东南方向发展，城镇中心偏移，服务设施相对南移

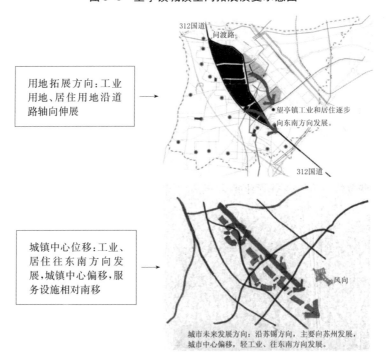

图 5-9　望亭镇用地拓展方向示意图

由城镇变迁过程,结合城镇发展环境、区域位置、周边用地条件,望亭未来城镇发展方向主要是加强与苏州新区、相城区的联系,城镇未来用地拓展方向主要向东南发展。

(2) 理念引入

每个城市都是可生长的,可生长概念强调的是城市的自组织生长与规划干预的共同作用,二者相互制约和影响。

① 居住生长。由零散的居住点发展成为一个有中心商业区的居住组团,几个居住组团沿带状生长,使住区成带形分布(图5-10)。

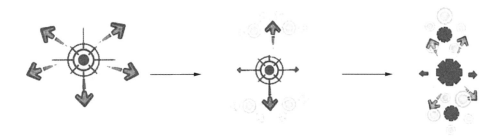

图 5-10 望亭镇居住生长

② 工业生长。沿新旧312国道点状分布的工业逐渐发展壮大,围合成串,逐渐生长成聚集的带形工业区(图5-11)。

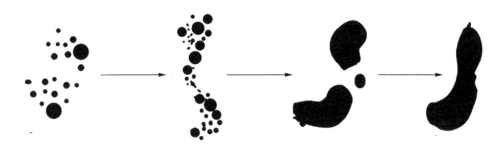

图 5-11 望亭镇工业生长

③ 生态生长。利用望亭镇得天独厚的自然优势,打造点、线、面一体的生态绿化系统,在生态生长过程中由集中的点状景观带动周边,连点成线,连线成面,逐步生长成点、线、面结合得比较完善的生态系统(图5-12)。

图 5-12 望亭镇生态生长

(3) 结构模型

① 轴向生长。工业分布从旧312国道到新312国道,居住也由原来的零散分布变为带状发展;同时京杭大运河呈带形分布,根据现状要素增长的特点和城镇肌理的梳理,未来城镇的生长主要沿交通、水系轴向生长,未来城市的功能区将变为带状分布(图5-13)。

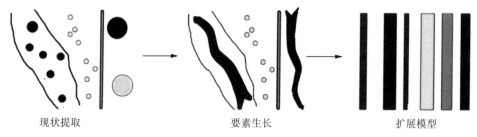

现状提取　　　　　　　　要素生长　　　　　　　　扩展模型

图 5-13　望亭镇轴向生长

② 水路双棋盘格局。通过对现状的梳理、整合以及所处的苏州这一特定环境,对国道、省道以及主干道等路网元素,京杭大运河、望虞河以及镇区内三条主要水系等水网元素进行提取,提出水路双棋盘格局的概念(图 5-14)。

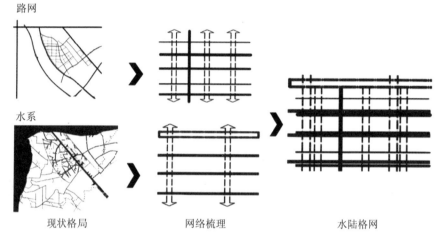

路网

水系

现状格局　　　　　　　　网络梳理　　　　　　　　水陆格网

图 5-14　望亭镇水路双棋盘格局

(4) 方案构思

根据可生长理论的运用和带形发展模式的梳理,将各类要素叠加组织用地。充分考虑功能多元融合,清理核心区的零散用地,配套服务功能,形成望亭镇区行政、商业服务的中心。提取路网、水网元素,形成水陆双棋盘路网格局,体现苏州特色。充分考虑功能、环境、生态的相互关系,利用望亭镇独特的自然优势,形成点、线、面一体的生态绿化系统(图 5-15)。

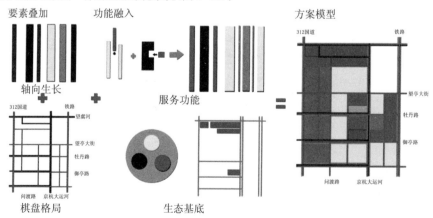

要素叠加　　　功能融入　　　　　　　　　　　　　方案模型

轴向生长

服务功能

棋盘格局　　　　　　　生态基底

图 5-15　望亭镇方案构思

（5）用地布局

根据现状要素增长的特点和城镇肌理的梳理,望亭镇未来主要沿312国道、京杭大运河轴向生长,以原有望亭镇区为依托,工业用地沿312国道轴向伸展,整合并完善原镇中心区居住及其配套设施用地,形成功能融合的居住组团并沿京杭大运河带状生长,使居住区呈带形分布。在生态生长过程中,结合京杭大运河等水系,由集中的点状景观带动周边,连点成线,连线成面,逐步生长成点、线、面结合的比较完善的生态系统(图5-16)。

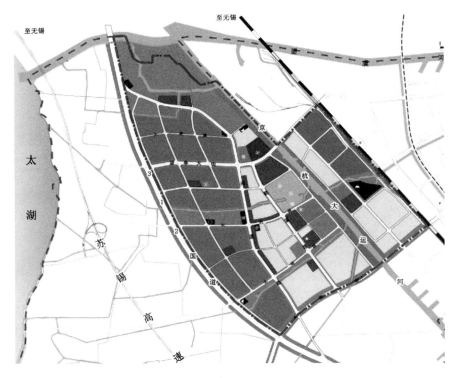

图 5-16 望亭镇区用地规划图

2. 构思方案二

（1）构思分析

通过城镇现状用地和区域环境的分析,以及未来望亭在区域中的定位,规划从功能入手,认为望亭镇应注重其生态功能的建构,围绕城镇性质的定位——以太湖水乡文化为特色的生态型工业商贸城镇,方案构思的重点应是强化城镇功能、美化城镇环境、建设环境优美的宜居型城镇。规划充分利用生态基底,引入生态网络的概念,从环境入手,构思总体规划设计方案,强化生态网络功能的整体性和格局的连续性。

（2）要素梳理

通过对现状用地分析,提取水系、路网、绿地三大要素,从问题入手,根据构思分析,对现状要素进行梳理、解构。

① 水网——环状贯通,功能分隔。梳理水网结构,根据方案提出的理念,打造环形水网,分割生活与生产用地(图5-17)。

② 路网——功能分级,水系环绕。现状路网凌乱,道路干扰严重,规划后配合水系形成环状布局(图5-18)。

③ 绿化——生态绿网,引景入镇。望亭镇现状绿化很少,没有大型的城镇绿地,规划后强调生态绿网形成环河景观轴、京杭大运河生态走廊,沿镇中心水系发展城镇绿化带,城镇中新增大型绿地,满足居民的休闲需要,建设宜居型城镇(图5-19)。

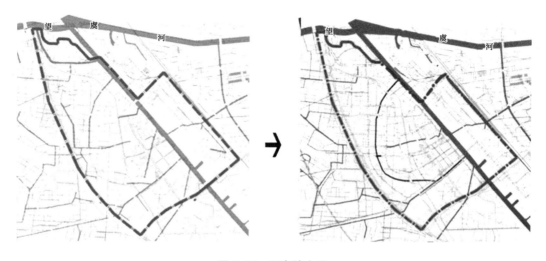

图 5-17　望亭镇水网

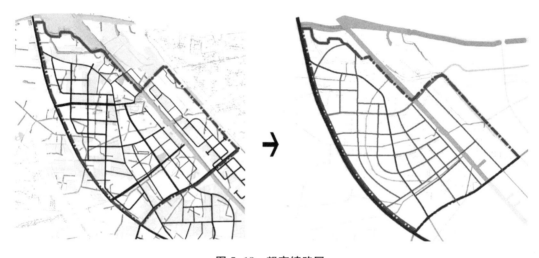

图 5-18　望亭镇路网

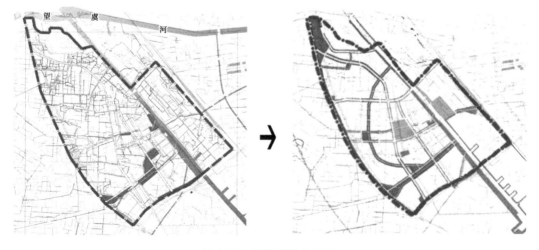

图 5-19　望亭镇生态绿网

（3）方案构思

通过对现状土地利用情况和周边水网、路网的要素提取，打造环形水网，结合京杭大运河建立景观轴和交通主要影响的轴线，镇中心集中布置商业以及各种娱乐文化设施，工业沿312国道集中布置，居住布置在镇南和运河一侧空气清新之地，绿化系统则环中心区将工业与居住和公共设施分隔，创造良好的居住环境。

（4）规划结构

规划形成"一心、两片、一环、一廊"式的总体布局结构（图5-20）。

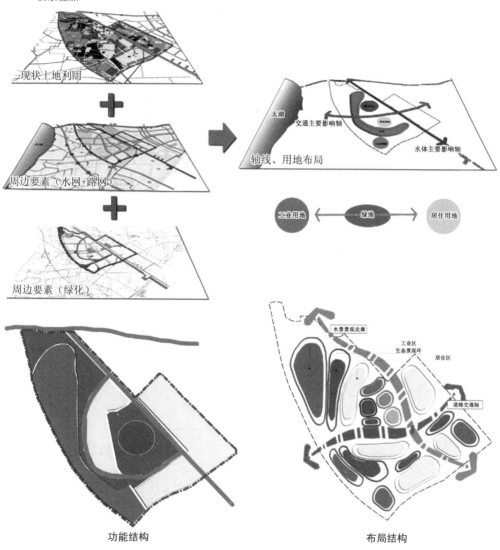

图5-20 望亭镇规划结构

"一心"——镇中心形成中心商务区，强化城镇中心职能，升华中心特色景观风貌。

"两片"——沿312国道形成工业片区，构建产业链化、集团化；在镇南集中布置居住社区。

"一环"——在商务中心外围沿水网打造生态景观环，改善生态景观。

"一廊"——沿着京杭大运河构筑景观走廊，从而创造优雅的生活环境。

（5）用地布局

以建设生态化、人性化宜居城镇为出发点，注重镇区整体环境优化和景观形象的塑造；在保护原生态的基础上注重水乡特色城镇的营造，强化镇区宜居环境优势，整合镇区发展与水网体系的关系。

规划望亭镇区以现望亭镇区为依托，沿312国道向南和沿问渡路向南发展。整合并完善原镇中心区居住及其配套设施用地，强化城镇中心职能，优先发展现状镇区南部的居住组团。沿水网打造生态景观环，改善生态景观。工业用地沿312国道集中布置，形成产业带（图5-21）。

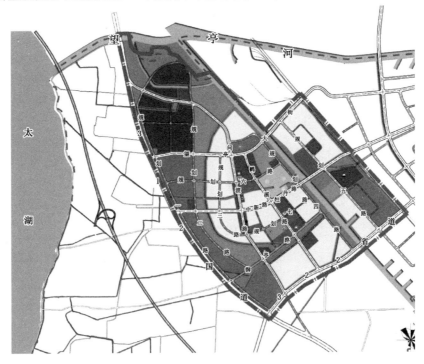

图 5-21　望亭镇区土地利用规划图

3. 两方案比较

两方案比较见表5-2。

表 5-2　望亭镇方案比较

序号	比较类别	方案一	方案二
1	用地选择	以城镇变迁为切入点分析城镇未来发展方向、确定城市增长边界科学合理	根据自然条件等给出的城镇用地条件，对用地评定选择，提出生态优先的原则
2	用地功能组织	根据可生长理论的运用和带形发展模式的梳理组织用地，充分考虑环境、生态、功能的相互关系	创造优越的居住环境，工业集中可以降低成本，从而创造出和谐的环境
3	规划结构	清理核心区的零散用地，形成望亭镇区行政、商业服务的中心。规划结构符合镇区历史演变，满足城镇发展要求	强化城镇中心职能，升华中心特色景观风貌。规划结构符合望亭镇发展要求，整体规划结构提高镇区环境质量、生活水平，促进空间结构合理发展

序号	比较类别	方案一	方案二
4	艺术构思	可生长概念的引入,体现城镇自组织和规划干预的相互辩证关系,形成带状的发展模式	田园城市理论灵活运用,沿水网打造生态景观环,生态绿网概念的引入较好诠释了生态城镇发展的理念
5	交通组织	针对提取路网、水网元素,形成水陆双棋盘路网格局,体现苏州特色	结合水系梳理,形成环状路网结构,构成完整、畅通、高效的道路系统
6	生态环境质量	利用望亭镇独特的自然优势,形成点、线、面一体的生态绿化系统	形成环河景观轴、京杭大运河生态走廊,城镇中新增大型绿地,满足居民休闲需要。城镇用地与自然环境有机结合,有利于提高镇区环境质量

案例二:寻甸特色产业园总体规划

1. 规划理念

本次规划在各类现状分析的基础上,依据上位规划和相关规划的定位,充分吸取其他工业园区开发的成功经验,提出以下规划理念:

（1）城园一体

工业园区开发与仁德"城"的建设一体发展,依据工业园区各片区与仁德交通便捷的现状,充分发挥仁德在行政、文体、教育、居住、商业服务等方面的中心作用,互为依托,协调发展,最终形成寻甸产业新城(图 5-22)。

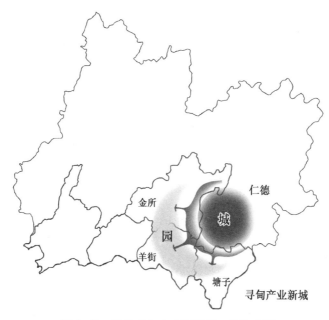

图 5-22　寻甸特色产业园城园一体概念图

（2）生态核心、生态绿楔

坚持生态保全、环境保护的建设理念，规划利用自然条件在每个片区构建生态核心，辅以蓝、绿轴带，生态绿楔等形成的生态走廊，保障工业区的建设与自然之间的协调关系（图5-23、图5-24）。

（3）层级结构

工业区采用"片区—单元—组团"三级空间结构，为产业布局、环境协调和分时开发提供了经济方便的条件（图5-25）。

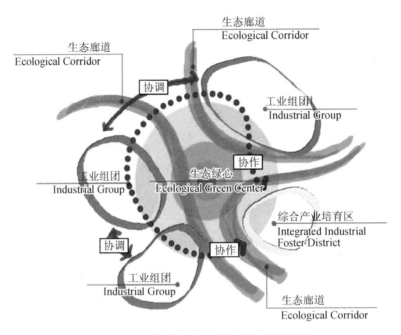

图 5-23　寻甸特色产业园生态核心概念图

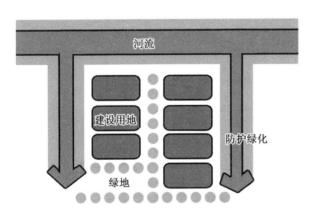

图 5-24　寻甸特色产业园生态绿楔概念图

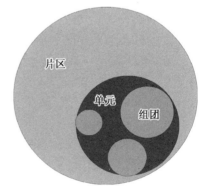

图 5-25　寻甸特色产业园层级结构概念图

（4）产业集约

结合"区—元—组"空间结构组织产业集群，形成产业链式生产体系，单元、组团内部紧密协作，单元之间有机协调的产业布局结构（图5-26）。

（5）交通高效

规划贯彻城市可持续发展和"以人为本"的理念，提倡以绿色交通系统为主导的交通发展模式。既强调物流主干交通和对外交通的快捷,又与土地利用紧密结合,提出"慢行区"的概念,提升公共交通和慢行交通的出行比例,减少对小汽车的依赖,创建低能耗、低污染、低占地、高效率、高服务、有利于社会公平的交通模式。

同时道路路网结合防护绿带,打造路网和绿网相结合的双网格局(图5-27)。

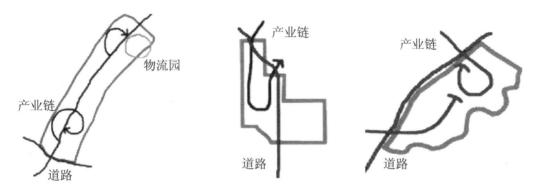

图5-26　寻甸特色产业园产业链组织示意图

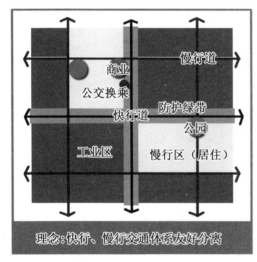

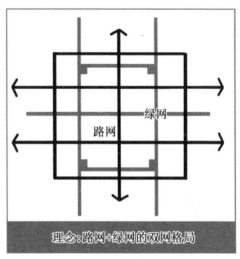

图5-27　路网为绿网的寻甸特色产业园

(6)服务集中

片区设置区级商业服务中心,居住和工业独立组团布置,组团采用邻里中心、便利中心的概念(图5-28)。居住组团内布置邻里中心,工业组团内设置便利中心,方便职工生活。

(7)动态开发

交通导向、弹性发展地块开发注重处理企业地块与道路路网的关系(图5-29)。

2. 方案构思

塘子片区用地布局方案构思如下所述:

(1)空间格局

提出了"一心、两元、多组团"的空间结构。

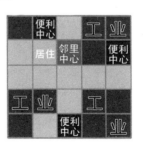

**图5-28　寻甸特色产业园
功能结构示意图**

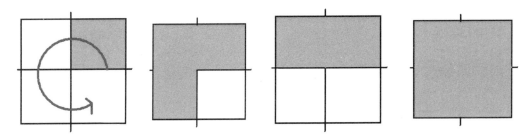

图 5-29　寻甸特色产业园企业地块与道路关系示意图

"一心"——地震断裂带和老镇区构成的生态和服务中心。

"两元"——沿铁路两侧分别依托"山"和"水"形成两个发展单元。

"多组团"——东西两个居住组团、两个工业组团以及生态农田组团。

（2）用地布局

以塘子镇及牛栏江生态保护绿地为中心，依"山"傍"水"布置两个单元，各片区包括工业、物流、仓储、居住等多个组团，并形成牛栏江水景蓝轴、沿铁路绿轴和山地生态绿廊三个发展轴（图5-30、图5-31）。

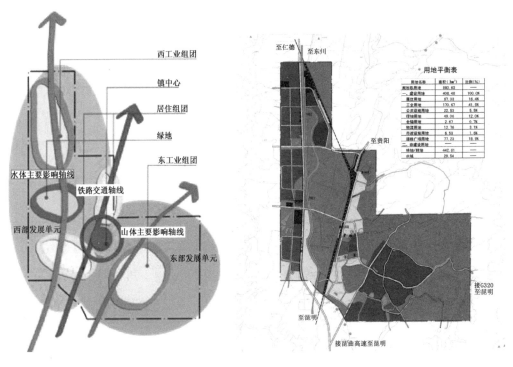

图 5-30　塘子片区空间格局规划示意图　　　　图 5-31　塘子片区用地规划图

规划布置两个工业组团，分别依托山、水景观（图5-32）。

结合镇区现状，配合公园、商业、行政办公等形成片区中心（图5-33）。

整合现状居住，集中布置。

居住组团配备邻里中心，工业组团配备便利中心，与片区中心相辅相成。

生态绿地间隔生产用地和生活用地，打造生态产业园（图5-34）。

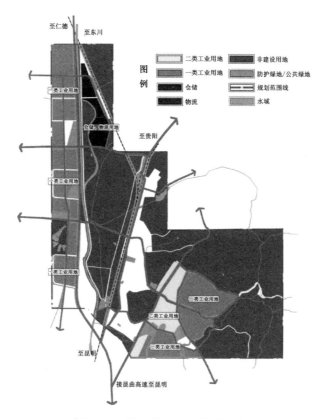

图 5-32　塘子片区工业用地规划图

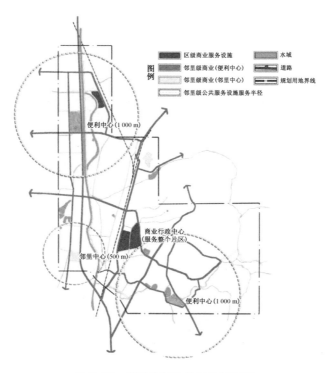

图 5-33　塘子片区公共设施规划图

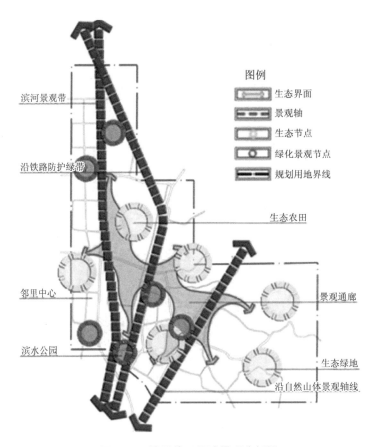

图例
生态界面
景观轴
生态节点
绿化景观节点
规划用地界线

滨河景观带

沿铁路防护绿带

生态农田

邻里中心

景观通廊

滨水公园

生态绿地

沿自然山体景观轴线

图 5-34　塘子片区绿地景观分析图

第6章 城市总体布局方案深化

通过多方案的比较、选择与综合,城市总体布局框架即可基本确定,即可进入城市总体规划的用地规划阶段,编制内容出现了转型,既要达到一定深度,也要具有相当的广度。此时规划的编制要点从整体转向细部,从宏观落实到微观。根据选定的最佳方案,并就城市结构、功能分区、用地布局和主要专项用地等进行方案的深化与完善。

一、方案深化与延伸的渐进结构

(一)选择布局模式

总体布局形式是城市总体布局带有原则性的重大问题。城市用地是集中布置还是分散布置及其组合的形式、规模,都将直接关系到城市用地的功能组织,包括对原有城市功能的调整,所以城市布局形式的确定,是城市用地功能组织的前提,是城市总体布局的重要环节。

现实中,城市总体布局一方面受到来自城市外部因素的影响和制约,另一方面必须满足城市内部各城市功能的要求。这种来自于城市内外的诸因素相互影响、制约与平衡的结果,以及城市规划对城市未来布局的构思、选择和引导最终形成城市总体布局的格局。

城市布局形态是城市社会、经济、文化、建设在空间地域上的投影。因此,在考虑城市总体布局时,根据城市的实际情况和前期的规划构思,认真研究对待影响城市总体布局的各种要素,将这些要素经过"形态化"处理,即经过抽象、概括、归类后,体现为城市空间布局模式。

(二)布局结构调整

总体规划方案设计,要把前期的规划构思通过用地布局来反映,以其独特的设计理念与手法,制定出科学合理的总体布局方案。按照设计构思进行用地布局,按照城市用地布局和功能分区,根据不同类型用地关联程度,进行城市结构调整。这一结构的调整,只是在原有的规划构思结构上进行细化、深化,而非原则性的调整。在规划结构的调整中,要始终贯穿规划构思的理念。

在该阶段的工作应遵循广度铺开、局部深化的原则,即多领域分析、多方向探讨,针对各种各样的相关问题进行总结并提出规划对策。该阶段的重点应放在用地布局及对相关的大宗用地布置的考虑上,而对于基础设施的安排着重于对重大的、区域性的基础设施的规划,其他方面宜原则性地设定。

(三)细化用地布局

通过解析各类专项用地的特殊用地要求和相互间主要的消极影响,整合各类用地的布局和用地平衡,反复调整,并多次核对现状地形,分析现状改造的可能性、必然性和调整的性质,根据各类用地之间的相容性进行布局调整。例如,居住与工业用地之间通过绿化隔离;城市自然景观通过设计理念加以保护;高压走廊尽量沿路预留;绿地率不但注重用地比例,还应注重单位面积中绿地的占有率,体现绿化的普及性和广泛分布;物流产业和工业用地与城市道路和城市对外交通用地的衔接;用地布局与城市历史文脉延续的结合等。

(四)综合功能协调

城市总体布局不是单一的城市用地的功能组织,而是整个城市空间的合理部署和有机组合;在认识观念上也不能孤立地、静态地考虑整个城市本身,而必须动态地、综合地解决城市问题和发展方向。在综合考虑多因素进行总体布局后,要注意城市总体布局的综合协调。

对总体规划方案进行细化、完善和调整,着重修改空间和路网结构,重点协调城市对外交通系统与城市道路系统的关系,并在此基础上结合城市现状基础,适度调整相应的工业、居住、公共设施、市政设施和绿地等各类用地布局,同时拉开远景发展的框架。

(五)深化专项规划

深化专项规划,解决各个专项用地中的重大问题。该阶段各专项用地只需明确重大调整内容,不需全面规划,但城市用地是个综合系统,局部的细微调整都将直接关联各类用地的调整,因此,总体规划中在该阶段应全面深化,不仅是规划内容,还包括规划深度,甚至达到成果的深度要求,便于暴露用地布局的矛盾并及时修改。

二、总体布局模式解构

(一)用地布局模式

1. 基本类型

城市用地布局模式是对不同城市形态的概括表述,城市形态与城市的性质规模、地理环境、发展进程、产业特点等相互关联。用地布局模式一般分为集中式、分散式两种基本类型。

(1)集中式的城市用地布局。这一用地布局的特点是城市各项用地集中连片发展,就其道路网形式而言,可分为网格状、环状、环形放射状、混合状以及沿江、沿海或沿主要交通干道带状发展等模式。

(2)分散式的城市用地布局。受自然地形、矿产资源或交通干线的分隔,城市分为若干相对独中的组团,组团间被山丘、农田或森林分隔,一般都有便捷的交通联系。

(3)集中与分散相结合的城市用地布局。一般有集中连片发展的主城区,主城外围形成若干具有不同功能的组团,主城与外围组团间布置绿化隔离带。

城市形态类型

汤姆逊在《城市布局与交通规划》中基于他对世界各地 30 个城市的调查研究,提出了采用不同交通方式时,所形成的城市布局结构:① 充分发展小汽车;② 限制市中心的战略;③ 保持市中心强大的战略;④ 少花钱的战略;⑤ 限制交通的战略。一个城市的结构,除受到地理上的约束外,大部分是由相对可达性决定的,不同交通方式下的城市结构特征也是不同的。

考斯托夫则在《城市形态——历史中的城市模式与含义》中,通过对历史城市结构的分析,将城市的形态分为:① 有机自然模式;② 格网城市;③ 图案化的城市;④ 庄重风格的城市。

而林奇在《城市形态》中更试图从城市空间分布模式的角度,将城市形态归纳为 10 种类型:① 星形城市;② 卫星城;③ 线形城市;④ 方格网形城市;⑤ 其他格网形城市;⑥ 巴洛克轴线系统;⑦ 花边城市;⑧ "内敛式"城市;⑨ 巢状城市;⑩ 想象中的城市。

胡俊在对我国 176 个人口规模在 20 万人以上的城市空间结构进行分析后,将我国的城市空间结构归纳为集中块状、连片放射状、连片带状、双城、分散型城镇、一城多镇、带卫星城的大城市七种城市空间结构类型。

2. 形态差异

集中和分散型两种基本城市形态的特征、优劣势和规划布局要点具体见表 6-1。

表 6-1 城市集中形态和分散形态之间的比较

	特征	成因	类型	优势	不足	布局要点
集中形态	空间布局上:连续分布。景观上:城市建筑绵延分布,内部有机联系	地势平坦,无山水的阻隔	网格状、环形放射状、星状、带状和环状	便于集中设置较完善的生活服务设施,各种设施的利用率高,方便居民生活,便于行政领导和管理,并节省市政建设的投资	环境污染比较严重,相互干扰,中心交通压力大	要注意处理好近期和远期关系;规划布局要有弹性,为远期发展留有余地,避免近期虽然紧凑,但远期用地会出现功能混杂和干扰的现象。中小城市应鼓励集中发展
分散形态	空间布局上:不连续分布。景观上:分散布置,但其间有明显的内在联系	受地形、河流、矿产资源、交通干道等因素的限制,或经济长期发展的影响	组团状、星座状和城镇群:一城一区式,分散成组式,城镇组群式,串珠状	有利于保证城市的环境质量	城市用地比较分散,彼此联系不太方便,市政工程设施的投资相对较高	大城市或特大城市

(二) 集中布局模式

所谓集中布局,就是城市各项主要用地集中连片。其优点主要是便于集中设置较为完善的生活服务设施,城市各项用地紧凑,有利于社会经济活动联系的效率和方便居民生活。因此,只要条件许可,一般中小城市都会自发形成此类格局。

1. 模式分析

集中布局模式的特征、优劣势和规划布局要点具体见表 6-2。

表 6-2　集中布局模式

	特征	优点	不足	布局要点
网格状（棋盘格）	形态规整，由相互垂直道路网构成	易于各类建筑物的布置；适于城市向各个方向上扩展；适于汽车交通的发展	易导致布局上的单调性。不易于形成显著的、集中的中心区。不适于地形复杂地区	严格控制摊大饼式的外延，要注意防止工业、居住相互干扰，避免周边乡镇工业布局给城市的进一步发展设置"门槛"，注重保护自然生态环境
环形放射状	这是最常见的城市形态，由放射形和环形的道路网组成	城市交通的通达性较好，有着很强的向心紧凑发展的趋势，有高密度的、具有展示性的、富有生命力的市中心。易于组织城市的轴线系统和景观	有可能造成市中心的拥挤和过度集聚。用地规整性差，不利于建筑的布置。不适于小城市	—
带状（线状）	往往受自然条件所限，或完全适应和依赖区域主要交通干线而形成，呈长条带状发展，并明显呈单向或双向发展，其子型有 U 形、S 形等	城市组织有一定优势。整体上使城市各部分均能接近周围自然生态环境，这类城市呈长向发展，平面结构和交通流向的方向性较强	城市规模不会很大，空间形态的平面布局和交通流向组织也较单一。纵向交通组织困难，常有过境交通穿越。线形城市的各个要素之间的距离较紧凑的城市要大得多，居民进行联系或运动方向的选择少得多。缺少核心也是线形模式的一个缺陷	要尽量避免两端延伸过长，宜将狭长的用地划分为若干段（片），按生产、生活配套原则配置生活服务设施，分别形成一定规模的综合区及其中心，重点解决纵向交通联系问题
环状	是带状城市在特定情况下的发展结果。一般是围绕着湖泊、山体、农田呈环状分布	与带状城市相比，各功能区之间的联系较为方便。中心部分的自然条件可为城市创造优美的景观和良好的生态环境条件	—	除非有特定的自然条件，否则城市用地向环状的中心扩展的压力极大
星状（指状）	是多个线形城市的叠加。基本上是环形放射状城市沿着交通走廊发展的结果。建成区总平面的主体团块有三个以上明确的发展方向，这包括指状、星状、花状等子型	沿交通干线自发或按规划多向多轴地向外延展，形成放射性走廊	有时在发展轴上的新城区之间或之外建设外围环形干道，这又很容易在经济压力下将楔形空地填充而变成同心圆式在更大范围内蔓延扩展	全城道路在中心地区为格网状而外围呈放射状的综合性体系。地形较平坦，且对外交通便利的平原地区小城市多采用

2. 形态图解

　　集中布局类型的城市又可进一步划分为块状、网格状、环形放射状、星状、带状和环状六种结构形态,主要结构示意与形态图解详见表6-3。

表6-3　集中布局模式解构

	结构示意	形态图解
块状	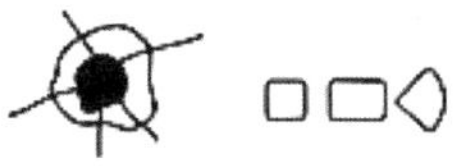	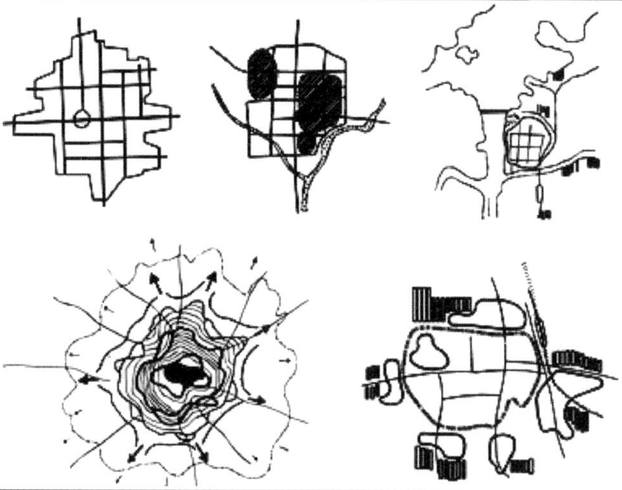
网格状 (棋盘状)	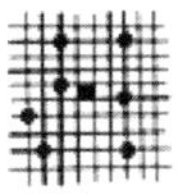	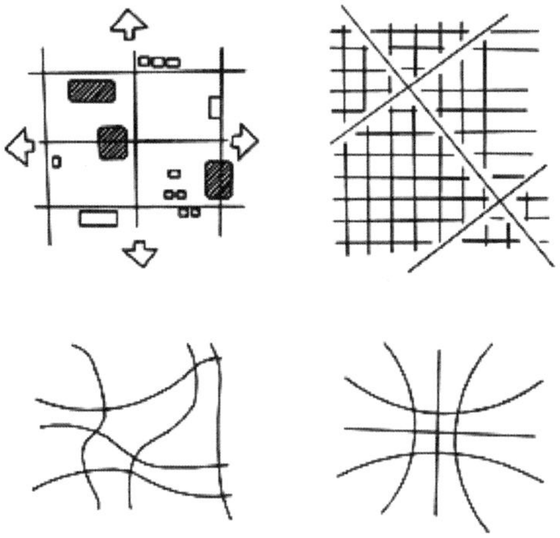
环形 放射状	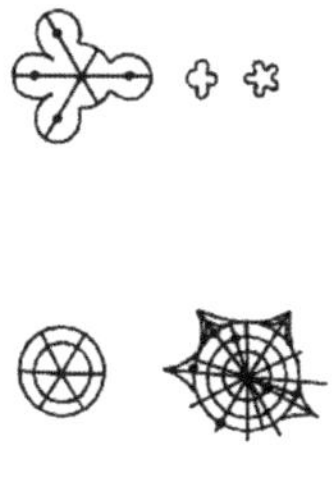	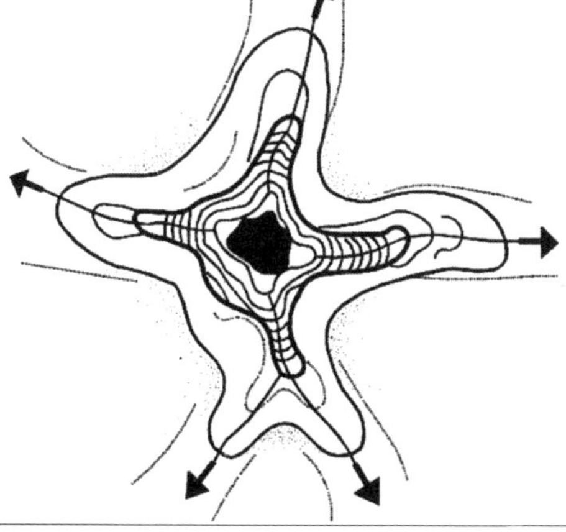

结构示意	形态图解
带状 （线状）	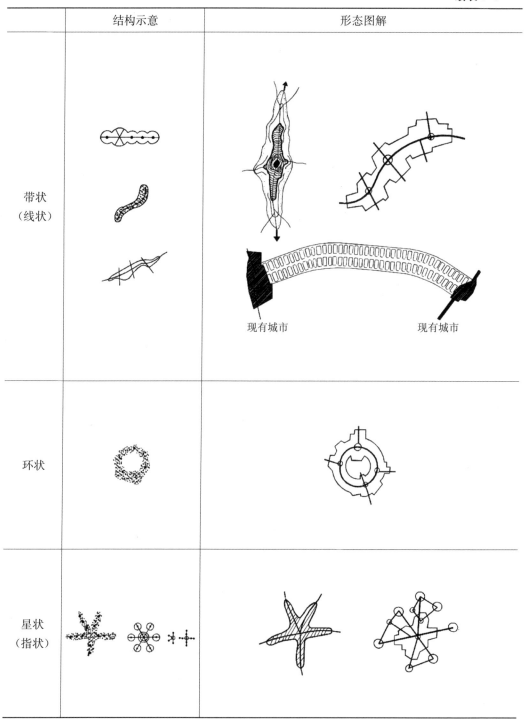

现有城市　　　　　　　　　　　　现有城市

| 环状 | |
| 星状
（指状） | |

3. 布局实例

《遂川县城市总体规划(2013—2030 年)》确定中心城区空间结构为一主多次的块状集中分布形式(图 6-1)。

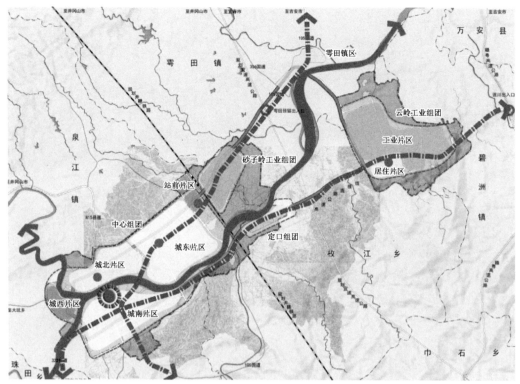

图6-1 遂川县城市总体规划之中心城区空间结构规划图

资料来源：http://p2.pccoo.cn.

《金华市城市总体规划（2000—2020年）》(图6-2)，规划确定以内城区为核心，沿三江六岸、沿交通轴线向外滚动发展，由风景区、郊外休闲绿地、自然林地组成的楔形绿地向外延伸至中心区，形成"一个核心区六大功能区"的总体布局(图6-3)。内城团块状紧凑布局，通过放射状通道连接城市东、南、西、北发展轴线，构成具有弹性的开放式空间发展框架。

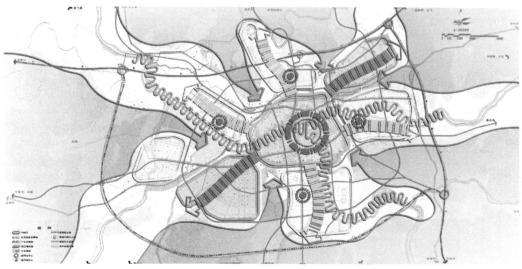

图6-2 金华市城市总体规划之空间发展战略图

资料来源：都市世界—城市规划与交通网.

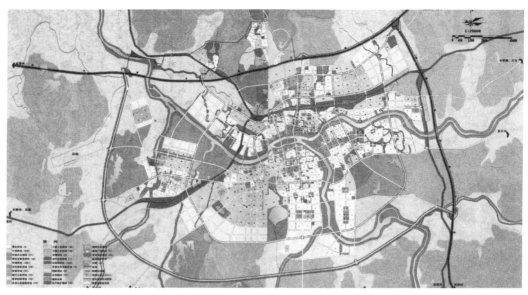

图 6-3　金华市城市总体规划之用地规划图
资料来源:都市世界—城市规划与交通网.

(三) 分散布局模式

分散布局模式,即因受河流、山川等自然地形、矿藏资源或交通干道的分割,城市各组成部分分散布置在城市用地范围内,形成若干个分片或分组、就近生产组织生活的布局形式。分散形式布局比较灵活,城市环境质量也比较容易得到保证。一般大城市应当以分散布局为主。

1. 模式分析

分散布局模式的特征、优劣势和规划布局要点具体见表 6-4。

表 6-4　分散布局模式

	特征	优点	不足	布局要点
组团状	城市建成区是由两个以上相对独立的主体团块和若干个基本团块组成,城市用地被分隔成几个有一定规模的分区团块,有各自的中心和道路系统,团块之间有一定的空间距离,由较便捷的联系性通道使之组成一个城市实体	根据城市的用地条件灵活布置,比较好处理城市近期和远期的关系,容易接近自然,并能使各项用地布局各得其所。这种形态属于多元性复合结构。如布局合理,团组距离适当,这种城市既可有较高效率,亦可保持良好的自然生态环境	道路、给水、供电系统,各种管线和道路长度、市政建设和公用设施的投资及经营管理费用等相对较大	关键是要处理好集中与分散的"度",既要合理分工,加强联系,又要在各个组团内形成一定规模,把功能和性质相近的部门相对集中,分块布置。创造一定的就地生产和生活的条件,减少不必要的交通压力。采用分散组团式规划布局时应组织好组团间的交通联系,节约城市建设投资及管理运行费用,避免用地规模过大

	特征	优点	不足	布局要点
一城一区式	由一城和一区组成,城区间有一定距离,一般可达 5 km 以上。但生产、生活联系密切,行政上也统一管理	跳跃式发展,发展空间充足	建设与管理费用成本较大	一般多见于主城区与工业区的布局。城区间要有便捷的交通联系。力求两个组团的合理分工、互为补充、协调发展,避免各自为政、盲目扩大规模
卫星状(星座式)	一般指以大城市或特大城市为中心,在其周围发展若干个小城市。中心城市有极强的支配性。卫星城和小城镇簇拥在主城区周围	各城镇在工农业生产、交通运输和其他事业发展方面,既是一个整体,又有分工协作,有利于人口和生产力的均衡分布,有利于控制大城市的规模,疏散中心城市的部分人口和产业	受自然条件、资源情况、建设条件、城镇形状以及中心城市发展水平与阶段的影响	外围小城市具有相对独立性,但与中心城市在生产、工作和文化、生活等方面都有非常密切的联系。必须处理好小城市规模、配套设施以及与中心城市之间的交通联系条件等问题
城镇组群式	在城市区域内,分布有若干个城镇和居民点,规模不一、性质各别,组成一个城镇居民点体系。每个城镇、居民点的工业等生产性设施与生活性设施成组布置。各城镇相对独立,但联系密切	城镇居民点间保持一定距离,由农田、山体或水体等分隔,有利于构建良好的城市环境	没有形成明显的中心。组团间功能联系不够便捷,建设管理成本较大	这种城市布局形式多见于一些城市区域范围较大的工矿城市
串珠状(多中心)	若干个特大城市、大城市和中等城市由交通线相连,形成城市群或城市带。多种方向上不断蔓延发展的结果	这种布局形式灵活性较强,城镇之间保持间隔,可使城镇有较好的环境,同郊区保持密切联系	容易造成城市用地规模无序蔓延	特大城市在多个方向的对外交通干线上间隔地串联建设一系列相对独立且较大的新区或城镇,形成放射性走廊或更大型城市群体
散点型	分散式的城市结构中最为极端的类型。常见于典型的工矿城市。城市没有明确的主体团块,各个基本团块在较大区域内呈散点状分布	这种形态往往是资源较分散的矿业城市。通常因交通联系不便,难于组织较合理的城市功能和生活服务设施,形成的原因在于矿区和矿点分散,这种类型有利于充分开发资源、减少运输成本和建设费用	过于分散会产生很多问题	每一组团需分别进行因地制宜的规划布局。在因地制宜地分散发展的同时,强调相对集中的建设,包括设置规模较大的中心城区,以提高整个城市和矿区的管理、协作、交流和服务的水平

2. 形态图解

分散布局类型的城市又可进一步划分为组团状、一城一区式、城镇组群式、串珠状、散点型五种结构形态，主要结构示意与形态图解详见表 6-5。

表 6-5　分散布局模式解构

结构示意	形态图解
组团状 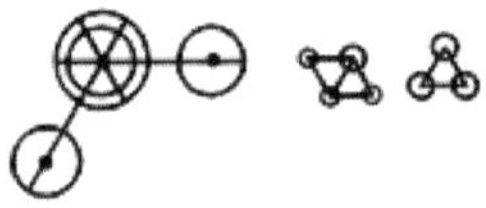 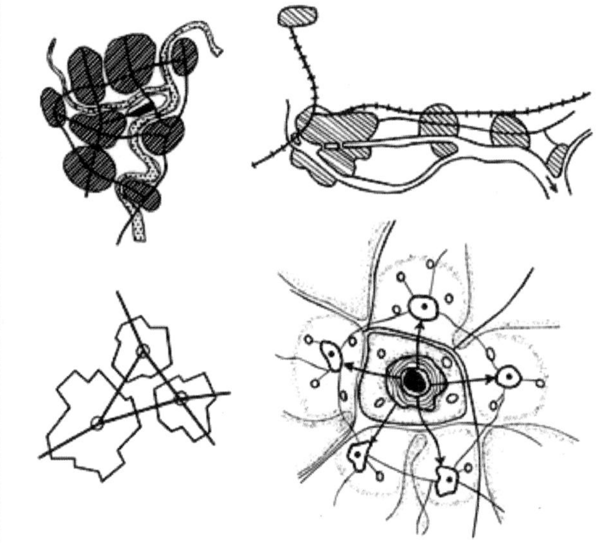	
一城 一区式  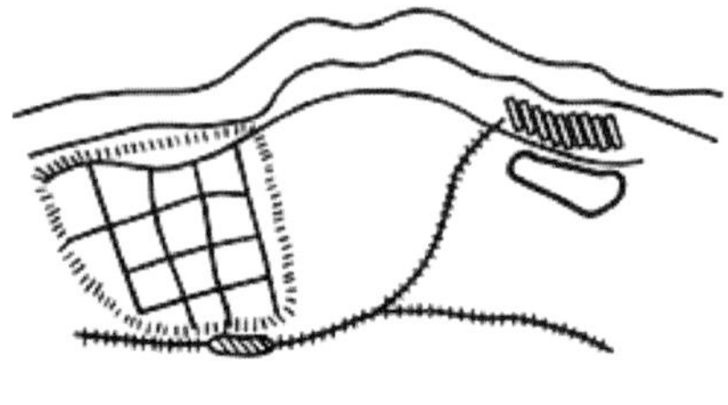	
城镇 组群式 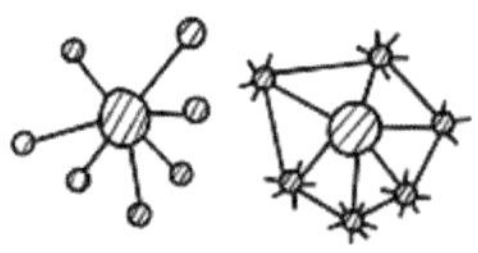 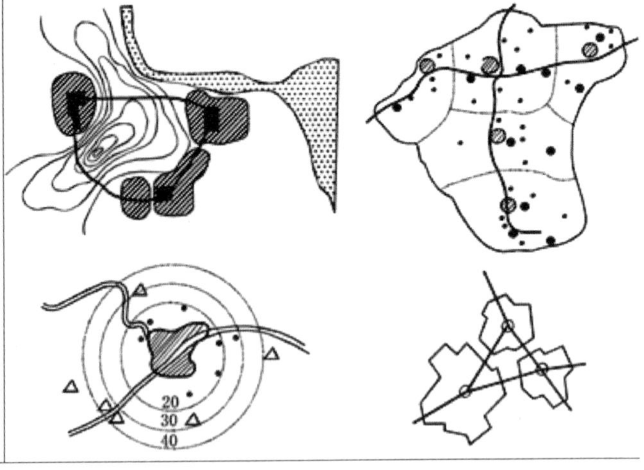	

结构示意	形态图解
串珠式	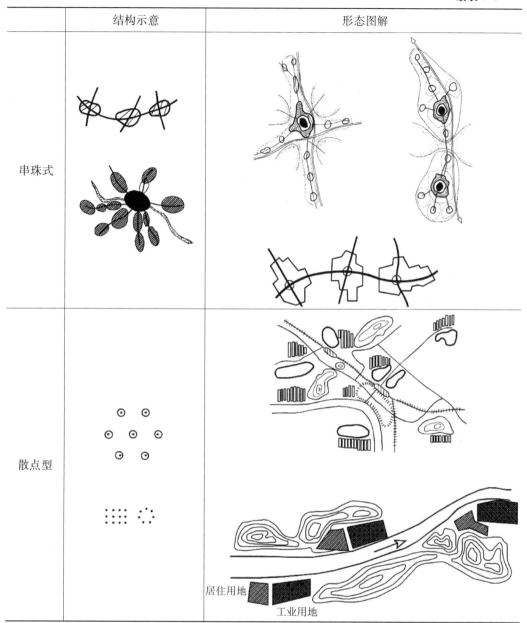
散点型	

3. 布局实例

《宁德市城市总体规划(2005—2020年)》确定城市总体规划布局结构:以山海为边界,在相对集中的空间范围内,以交通干线和自然山体、水体相分隔,由中心城区和若干职能片区所构成,通过城市交通性干道网相连通,形成"一心一核,三轴两港七片区"的紧凑组团式城市(图6-4)。

《德兴市城市总体规划(2000—2020年)》确定城市总体布局结构:城市总体布局采用一河两岸、一城五区、滚动推进、协同发展的规划结构形态,并以"三横五纵"的城市道路骨架紧密联系各功能区,形成带状发展格局(图6-5)。

图 6-4 宁德市城市总体规划示意图

资料来源:宁德蕉城在线网站.

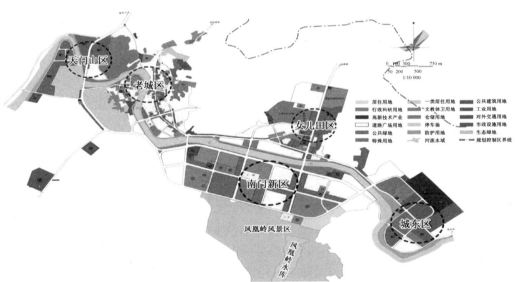

图 6-5 德兴市城市总体规划示意图

资料来源:上饶市城乡规划局网站.

  《临安市城市总体规划(2002—2020年)》中,由于受到地形条件的制约,天然地形成了"两城夹一湖"的组团结构。规划确定城市规划区的布局结构为"两城夹一湖"的组团式结构(图 6-6)。

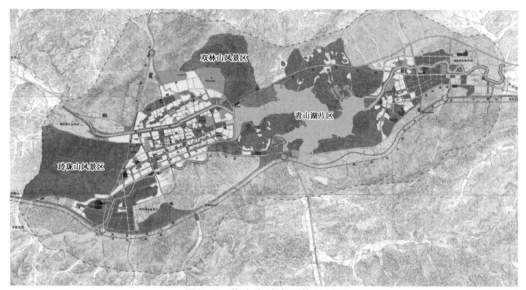

图 6-6 临安市城市总体规划图

资料来源:http://www.lajsj.gov.cn.

  《咸阳市礼泉县烟霞镇总体规划(2009—2020 年)》将烟霞镇分为北、东、西三个组团,均配备有居住、商业、文体设施、医疗设施、公用设施等。北部片区为行政中心,与昭陵博物馆区相邻,结合客运中心、商贸中心,打造对外旅游的重要节点;西部片区为综合服务中心以及门户节点;东部片区为综合服务中心。三个组团以旅游服务轴线以及综合服务轴线相连,同时以生态绿化相间隔(图 6-7、图 6-8)。

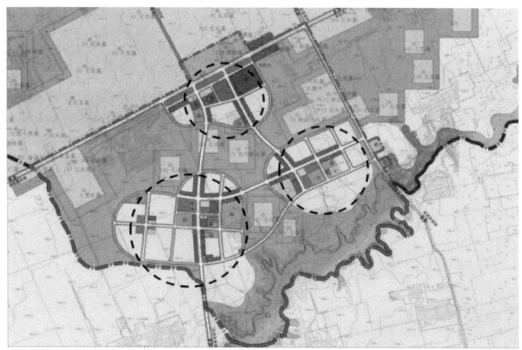

图 6-7 咸阳市礼泉县烟霞镇总体规划之土地利用规划图

资料来源:西安建筑科技大学城市规划设计研究院.

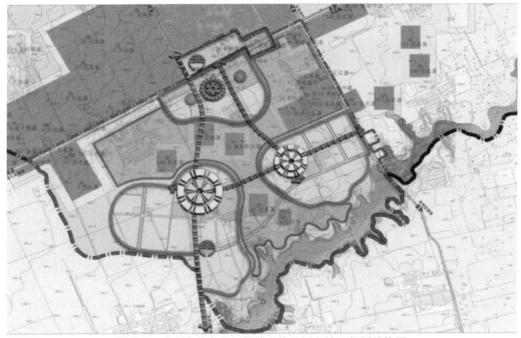

图 6-8 咸阳市礼泉县烟霞镇总体规划之镇区规划结构图

资料来源:西安建筑科技大学城市规划设计研究院.

《伊春市中心城区总体规划(2001—2020 年)》确定中心城包括一城三区,沿交通轴线伸展,构成"串珠形"的结构形态(图 6-9、图 6-10)。

图 6-9 伊春市中心城区总体规划之城市总体规划示意图

资料来源:http://www.ycghj.gov.cn.

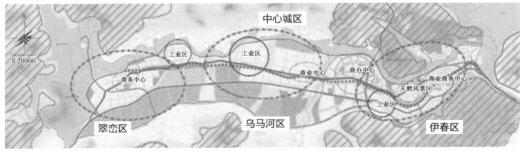

图 6-10 伊春市中心城区总体规划之城市结构分析图

资料来源:http://www.ycghj.gov.cn.

《威海市城市总体规划(2004—2020年)》确定城市用地布局结构为"一线、多核、多组团"的带形城市结构。规划将威海市区海岸线划分为城市禁建区和城市建设区两类区域执行管制,利用区内大小山体形成多个生态绿核,威海城区采用"一主五片"的多组团城市结构模式(图6-11)。

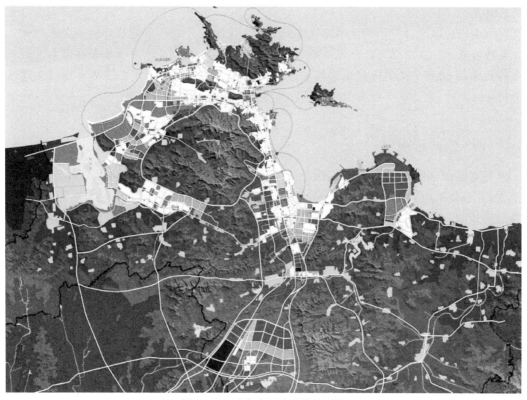

图6-11 威海市城市总体规划图
资料来源:都市世界—城市规划与交通网.

在国内外大量现状城市中,大量存在这种主要因地形而形成较为分散布局的实例。

兰州市由于受到周围山体的限制,城市沿黄河两岸的狭长地带发展,并在以原旧城为中心的城关区基础上向西发展,依次形成以铁路编组站为主的七里河区,以精密仪器制造为主的安宁区以及作为石油化工综合基地的西固区。各个区内均布置有工业用地以及配套的生活居住用地,形成了相对独立的城市片区,在一定程度上缓解了东西长达50 km的带形城市中容易出现的联系不便的问题。兰州市的城市形态结构是带形城市中较为典型的实例之一。

被誉为"山城"的重庆市位于嘉陵江与长江的汇合处,因此市区也被两江分割为三大片区。重庆市的总体布局充分结合了当地的自然地形特点,采用了"多中心、组团式"的布局结构,将整个市区分为三大片区和十二个组团。各个片区均布置有工业用地和生活居住用地,虽不能完全做到片区内的居住与工作的平衡,但至少部分缓解了片区间的通勤交通压力。

张家界市的形态结构也是一个很好的实例。该市的布局沿澧水两岸,以旧城为中心,按照河谷平坦地形的自然分布,布置了大小不等的六个组团,各个组团间有一定的职能分工并通过城市干道相连,形成了水在城中、城在山中,山水、城市交融呼应的格局。

美国的旧金山市位于地形起伏较大的丘陵地带,但1849年前后伴随淘金热所形成的房地产投机使得当时的测量师们更多地注重了土地的房地产价值和短期内实施的效率,而采用了无视地形起伏的方格网状道路系统。在带来城市道路坡度过大等问题的同时,也造就了以隆巴街为代表的旧金山市的独特城市景观。

(四) 模式选择

针对城市布局模式的选择,实际上就是选择城市未来发展的理想的城市形态,而这种形态,并不是采用某种形态优越的偏执观念的公式,不是指一种万能的城市布局图形,而是要因地制宜地选择与当地具体条件相适应的城市形态,并且要求这种结构形态必须能有效和公平地应对各种人口和活动的快速发展,其中包含城市的快速和连续性的调整和发展,它必须能灵活地应付不同阶段、不同水平的社会、经济、技术发展的需求。

作为一个好的城市形态所必须满足的要求

(1) 未来城市能够满足居民的基本生活需求,有合理利用的城市环境,使居民在选择交通、通信和相互交往方面享有最大的自由。

(2) 城市的形态应有足够的弹性,在其发展的各个阶段,城市结构都应能根据变化的需要加以调节,其结构部分也要能自我更新。

(3) 城市形态与功能的适应关系应有较大的应变能力,在功能发生变化后,其结构形态均能有效地承担社会功能,而无需改变结构本身(如空间对活动变化的应变能力、道路对交通的应变能力等)。

(4) 城市形态应具有多样性,其结构应能使城市正常发展,而不会产生畸变和变异。

(5) 必须注意城市形态发展所进行的投资规模和顺序,而且也要考虑城市经济运营费用的开支。

1. 尊重自然环境,因地制宜布局

城市所处地区的自然环境条件,包括地形地貌、地质条件、矿产分布、局部气候等对城市总体布局有着较强的影响。在具体布局模式的选取上,要充分考虑各种自然条件的影响,尊重自然环境,因地制宜地选择与城市具体条件最适合的形态,选取适合城市自身发展条件的布局模式。

如对于位于山区或丘陵地区的城市而言,城市用地多被河流或山地分割,宜采用组团式布局形式。各个组团或片区分布在由自然地形所形成的较为平坦的地段中,道路沿等高线蜿蜒曲折,有意识地加以利用一些限制性因素,扬长避短,则有可能起到意想不到的

作用,形成独具特色的城市形态和景观风貌。

2. 区域角度审视,合理弹性发展

一方面,城市存在于区域之中,与其周围地区或其他城市存在着某种必然的联系,城市空间发展演变的过程实际上就是一个"集中"与"扩散"的过程。在城市布局模式的选取上,注意对城市发展现象的总结与解释以及寻求城市空间演变的客观规律,侧重运用已知规律,为城市未来的发展留出合理的空间扩展余地(或限制特定地区的发展)。

另一方面,城市在区域中的地位直接影响到城市的规模、功能等,从而形成城市形态布局的外部条件。在城市间关系更为紧密的大城市圈地区或大都市连绵带中,这种外部条件的作用就显得尤为突出。

在实际的规划中,必须从区域角度出发考虑城市布局问题,在空间上考虑如何应对城镇体系分工、等级划分、整体布局对城市所提出的要求,并为特定城市的性质、规模和布局给出较为科学准确的答案,即通常所说的从区域的角度审视城市,规划城市,解决城市问题。同时,也要考虑城市的职能、性质和规模对城市布局的影响,使所选择的城市布局形式能够保证城市的合理活动范围,获得最大的综合效益。

3. 依据交通体系,结构与形态互动

城市的发展离不开与外部的交流。铁路、公路、水运、航空等对外交通设施,一方面作为城市用地的一种,有其本身功能上的要求;另一方面它们作为城市设施,担负着与城市外部的交流与沟通,与城市中的其他功能之间有着密切的关系,并由此影响城市的总体布局。

区域交通设施对城市布局的影响主要体现在两个方面:一是其对城市用地扩展的限制,形成城市用地发展中的"门槛";另一个是其对城市用地发展的吸引作用。现实中这两种作用往往交织在一起,在城市发展的不同阶段体现为不同的侧重方面。

在具体的布局模式选择上,根据外部交通条件对城市的影响,考虑如何充分利用或如何突破"门槛"的限制。要考虑外部交通对城市用地发展及功能分配造成的影响,对不同性质的土地利用的吸引或排斥作用。例如,物流中心、仓储、工业等用地趋于接近对外交通设施,而居住用地等则需要与其保持一定的距离。同时,还要考虑外部交通条件对城市中心的形成、对城市道路交通系统的结构的影响,必须强调交通运输在形态选择中的重要作用,选择能使城市保持较高可达性的,并与各种运输枢纽配置相适应的形态。

同时,不同城市的交通体系与出行方式,尤其是公共交通的类型在很大程度上影响到城市总体布局。例如,在以路面公共汽车、自行车为主要出行手段的城市中,城市形态多为紧凑的集中布局;而在以快速轨道公共交通发达的城市中,城市通常沿交通线呈带状(指状)发展,或以交通节点(车站)为核心,形成类似于"葡萄串"状的形态布局。在以私人汽车为主要交通手段的城市中,城市中心多在沿高速公路或城市干道的地区形成;而在以轨道公共交通为主要出行方式的城市中,城市中心多位于轨道交通终点站或两条以上交通线路换乘点处。因此,城市的交通系统,包括道路网形态结构,轨道交通系统的形态结构,主要终点站、换乘站的布点等均对城市的总体布局产生影响。

4. 结合现状特征,功能与形态互适

来自城市内部功能的需求,是影响城市总体布局的主要内部因素。城市规划按照不同城市功能的需求(经济、社会、环境)以及与其他城市功能的关系,为其寻求最为适合的空间,做出城市功能在空间分布上的取舍,进而形成城市的总体布局。在这一过程中,对城市功能分布客观规律的掌握和顺应与建立在科学合理基础上的主观规划意志的体现同样重要。

首先,解构现状的城市功能与形态。城市形态具有多样性特征,各个城市现状形态是在各自的地理条件、历史发展过程和社会经济背景下,长期积累发展的结果,其结构形态中包含了许多合理的因素,选择城市进一步发展的形态模式时,必须充分了解历史上形成的现存城市形态,分析城市形态形成发展过程,对历史环境做出准确而又细致的评价,根据城市新旧功能变更的情况,谨慎而又灵活地对待城市的历史形态。改造它的消极方面,让原有结构重新参与到城市新的功能中,使其与当代城市社会经济生活相适应。

其次,选取合理的城市中心。城市中心的选择直接影响了城市的布局模式。城市中心包括了商业、商务、服务、娱乐等城市中最具活力和吸引力的功能,城市中心的功能构成、布局形态对城市总体布局具有相当程度的影响力,通常,城市中心的布局与城市总体布局是一种互动的关系,城市中心的布局会影响城市的总体布局,带动城市的发展。在传统经济模式下,甚至可以认为城市各项功能的运转在很大程度上是围绕城市中心功能所展开的。

最后,要注重城市产业用地的布局。在诸项城市功能中,城市的生产功能是现代城市存在与发展的根本原因和基础,占据着重要的地位。特别是在以第二产业为主的城市中,工业用地在城市总体布局中占据了主要的位置,并影响了城市的总体布局。

特色产业对城市布局的影响

当某种特定产业成为城市主导产业时,其对城市的布局形态也会造成较大影响,形成具有特色的城市布局形态。例如,在张家界、杭州、桂林、屯溪等旅游业发达的城市中,机场、车站等城市对外交通设施,住宿接待、娱乐购物等旅游相关设施以及联系城市与景区间的快速通道等在城市布局中占有重要的地位,是城市布局中应优先考虑的内容。再如,一些矿业城市中的城市用地组团沿矿区的分布散布在一个较大的范围中,形成较为松散的组群式城市布局形态,如淮南、大庆等。

5. 贯穿规划构思,形态灵活多样

城市总体布局一方面基于对自然条件、区域要素、外部交通条件、城市历史与现状等客观条件的分析,并在规划中给予有意识的组织和利用;但另一方面即使面对同样的客观条件,按照不同的规划设计主观意图所形成的城市总体布局也可以千差万别。因此,从某种意义上来说,城市总体布局也是城市整体设计意图的集中体现。这就要和前面的方案构思联系起来,方案构思贯穿城市总体布局的全过程。

在布局模式的选取上,既要考虑城市布局的科学性、合理性,也要重视城市总体的艺术布局。不应热衷于抽象模式,还要注意防止过分注重平面形式和构图而脱离实际的倾向,应精心安排城市的空间要素。规划工作的意义并不在于要表现和坚持某种设想和时髦的手法,而是要成为管理城市发展的可靠工具。因此它的任务也就不是把城市发展的生动过程硬塞进某种模式之中,而是要根据城市建设的实际情况,使这个逐步实现的过程与远景目标相一致。因此,根据前期的规划构思,有目的地形成未来的城市形态,不能脱离具体的景观系统去组织空间要素,以避免城市形态的千篇一律。要根据每个城市的具体情况,重点关注城市干道等所形成的城市骨架,城市中心区、各功能区的空间布局,以及由公园、绿地、广场以及水面等组成的城市开敞空间的组织。结合城市的地形地貌、植被、水面等自然条件，通过对上述要素做出的统一安排，创造出灵活多样的、具有特色的城市风貌。

　　城市的发展由于建设条件各异，不存在通用的、最好的发展模式。一个城市布局艺术的形成，要因各个城市的具体条件而定，有山因山，有水因水，因山水地势之规律组织到艺术布局中去，有文化古迹、风景名胜的条件更应充分加以利用。在城市道路的走向、市中心布局和城市轴线的构思上，多考虑对景、借景、风景视线的要求，并加强绿化建设，以丰富城市的面貌。城市总体艺术布局只要因地制宜，充分挖掘与发扬当地所长，继承传统，推陈出新，则不难创造出具有鲜明个性的、独特的城市风貌。

　　随着生产力的发展和科学技术的进步，城市布局形式也是在不断变化发展的。从集中布局到分散布局，是现代城市结构发展演变的趋势，特别是对于大中城市尤其是这样。城市空间结构也逐步由向心结构转向离心结构，由单心结构转向多心结构。在布局模式选择时，尽可能考虑到这些变化因素，在现有认识水平上，抓住主要影响因素（城市发展规模、自然地形条件、现有基础等），加以合理确定，具体情况具体分析，因地创立，灵活掌握，并有一定的弹性。

规划布局的总体结构与形态应把握的要点

　　（1）紧凑发展。城市布局的最紧凑的结构形态是摊大饼式布局。对于大多数中小城市来说，这应该是它们未来发展的一个基本选择。当然这样说绝不意味着这种选择是唯一的。事实上，由于地形的限制，带形、组团式布局的城市也是时常可见的。但这类城市也应该注意在发展过程中保持一个相对紧凑的布局结构与形态。

　　（2）对地形地物的充分利用。城市的布局结构与形态，应建立在对所处环境的尊重与体现上，这样一方面可以节省建设投资，另一方面容易形成城市的布局特色，第三方面它体现了一种现代的自然观、生态观及文化观，即使在城市中，人与自然也应该保持一种良好的关系：城市虽然是人工的，但它应该是一种"人化的自然"，城市应该是从自然中生长出来的；城市所在地原有的环境，应该是城市的生命之源。因此，城市应该体现出它的生长载体对于它作为有机体的作用的生命印记。

　　（3）土地的混合使用。城市布局在重视功能分区划分的同时，对于各类用地尤其是生产性用地不要过于集中，而是相对集中，充分考虑城市发展过程中各类用地的相对均衡化。城市用地一方面要考虑集聚效益，另一方面要考虑综合的使用效率，因此，在对于城市的整体结构以及城市环境没有实质影响的情况下，土地的混合使用是使城市保持生气、可持续发展的重要一点。

——摘自《生长型规划布局》

三、总体布局的思路

（一）总体布局的原则

城市总体布局原则与具体注释详见表6-6。

表 6-6　城市总体布局原则

布局原则	注释
持续发展原则	在城市总体布局中,要着眼全局和长远利益,用长远的眼光,对未来城市发展趋势做出科学、合理和较为准确的预测,力求以人为中心的经济—社会—自然复合系统的持续发展
城乡融合原则	城乡融合、协调发展,力求系统综合、时空发展有序,城市和乡村布局上合理,功能上既有分工,又有合作,避免盲目发展和重复建设
区域整体原则	对内处理好各城市功能之间的关系,对外从区域角度审视与处理好城市与周围地区的关系,而取得城市整体发展上的平衡和最优,实现区域整体发展和城市经济、社会、环境、文化综合发展
集约紧凑原则	兼顾城市发展理想与现实,科学合理地组织城市用地功能。通过对城市土地使用进行科学、合理的配置,寻求城市土地使用的集约效益,寻求城市发展的长远利益和城市经济社会环境的综合效益
优化环境原则	充分利用自然资源及条件,科学布局,合理安排各项用地,保护生态,优化环境,力求使城市布局结构清晰、交通便捷、环境协调
因地制宜原则	有利生产、方便生活,合理安排居民住宅、乡镇工业及城市公共服务设施,因地制宜,突出城市个性及特色
弹性有序原则	合理组织功能分区,统筹部署各项建设,处理好近期建设与远景发展关系,留有弹性和发展余地,使城市发展的各个阶段建设有序,整体协调发展

（二）总体布局的基本要求

不同城市的总体布局各不相同,但其布局的总体要求还是一致的。在城市总体布局中一般要考虑以下几个基本要求:

1. 立足全局、讲求效益

由于城市总体布局的综合性很强,要着眼全局和长远利益,立足于城市全局,符合国家、区域和城市自身的根本利益和长远发展的要求。城市总体布局的形成与发展取决于城市所在地域的自然环境、交通运输和科技发展水平等因素,同时也必然受到国家政治、经济、科学技术等发展阶段与政策的作用。

全局观的另一种体现就是要用长远的眼光,对未来城市发展趋势做出科学、合理和较为准确的预测。城市总体布局的全局观还体现在对城市主要问题和矛盾的把握上。要努力找出并抓住规划期内城市建设发展的主要矛盾,作为进行总体规划的构思切入点。要在综合分析中,分清主次,抓住主要矛盾,进而促成各组成要素的有序布局。

2. 集中紧凑、节约用地

城市总体布局在充分发挥城市正常功能的前提下应力争布局的集中紧凑。这样做不仅可以节约用地,缩短各类工程管线和道路的长度,节约城市建设投资,有利于城市运营,方便城市管理,而且又可以减少居民上下班的交通路程和时间消耗,减轻城市交通压力,有利于城市生产,方便居民生活;城市总体布局能否集中紧凑是检验规划是否经济合理的重要标志。当然集中的程度、紧凑的密度,应视城市性质、规模和城市自然环境等条件而定,不能增加解决工作、居住、游憩、交通乃至环境污染等一系列问题的难度与复杂性。此外,城市总体布局要十分珍惜有限的土地资源,尽量少占农田,不占良田,兼顾城乡,统筹安排农业用地和城市建设用地,促进城乡共同繁荣。

3. 结构清晰、交通便捷

城市规划用地结构清晰是城市用地功能组织合理性的一个标志,它要求城市各主要用地功能明确,各用地间相互协调,同时有安全便捷的联系。要根据城市各组成要素布局的总构思,明确城市主导发展和次要发展的内容,明确用地的发展方向及相互关系,在此基础上勾画城市规划结构图,为城市的各主要组成部分(工业、仓库、对外交通运输、生活居住、市中心)的用地进行合理的组织和协调提供框架,并规划出道路的骨架,从而可以在综合平衡的基础上,把城市组织成一个有机的整体。

城市总体布局要充分利用自然地形、江河水系、城市道路、绿地林带等空间来划分功能明确、面积适当的各功能用地。城市总体布局应在明确道路系统分工的基础上促进城市交通的高效率,并使城市道路和对外交通设施与城市各组成要素之间均保持便捷的联系。

4. 近远结合、用旧图新

城市总体布局是城市发展与建设的战略部署,必须具备长远观点和具有科学预见性,力求科学合理、方向明确、留有余地。对于城市远期规划,要坚持从现实出发,对于城市近期建设规划,必须以城市远期规划为指导,以使方向明确,否则,近期建设规划将是盲目的,甚至可能造成城市布局的混乱而影响到远期规划目标的实现。城市近期建设要坚持紧凑、经济、现实,由内向外,由近及远,成片发展,并在各规划期内保持城市总体布局的相对完整性。

在对老城市的规划中,城市总体布局要把城市现状要素有机地组织进来,既要能充分利用城市现有物质基础发展城市新区,又要能为逐步调整或改造旧城区创造条件,这对于加快城市建设、节约城市建设的用地与投资均有十分重要的现实意义。在老城市总体布局中要防止两种错误倾向:其一是片面强调改造,过早大拆大迁,其结果就可能使城市原有建筑风格和文物古迹受损;其二是片面强调利用,完全迁就现状,其结果必然会使旧城区不合理的布局长期得不到调整,甚至阻碍城市的发展。

5. 保护生态、美化环境

城市总体布局要有利于城市环境的保护与改善,有利于创造优美的城市空间景观,提高城市的生活质量。在城市总体布局中,要十分注意保护城市地区范围内的生态平衡,力求避免或减少由于城市开发建设而带来的自然环境的生态失衡;要认真地选择城市水源地和污染物排放及处理场地的位置,防止天然水体和地下水源遭受污染;要慎重地安排污染严重的工厂企业的位置,防止由工业生产与交通运输所产生的废气污染与噪声干扰;要注意按照卫生防护的要求,在居住区与工业区、对外交通设施之间设置卫生防护林带;要注意加强城市绿化建设,尽可能将原有水面、森林、绿地有机地组织到城市中来,因地制宜地创造优美的城市环境;要注意城市公共活动中心位置的选择与名胜古迹、革命纪念地的保护,为美化城市奠定基础。

6. 理想现实、统筹兼顾

在进行城市总体布局时,还应充分考虑到城市的建设与发展是一个动态的过程。城市总体布局不仅要使城市在达到或接近规划目标时形成较为完整的布局结构,而且在城市的发展过程中也可以达到阶段性的平衡,实现有序发展。首先城市总体布局要为城市长远发展留出充分的余地。如果城市布局对远期或远景考虑不足,就会导致城市总体布局整体性和连续性下降,并内含隐性问题,进而影响城市长远的运行效率,造成城市长远发展中的结构性问题;而城市总体布局一味追求远期的理想状态,又可能导致城市近期建设无所适从,或城市构架过于庞大,造成城市建设投资的浪费。如何在兼顾城市远期发展理想与近期建设现实,并在两者之间取得平衡是问题的关键。此外,除少数城市在建设初期基本没有任何基础外,大部分城市都是在现有城市基础上发展起来的。城市总体布局也要解决城市发展中如何依托旧城区中的商业服务等城市中心功能与发展新城区的问题。

城市总体布局通常采用具体落实近期建设内容、控制远期建设用地和城市骨架的方法,在理想与现实之间、长远利益与当前效益之间取得相对的平衡。

(三) 城市总体布局的基本思路

城市活动概括起来主要有工作、居住、游憩、交通四个方面。城市总体布局就是要使城市用地功能组织建立在工业与居住等功能区的合理分布这一重要的基础之上,这就需要在城市总体布局中按照各类用地的功能要求以及相互之间的关系加以组织,使城市成为一个协调的有机整体。因此,城市总体布局任务的核心是城市用地功能组织,可通过以下五个方面内容来体现:

1. 按组群方式布置工业企业,形成城市工业区

由于现代化的工业组织形式和工业劳动组织的社会需要,无论在新城建设和旧城改造中,都力求将那些单独的、小型的、分散的工业企业按其性质、生产协作关系和管理系统组织成综合性的生产联合体,或按组群分工相对集中地布置成为工业区。而对于那些现代化的大型工业联合企业,则多数要求独立设置,建立生产生活综合区。无论是工业区或综合区,都要协调好其与水陆交通系统的配合,协调好工业区与居住区的方便联系,控制好工业区对居住区等功能区及对整个城市的环境干扰。

2. 按居住区、居住小区等组成梯级布置,形成城市生活居住区

在城市中,居民必然要根据生活居住的需要对城市住宅与公共服务设施有不同的要求。因此,城市生活居住区的规划布置应能最大限度地满足城市居民多方面和不同程度的生活需要。一般情况下城市生活居住区由若干个居住区组成,在集中布置大量住宅的同时,相应设置公共服务设施,并组成各级公共中心(包括市级、居住区级等中心),这种梯级组织形式能较好地满足城市居民生活居住的需求。

3. 配合城市各功能要素,组织城市绿化系统,建立各级休憩与游乐场所

居民的休憩与游乐场所,包括各种公共绿地、文化娱乐和体育设施等,应把它们合理地分散组织在城市中,在最大程度上方便居民使用。在城市总体布局中,既要考虑在市区(或居住区)内设置可供居民休憩与游乐的场所,也要考虑在市郊独立地段建立营地或设施,以满足城市居民的短期(如节假日、双休日、周末等)休憩与游乐活动。它们被布置在市区一般以综合性公园的形式出现,而被布置在市郊一般为森林公园、风景名胜区、夏令营地和大型游乐场等。

园林绿化是改善城市环境、调节小气候和构成休憩游乐场所的重要因素,应把它们均衡分布在城市各功能组成要素之中,并尽可能与郊区大片绿地(或农田)相连接,与江河湖海水系相联系,形成较为完整的城市绿化体系,充分发挥绿地在总体布局中的功能作用。

4. 按工作、居住、游憩等活动特点,组织公共建筑群,形成公共活动中心体系

城市公共活动中心通常是指城市主要公共建筑物分布最为集中的地段,是城市居民进行政治、经济、社会、文化等公共生活的中心，是城市居民活动十分频繁的地方。如何选择城市各类公共活动中心的位置以及安排什么内容，就成为城市总体布局的任务之一。

5. 按交通性质和交通速度，划分城市道路的类别，形成城市道路交通体系

在城市总体布局中，城市道路与交通体系的规划占有特别重要的地位。它的规划又必须与城市工业区和居住区等功能区的分布相关联，它的类别及等级划分又必须遵循现代交通运输对城市本身以及对道路系统的要求，即按各种道路交通性质和交通速度的不同，对城市道路按其从属关系分为若干类别。交通性道路中比如联系工业区、仓库区与对外交通设施的道路，以货运为主，要求高速；联系居住区与工业区或对外交通设施的道路，用于职工上下班，要求快速、安全；而城市生活性道路则是联系居住区与公共活动中心、休憩游乐场所的道路，以及它们各自内部的道路。此外，还有在城市外围穿越迂回的过境道路等等。在城市道路交通体系的规划布局中，还要考虑道路交叉口形式、交通广场和停车场位置等。

> **小结**
>
> 以上五个方面构成了城市总体布局任务的主要内容。城市总体布局就是要使城市用地功能组织建立在工业与居住等功能区的合理分布这一重要的基础之上，按此原理组织城市布局，就能使城市各部分之间有简捷而方便的联系，从而可最大限度地简化城市交通组织并节省交通时间；就能使城市建设有序合理，使城市各项功能得以充分发挥。
>
> 对城市的总体布局，要持辩证的观点，工作、居住、游憩等几大功能既相互依存，也相互干扰。例如工业区靠近居住区，交通联系便捷了，又往往要受到环境卫生条件的限制；工业相对集中布置，从相互间协作和生产经济性角度看是合理了，但又可能出现与居住区交通过远的矛盾；居住区分散布置，有利于接近城郊优美清洁的自然环境，但是会增加市政工程管线的长度，在城市基础设施建设的投资方面产生不经济；等等。总之，在城市总体布局的构思时，需要同时综合考虑这些相互有关联的问题，从总体布局的多方案比较中择优。

四、各项用地布局的深化

（一）各项用地功能组织及要点

城市规划中土地利用规划的根本任务就是根据各种城市活动的具体要求，为其提供规模适当、位置合理的土地。总体布局重点考虑城市的四大主要功能，即生产、生活、交通、游憩，城市规划需要按照各自对区位的需求，按照各类城市用地的分布规律，并综合考虑影响各种城市用地的位置及其相互之间关系的主要因素，明确提出城市土地利用的规划方案。其功能组织的要点、各种用地的位置及相互关系的确定，可以归纳为以下几种：

（1）各种用地所承载的功能对用地的要求。例如居住用地要求具有良好的环境，商业用地要求交通设施完备等。

（2）各种用地的经济承受能力。在市场环境下，各种用地所处位置及其相互之间的关系主要受经济因素影响。对地租（地价）承受能力强的用地种类，例如商业用地在区位竞争中通常处于有利地位。当商业用地规模需要扩大时，往往会侵入其临近的其他种类的用地，并取而代之。

（3）各种用地相互之间的关系。由于各类城市用地所承载的功能之间存在相互吸引、排斥、关联等不同的关系，城市用地之间也会相应地反映出这种关系。例如，大片集中的居住用地会吸引为居民日常生活服务的商业用地，而排斥有污染的工业用地或其他对环境有影响的用地。

（4）规划因素。虽然城市规划需要研究和掌握在市场作用下各类城市用地的分布规律，但这并不意味着对不同性质用地之间自由竞争的放任。城市规划所体现的基本精神恰恰是政府对市场经济的有限干预，以保证城市整体的公平、健康和有序。因此，城市规划的既定政策也是左右各种城市用地位置及相互关系的重要因素，对旧城以传统建筑形态为主的居住用地的保护就是最为典型的实例。

主要城市用地类型的空间分布特征详见表 6-7，用地功能组织的思路见图 6-12。

表 6-7　主要城市用地类型的空间分布特征

用地种类	功能要求	地租承受能力	与其他用地关系	在城市中的区位
居住用地	较便捷的交通条件、较完备的生活服务设施、良好的居住环境	中等、较低（不同类型居住用地对地租的承受能力相差较大）	与工业用地、商务用地等就业中心保持密切联系，但不受其干扰	从城市中心至郊区，分布范围较广
公共管理与公共服务设施用地	便捷的交通、良好的城市基础设施	较高	需要一定规模的居住用地作为其服务范围	城市中心、副中心或社区中心
工业用地	良好、廉价的交通运输条件，大面积平坦的土地	中等、较低	需要与居住用地之间保持便捷的交通，对城市其他种类的用地有一定的负面影响	下风向、下游的城市外围或郊外

资料来源：谭纵波. 城市规划［M］. 北京：清华大学出版社，2005.

规划实务速成口诀
- 文字图例先细读，再看风象与水流。商业中心人气足，交通便捷好服务。
- 良好地段给居住，上班不必跑长途。工业用地重运输，污染大户须防护。
- 易燃易爆要隔离，转运便利建仓储。公共绿地宜均布，滨水地带多种树。
- 旧区新区要兼顾，文化遗产多保护。干道骨架要清楚，两侧用地须相符。
- 道路间距宜适度，一般内密而外疏。港口须有疏港路，生活岸线要留足。
- 机场进城走快速，端侧净空须关注。高速公路不穿城，过境公路擦边溜。
- 客运站场宜深入，编组站场城外布。夏季凉风能导入，冬季寒风能阻住。
- 道路依山傍水走，相交尽量九十度。净污分置上下游，雨水尽量顺势流。
- 四通八达有出路，抗灾避难易救护。自然人文须借助，城市特色要突出。

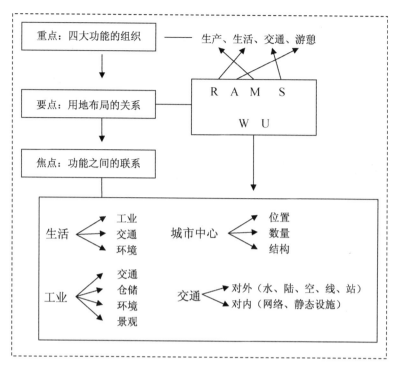

图 6-12　用地功能组织的思路

注:R 为居住用地;A 为公共管理与公共服务设施用地;M 为工业用地;S 为绿地与广场用地;W 为物流仓储用地;U 为公用设施用地。

(二)居住用地

1. 居住用地的选址

居住用地的选择关系到城市的功能布局,居民的生活质量与环境质量、建设经济与开发效益等多个方面。一般要考虑以下几方面要求:

(1)良好地段给居住。选择自然环境优良的地区,有着适于建筑的地形与工程地质条件。

(2)居住用地的选择应与城市总体布局结构及其就业区与商业中心等功能地域协调相对关系。

(3)居住用地选择要十分注重用地自身及用地周边的环境污染影响。

(4)居住用地选择应有适宜的规模与用地形状,以合理地组织居住生活和经济有效地配置公共服务设施等。

(5)在城市外围选择居住用地,要考虑与现有城区的功能结构关系,利用旧城区公共设施、就业设施,有利于密切新区与旧区的关系,节省居住区建设的初期投资。

(6)居住区用地选择要结合房产市场的需求趋向,考虑建设的可行性与效益。

(7)居住用地选择要注意留有余地。

2. 居住用地的规划布局

由于居住用地在城市用地中占有较大的比例,所以居住用地的分布形态与城市总体布局的形态往往是相同的。当城市用地受地形地质条件限制时,如在平原地区,城市用地布局形态大多是集中团状；当城市用地受地形地质条件限制较大或被河流、山川以及铁路等天然和人工建筑物分隔时，城市用地布局形态则多为带状、放射状。尤其在各种分散型的城市形态中，居住用地或与其他功能用地结合形成组团或片区，或独立成为以居住功能为主的组团。某些作为"卧城"的卫星城也可以看作是这种形态的一种特例。

城市居住用地在城市总体布局中的分布，主要有以下方式：

（1）集中布置

当城市规模不大，有足够的用地且在用地范围内无自然或人为的障碍，而可以成片紧凑地组织用地时，常采用这种布置方式。但在城市规模较大、居住用地过于大片密集布置，可能会造成上下班出行距离增加，疏远居住与自然的联系，从而影响居住生态质量等问题。

（2）组团、组群布置

当城市用地受到地形等自然条件的限制，或因城市的产业分布和道路交通设施的走向与网络的影响时，居住用地可采取分散成组的布置方式。

（3）轴向布置

当城市用地以中心地区为核心，居住用地或将产业用地与相配套的居住用地沿着多条由中心向外围放射的交通干线布置时，居住用地依托交通干线（如快速路、轨道交通线等），在适宜的出行距离范围内，赋以一定的组合形态，并逐步延展。城市用地分布的集中类型详见图 6-13。

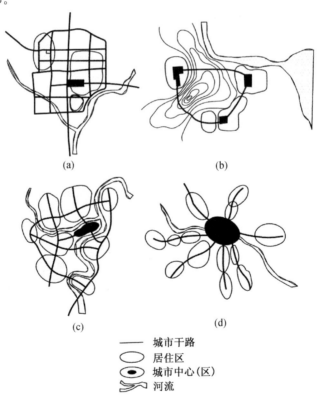

图 6-13　几种不同类型的城市居住用地分布

（a）集中式布局；（b）组群式布局；（c）组团式布局；（d）沿交通轴布局。

资料来源：谭纵波. 城市规划[M]. 北京：清华大学出版社，2005.

（三）公共管理与公共服务设施用地

1. 公共管理与公共服务设施用地的选址

（1）行政办公用地

① 通常多选择在城市中交通便利、人流集中、各种配套服务设施齐全、环境较好的地区。

② 在一些大城市的规划中可集中布置形成中央商务区（CBD），它往往选择位于城市的几何中心或交通枢纽附近。

③ 用地周围常在不同程度上布置商业服务及娱乐用地。

（2）文化设施用地

① 图书馆、博物馆、科技馆等图书展览设施用地，通常布置在市民便于到达、环境优美的地方。

② 综合文化活动中心、青少年宫、老年活动中心等文化活动设施用地，其选址通常倾向于所服务对象人口的重心（即服务对象人口到该设施的距离最短化），一般可考虑分片区设置。

（3）教育科研用地

① 各类大专院校，由于其占地规模巨大，可离城一定距离或在城市边缘，宜布置于城市周边交通较为便捷、环境优美的地区。

② 中学、小学、幼儿园、托儿所等，按一定半径整体布置，一般小学的服务半径为 500 m，中学为 1 000 m。

③ 科研用地可以与综合大学结合布置，利用人才优势，相互促进。

（4）体育用地

① 因占地较大，宜设于城市周边交通较为便捷的地方。

② 结合城市公共交通网络布置，提高瞬时疏解较大人流的能力。

③ 考虑综合停车问题，有足够的停车面积。

（5）医疗卫生用地

① 医院要求交通方便而环境优美，休疗养院宜布置在风景区。

② 各级医疗网点要按一定的服务半径均衡布置。

③ 卫生防疫及各类专门医院的布置按照其特殊要求进行。

（6）社会福利设施用地

① 养老院等宜布置在市区或郊区交通便利地段，以方便家人探望。

② 应布置在环境优美、安静处，可与城市步行系统相互联系。

（7）城市中心的选择

不同城市中心布局的特点：中小城市，集中、单中心、单级、综合；大城市、组团城市或带状城市，分散、多中心、多级、分工。

2. 公共管理与公共服务设施用地的规划布局

（1）总的布局要求

① 按照城市的性质与规模，组合功能与空间环境、建设内容与建设标准要与城市的发展目标相适应。

② 位置适中、布局合理。考虑设施各自的特点和合理的服务半径,配套完善,规模合理。

③ 与道路交通结合考虑,中心区交通重点考虑。城市中心区人、车汇集,交通集散量大,需要有良好的交通组织,以增强中心区的效能。

④ 利用原有基础,慎重对待城市传统商业中心。

⑤ 创建优美的公共中心景观环境。

(2) 公共管理与公共服务设施用地的布局

公共管理与公共服务设施用地布局的原则与要求详见表6-8。

表6-8　公共管理与公共服务设施用地的布局

原则	要求
公共管理与公共服务设施的项目要成套配置	一是对整个城市的各类公共管理与公共服务设施,应该配套齐全;二是在局部地段,如在公共活动中心,要根据它们的性质和服务对象,配置相互有联系的设施
按照与居民生活的密切程度确定合理的服务半径	服务半径的确定首先是从居民对公建方便使用的要求出发,同时要考虑到公共管理与公共服务设施经营的经济性与合理性。根据服务半径确定其服务范围大小及服务人数的多少,以此推算出公共管理与公共服务设施的规模
结合城市交通组织来考虑	公共管理与公共服务设施是人流、车流集散的点,尤其是一些吸引大量人流、车流的大型公共管理与公共服务设施,其分布要根据其使用性质及交通的状况,结合城市道路系统一并安排。除学校和医院以外,城市的公共管理与公共服务设施用地宜集中布置在位置适中、内外联系方便的地段。体育场、展示馆等需要与城市道路联结,并与城市公共交通系统结合起来,提高疏解人流的能力
根据公共管理与公共服务设施本身的特点及其对环境的要求进行布置	公共管理与公共服务设施本身既作为一个环境形成因素,同时它们的分布对周围环境也有所要求。如医疗卫生用地需要安静的外部环境,中小学也应布置在比较僻静的地段,不宜在交通频繁的城市干道或铁路干线附近设置,以免噪声干扰
考虑城市景观组织要求	公共管理与公共服务设施种类多,而且建筑的形体和立面也比较多样而丰富。因此,可通过不同的公共管理与公共服务设施和其他建筑的协调处理与布置,利用地形等其他条件,组织街景与景点,以创造具有地方风貌的城市景观
考虑合理的建设顺序	在按照规划进行分期建设的城市中,公共管理与公共服务设施的分布及其内容与规模的配置,应该与不同建设阶段城市的规模、建设的发展和居民生活条件的改善过程相适应,安排好公共设施项目的建设顺序,预留后期发展的用地
充分利用城市原有基础	注意保留优秀的地方传统的布置方式和建筑特点,适应城市的发展和现代城市生活的需要,因势利导地进行城市的改建、扩建,通过留、并、迁、转、补等措施对城市原有公共管理与公共服务设施进行调整与充实

资料来源:曹型荣,高毅存,等.城市规划实用指南[M].北京:机械工业出版社,2009.

(3) 城市公共中心的布置方式

① 布置在市(城)区中心地段。

② 结合原中心及现有建筑布置。

③ 结合主要干道布置。

④ 结合景观特色地段布置。

⑤ 围绕中心广场,形成步行区或一条街形式。

城市各类公共活动空间构成参见图 6-14,不同城市市中心位置的区别见图 6-15,在规划中的市中心与原有城市中心位置的差异详见图 6-16。

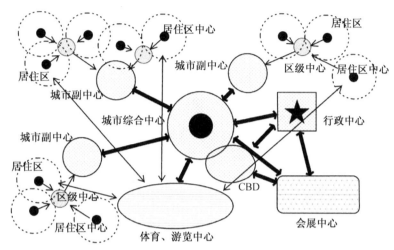

图 6-14　城市中各类公共活动中心构成

资料来源:谭纵波. 城市规划[M].北京:清华大学出版社,2005.

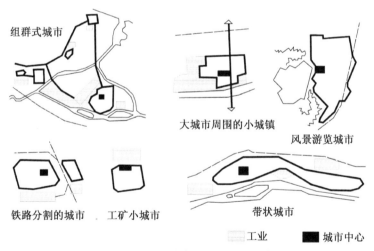

图 6-15　不同城市市中心位置示意图

(四)商业服务业设施用地

1. 商业服务业设施用地的选址

① 多选址分布于城市中交通便利、人流集中的地段。

② 商业服务业设施的聚集区按照专业化程度和居民利用的频率被分为不同的等级,

其用地成为分别构成相应级别城市中心的主体。

③ 商业金融用地一定要注意停车、环境、防火、公共厕所、垃圾站等问题。

④ 影剧院、大型游乐中心、赛马场等娱乐康体用地可选择市郊较为开阔地带。

⑤ 公用设施营业网点宜分散布置于各个生活片区,方便居民生活。

2. 商业服务业设施用地的规划布局

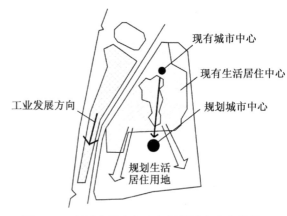

图 6-16　某城市原有中心与规划城市中心位置

商业服务业设施用地宜按市级、区级和地区级分级设置,形成相应等级和规模的商业金融中心。商业金融中心的规划布局应符合下列基本要求:

① 商业金融中心应以人口规模为依据合理布置,市级商业金融中心服务人口宜为50万—100万人,服务半径不宜超过 8 km;区级商业金融中心服务人口宜为 50 万人以下,服务半径不宜超过 4 km;地区级商业金融中心服务人口宜为 10 万人以下,服务半径不宜超过 1.5 km。

② 商业金融中心规划用地应具有良好的交通条件,但不宜沿城市交通主干路两侧布局,不利于行人安全,必要时可采取建设人形天桥、地下通道等解决人车矛盾,也可在道路一侧发展商业金融中心。

③ 在历史文化保护区不宜布局新的大型商业金融设施用地。

④ 商品批发市场宜根据所经营的商品门类选址布局,所经营商品对环境有污染时还应按照有关标准规定,规划安全防护距离。

(五) 工业用地

1. 工业用地的选址

影响工业用地选址的因素主要有两个方面:一个是工业生产自身的要求,包括用地条件、交通运输条件、能源条件、水源条件以及获得劳动力的条件等;另一个是是否与周围的用地兼容,并有进一步发展的空间。具体应注意以下几方面:

(1) 工业用地应根据其对生活环境的影响状况进行选址和布置,避开中心区、军事区、矿藏、文物古迹、生态、风景区、水利枢纽、其他重要设施。

(2) 一类工业用地可选择在居住用地或公共设施用地附近。

(3) 二类工业用地宜单独设置,并选择在常年最小风向频率的上风侧及河流的下游,并应符合国家现行标准《工业企业设计卫生标准》的有关规定。

(4) 三类工业用地应按环境保护的要求在城市边缘的独立地段上进行选址,并严禁在该地段内布置居住建筑,严禁在水源地和旅游区附近选址;工业用地与居住用地的距离应符合卫生防护距离标准。

(5) 对市(城)镇区内有污染的二类、三类工业必须进行治理或调整。

（6）工业用地应选择在靠近电源、水源和对外交通方便的地段；协作密切的生产项目应邻近布置，相互干扰的生产项目应予以分隔。

工业的分类

（1）按工业性质分类

按工业性质可分为冶金工业、电力工业、燃料工业、机械工业、化学工业、建材工业、电子工业、纺织工业等。

（2）按环境污染分类

一类：基本无干扰、污染（电子、缝纫、手工业）。

二类：有一定干扰和污染（食品、医药、纺织）。

三类：严重干扰和污染（化学工业、冶金工业、放射性、剧毒性、有爆炸危险性）。

事实上，这两种分类之间存在着一定的关联。在考虑工业用地规模时，通常按照工业性质进行分类，而在考虑工业用地布局时则更倾向于按照工业污染程度进行分类。在我国现行用地分类标准中，工业用地按照其产生污染和干扰的程度，被分为由轻至重的一类、二类、三类。

不同类型的工业用地布置详见图6-17。

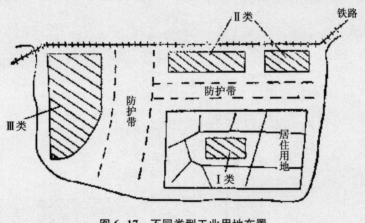

图6-17　不同类型工业用地布置

2. 工业用地的规划布局

（1）工业用地的布局要点

① 工业与居住用地布局。工业区与居住区具体布置，应有利于职工步行上下班，工业与居住区若即若离，避免单向交通，防止工业区包围城市。

② 工业用地注重运输联系。工业区与居住区间有方便的联系，职工上下班有便捷的交通条件。有协作的工厂，应就近集中布置，分片分区、就近协作，可减少生产过程中的转运，降低生产成本，减少对城市交通的压力，形成产业链。

对外交通的工厂，通常建在城市边缘地段，可合理组织工厂出入口与厂外道路的交叉，避免过多干扰对外交通。

③ 减少工业用地对城市环境的影响。避免工业区对居住区的干扰、污染。如将易造

成大气污染的工业用地布置在城市下风向;将易造成水体污染的工业用地布置在城市下游;在工业用地周围设置绿化隔离带;化工业、冶金业工厂与城市保持距离,设防护带500—800 m;有害气体工业不宜过分集中等。

④ 旧城工业布局调整。旧城区往往面临着居住区与工业区混杂、工厂布局混乱问题等,要对旧城工业布局进行调整,主要采取的措施为留、改、并、迁等。对分散几处的,要调整集中或创造条件迁址新建。

(2) 工业用地的布局形式

工业用地的布局对城市的总体布局和城市的发展有很大的影响。除与其他种类的城市用地交错布局形成的混合用途区域中的工业用地外,常见的工业用地在城市中的布局有以下几种:

① 工业用地位于城市特定地区

工业用地相对集中地位于城市中某一方位上形成工业区,或者分布于城市周边。通常中小城市中的工业用地多呈此种形态布局,其特点是总体规模较小,与生活居住用地之间具有较密切的联系,但容易造成污染,并且当城市进一步发展时,有可能形成工业用地与生活居住用地相间的情况。

• 将工业区配置在居住用地的周围(图 6-18、图 6-19)。

居住用地
工业用地

图 6-18 在居住用地周围配置工业区的布局形式

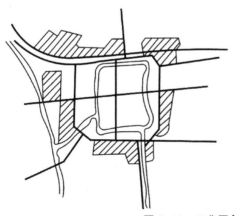

这种布置方式可以减轻工业的大量运输对城市的干扰,但由于工业区已将城市包围,会使城市在任何一种风向下受到工业排放的有害气体的污染,而且城市的发展受到限制,因而这种布置方式是不恰当的。

图 6-19 工业区包围城市的布局形式

- 将工业区布置在居住区的中心(图 6-20)。

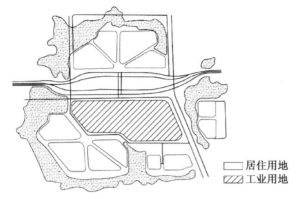

这种布置形式容易使居住区受工业区的污染,同时工业运输穿越居住用地,易产生交通阻塞和不安全,工业区的发展也会受到影响,因而这一形式也是不恰当的。

□ 居住用地
▨ 工业用地

图 6-20　工业区位于居住区中心的布局形式

- 将工业区布置在居住用地的一边(图 6-21)。

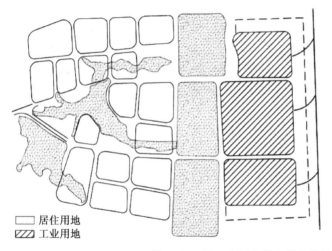

这是一种比较好的布置方式,适宜于中小城市的工业布局。
这种方式可使居住地和工业区之间有方便的联系,工业区和居住用地可以独立地发展。但要处理好工业区与外部交通关系。

□ 居住用地
▨ 工业用地

图 6-21　把工业区布置在居住用地一边的布局形式

② 工业用地与其他用地形成组团

无论是由于地形条件所致,还是随城市不同发展时期逐渐形成,工业用地与生活居住等其他种类的用地一起形成相对明确的组团。这种情况常见于大城市或山区及丘陵地区的城市,其优点是在一定程度上平衡组团内的就业和居住,但由于在不同程度上存在工业用地与其他用地交叉布局的情况,不利于局部污染的防范。城市整体的污染防范可以通过调整各组团中的工业门类来实现。

- 有机结合的组团布局(图 6-22)。
- 工业区与其他用地交叉布局(图 6-23)。

③ 工业园或独立的工业卫星城

与组团式的工业用地布局相似,在工业园或独立的工业卫星城中,通常也带有相关的配套生活居住用地。工业园尤其是独立的工业卫星城中各项配套设施更加完备,有时可做到基本上不依赖主城区,但与主城区有快速便捷的交通相连。

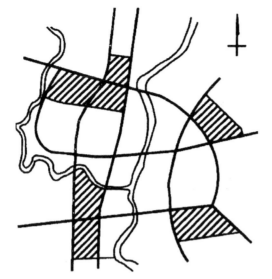

工业区布置结合地形，与其他用地呈间隔式交叉布置。这种方式有利于充分利用地形，并能根据工业污染的不同情况，分别考虑风向和河流上下游等关系合理布置工业用地。但这种方式不容易组织好交通，尤其是沿交通干线布置的城镇，容易造成交通与城镇的相互干扰。

图 6-22　工业区呈组团布局形式

将工业布局形成几个组团，每个组团内既有工业企业又有生活居住区，使生产与生活有机地结合起来。这种方式较好地解决了工业用地与其他功能用地之间的联系，但要求工业企业对环境的污染较小。

图 6-23　工业区与居住区交叉布局形式

- 在多个居住区组群之中建立一个大工业区（图 6-24）。

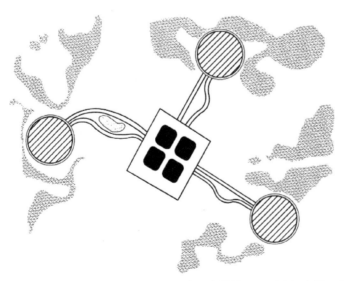

在多个居住区组群之中建立一个大工业区，结合现状的地形条件，有时可布置得较为合理。

图 6-24　在几个居住区组群中间布置工业的布局形式

- 将工业区和居住用地布置成综合区(图6-25)。

> 将工业区和居住用地综合布置,这种将工业区和居住用地布置成综合区的形式适宜于在大城市中采用。

----→ 货流　　——→ 人流

图6-25　综合性工业—居住用地布置示例

- 工业卫星城镇(图6-26)。

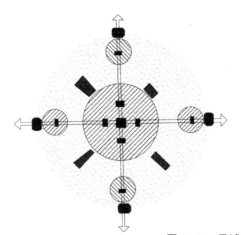

> 这种布置方式多见于大城市、特大城市的工业布局,主要用来控制城市发展规模、解决母城的压力、改善城市环境。

图6-26　母城带卫星城状布置方式示意图

④ 工业地带

当某一区域内的工业城市数量、密度与规模发展到一定程度时就形成了工业地带。这些工业城市之间分工合作,联系密切,但各自独立并相对独立等(图6-27)。

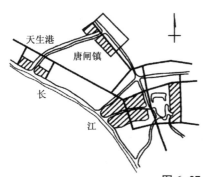

> 这种布置方式多见于大城市带、城镇连绵区的工业布局,各城市(镇)的工业布局沿着主要的交通轴线发展,聚集形成工业发展带。

图6-27　工业区呈组群式布局形式

（六）物流仓储用地

1. 物流仓储用地的选址

（1）地势较高且平坦，但有利于排水的坡度、地下水位低、地标承载力强。

（2）避开居住区、重要交通枢纽、重要设施、机场、重要水利工程矿区、军事目标和其他选址。

（3）具有便利的交通运输条件等。

2. 物流仓储用地的规划布局

小城市宜设置独立的地区来布置各种性质的仓库，如在城市边缘，靠近铁路站、公路或河流，便于城乡集散运输。

大中城市仓储区的分布应采用集中与分散相结合的方式。可按照专业将仓库组织成各类仓库区，并配置相应的专用线、工程设施和公用设备，并按它们各自的特点与要求，在城市中适当分散地布置在恰当的位置。

（1）储备仓库一般应设在城市郊区、远郊、水陆交通条件方便的地方，有专用的独立地段。

（2）转运仓库设在城市边缘或郊区，并与铁路、港口等对外交通设施紧密结合。

（3）收购仓库如属农副产品当地土产收购的仓库，应设在货源来向的郊区入城干道口或水运必经的入口处。

（4）供应仓库或一般性综合仓库要求接近其供应的地区，可布置在使用仓库的地区内或附近地段，并具有方便的市内交通运输条件。

（5）危险品仓库如易爆和剧毒等危险品仓库，要布置在城市远郊的独立特殊专门用地上，最好在城市地形的低处，有一定的天然或人工防护措施，但要注意应与使用单位所在位置方向一致，避免运输时穿越城市。

（6）冷藏仓库设备多、容积大，需要大量运输，往往结合有屠宰场、加工厂、毛皮厂布置。

（7）蔬菜仓库应设于城市市区边缘通向市郊的干道入口处，不宜过分集中。

（8）木材仓库、建筑材料仓库运输量大、用地大，常设于城郊对外交通运输线或河流附近；燃料及易燃材料仓库如石油、煤炭、木柴及其他易燃物品仓库，应满足防火要求，布置在郊区的独立地段。

仓库在小城市中的布局详见图6-28。

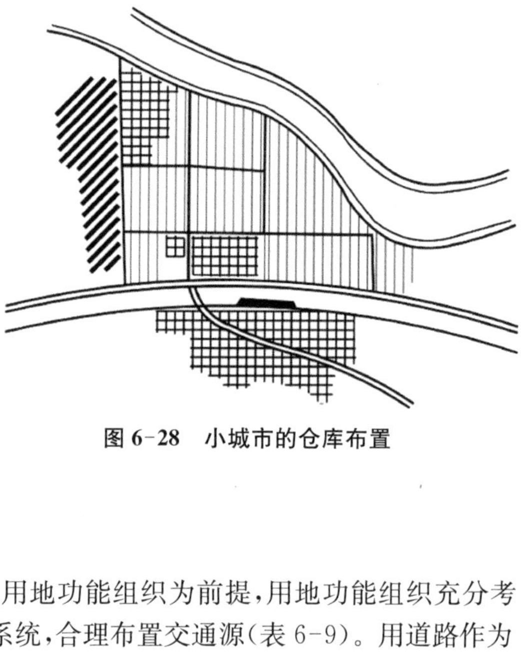

图6-28 小城市的仓库布置

（七）道路与交通设施用地

1. 城市道路系统布置的基本要求

（1）满足城市用地功能组织的要求。以用地功能组织为前提，用地功能组织充分考虑城市交通的形成与组织，建立完整的道路系统，合理布置交通源（表6-9）。用道路作为

表 6-9 主要道路技术指标

	路网间距(m)	红线宽度(m)
快速路	1 500—2 500	60—100
主干道	700—1 200	40—70
次干道	350—500	30—50
支路	150—250	20—30

联系、划分城市各分区、组团及各类用地的骨架,组织城市景观。

(2)满足交通运输要求。以毗邻用地的功能决定道路性质,进行道路分类,道路功能同毗邻用地性质相符。道路系统完整、线形顺畅、网络合理,分布均衡。有利于实现快速与常规、交通性与生活性、机动与非机动交通的分流,实现车与人的分离。与对外交通衔接得当,实现内外有别,场站之间联系方便。

(3)满足城市环境和景观要求。如朝向、主导风向、过境道路穿越、噪声等城市环境要求。满足与自然环境结合、与人文景观结合,尽量丰富城市景观,避免单调。

(4)满足管线布置的要求。满足地面排水、管线敷设、地下空间使用等要求。

(5)在满足基本技术要求的前提下,充分利用和结合地形,减少工程量。

2. 布局要点

(1)根据城市之间的联系和城市各项用地的功能、交通流量,结合自然条件与现状特点确定道路交通系统,并有利于建筑布置和管线敷设。

(2)城市道路应根据其道路现状和规划布局的要求,按道路的功能性质进行合理布置,并应符合下列规定:① 连接工厂、仓库、车站、码头、货场等的道路不应穿越城市的中心地段。② 位于文化娱乐、商业服务等大型公共建筑前的路段应设置必要的人流集散场地、绿地和停车场地。③ 商业、文化、服务设施集中的路段可布置为商业步行街,禁止机动车穿越;路口处应设置停车场。④ 汽车专用公路,一般公路中的二三级公路不应从城市内部穿过;对已在公路两侧形成的城市用地应进行调整。⑤ 山区城市的道路应尽量结合自然地形,做到主次分明、区别对待;其道路网形式一般多采用枝状尽端式、之字式或环形螺旋式系统。

(3)各级道路衔接原则:低速让高速;次要让主要;生活性让交通性;适当分离在不同街区也各有所侧重。应避免畸形路口($>60°$,$<120°$,多路交叉)。

(4)对外交通道路与城市道路网的连接:① 一般公路可以直接与城市外围的干道相连,要避免与直通城市中心的干道相连。② 高速公路则应采用立体交叉、联络线连接城市快速道路网(大城市和特大城市)和城市外围交通干道,中小城市与高速公路一般设一个出入口,大城市设两个以上的出入口。③ 高速公路不得直接与城市生活性道路和交通性次干道相连。对于特大城市,高速公路应在城市外围,同城市主要快速交通环路相连,通过城市中心地区可采用高架或地下道的方式。

3. 路网类型

城市道路网的形式分类、特征及优缺点详见表 6-10。

表 6-10　城市道路网形式及比较分析

形式分类	特征	优点	缺点
方格网式	道路以直线型为主,呈方格网状。适用于平原地区	街坊排列整齐,有利于建筑物的布置和方向识别,车流分布均匀,不会造成对城市中心区的交通压力	交通分散,不能明显地划分主干路,限制了主、次干路的明确分工,对角方向的交通联系不便,行驶距离较长
环形放射式	由放射干道和环形干道组合形成,放射干道担负对外交通联系,环形干道担负各区间的交通联系。适用于平原地区	对外对内交通联系便捷,线形易于结合自然地形和现状,有利于形成强烈的城市景观	易造成城市中心区交通拥堵,交通机动性差,在城市中心区易造成不规则的小区和街坊
自由式	一般依地形而布置,路线弯曲自然。适用于山区	充分结合自然地形布置城市干道,节约建设投资,街道景观丰富多变	路线弯曲,方向多变,曲线系数较大,易形成许多不规则的街坊,影响工程管线的布置
混合式	由前几种形式组合而成。适用于各类地形	可以有效地考虑自然条件和历史条件,吸取各种形式的优点,因地制宜地组织好城市交通	—

4. 对外交通设施布局要点

(1) 铁路

① 铁路应从城市边缘通过,不应包围或分割城市。

② 铁路场站在城市中的布置数量和位置与城市的性质、规模、地形、总体布局、铁路方向等因素有关。

③ 铁路客运站场在城市中的布置:位置在中小城市边缘,一般有 1 处;大城市要深入,在中心区边缘,有 2—3 处。一般距市中心 2—3 km。

④ 交通组织:必须有主干路连至市中心、码头、长途客运站等,便于换乘。

(2) 公路

① 特点:等级越高越远,等级越低越近。如高速公路要在城市外围,远离城市选线。

② 与城市的关系:穿、绕。

③ 大城市宜与城市交通密集地区相切而过,不宜深入区内;特大城市利用中心区外围环路,不必穿越市中心区。

④ 公路与城市道路各成系统,互不干扰,从城市功能分区之间通过,与城市不直接接触,而在一定的入口处与城市道路连接。不得将公路当作市干道。而出入口的选择,要靠近城市,与城市联系方便。公路与城市连接的方式参见图 6-29。

(3) 长途汽车站

① 客运站:市(城)区长途汽车站的选址要与公路连接通顺,与公共中心联系便捷,并与码头、铁路站场密切配合。客运站在城市中的布置见图 6-30。

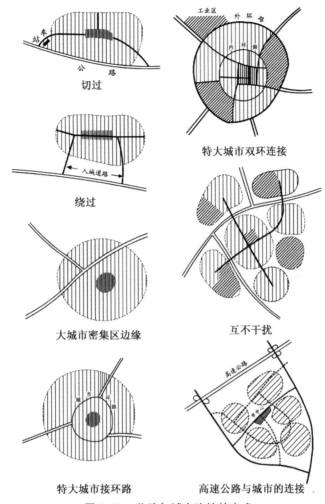

图 6-29 公路与城市连接的方式

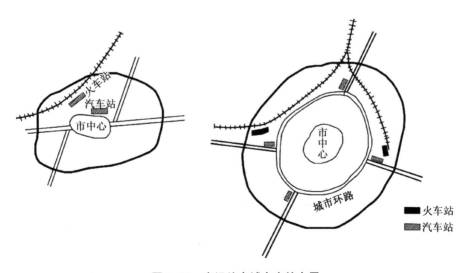

图 6-30 客运站在城市中的布置

资料来源:邵艳丽,田莉.城市总体规划原理[M].北京:中国人民大学出版社,2013.

中小城市：可与铁路站结合在一起，一般为一处。

大城市：按方向多方位布置，注意与城市干道联系。

② 货运站：货运站场宜布置在城市外围入口处，最好与中转性仓库、铁路货场、水运码头等有便捷的联系。

在城市设置的一般综合性货运站或货场，其位置应接近工业和仓库区，并尽量减少对城市的干扰。

供应生活物品的应在市中心边缘。

中转货物应在仓储区、铁路货站、货运码头附近。

（4）港口

沿江河湖海的城市的港口规划要按照"深水深用、浅水浅用"的原则，结合城市用地的功能组织对岸线做全面安排。港口分为水域与陆域两大部分，布置要求：水域供船舶航行、运转、停泊、水上装卸等作业活动使用，它要求有一定的水深和面积，且风平浪静。陆域是供旅客上下和货物装卸、存放、转载等作业活动使用，它要求有一定的岸线长度、纵深与高程，同时要留出城市居民游憩的生活岸线。

（5）航空港

航空港的选址关系到航空港本身与整个城市的社会、经济、环境效益，必须尽可能有预见性地、全面地考虑各方面因素的影响，以使其位置有较长远的适应性，发挥其更大的效益。

① 选址应尽量使跑道轴线方向尽量避免穿越城市市区，最好在城市侧面相切的位置，这种情况下，跑道中心线与城市市区边缘的最小距离为 5—7 km 即可，若跑道中线穿越城市，则跑道靠近城市的一端与城市市区边缘的距离至少应在 15 km 以上。

② 噪声强度沿跑道轴线扩展，跑道侧面噪声的影响范围小得多，因此，城市建设区（尤其生活居住区）应尽量避免布置在机场跑道轴线方向，且居住区边缘与跑道侧面的距离最好在 5 km 以上。

③ 在以一个城市为中心的周围地区设置多个机场的，机场之间要保持一定的距离，以避免空域交叉干扰，在选址时，可考虑与相邻城市共同使用。

④ 综合考虑航空港与城市陆域之间的交通联系，利用公共交通、地铁、高速列车等方式，缩短地、空交通时间比例。

（八）公用设施用地

公用设施用地主要包括供水、供电、供热、燃气、通信、排水、环卫、消防以及防护设施等用地，如自来水厂、变电站、污水处理厂、公厕、消防站、防洪堤等，是为了满足城市居民的日常生活、保障城市正常运行的基础设施，主要的布置要求主要有以下方面：

① 与居民日常生活联系密切的设施用地，如邮局、公厕等应根据居民需要布置在可便捷到达的地段，并在合理的服务半径确定下，基本覆盖具体区域。

② 对居民生活及城市运转等产生噪声、环境等污染的设施，如污水处理厂、发电站等，应与城市市区保持一定距离，或通过与防护绿地的结合布置来减少对城市的影响。

③ 根据自身功能的具体需要，选择合适的地理位置，如地表取水设施应设在上游清洁河段，而污水处理厂则必须位于给水水源的下游，与排水管道系统布置。

④ 火电站等对货运需求量较大的设施应与城市货运交通结合考虑。

⑤ 远近结合,为城市未来发展留有余地。

(九)绿地与广场用地

1. 绿地与广场用地的选址

(1)绿地与广场用地主要内容

绿地与广场用地分为公园绿地、防护绿地和广场绿地。公园绿地应均衡分布,形成完整的园林绿地系统;防护绿地应结合城市主要干道、高压线走廊、工厂等布置;广场绿地应结合公共绿地、城市中心、纪念性场所等综合布置。

(2)公园绿地布置应考虑的因素

① 应结合河湖山川、道路系统及居住用地的布局综合考虑,使居民方便到达和使用。

② 充分利用不宜于工程建设及农业生产的用地,以及起伏变化较大的坡地布置公园。

③ 可选择在河湖沿岸景色优美的地段,充分发挥水面的作用,有利于改善城市小气候,增加公园的景色,开展各项水上活动,有利于地面排水。

④ 可选址于树木较多和有古树的地段。

⑤ 可选址于名胜古迹及革命历史文物的所在地。

⑥ 用地应考虑将来的发展余地。

⑦ 街头绿地的选址应方便居民使用。

(3)防护绿地的布置应充分起到卫生、隔离、安全以及防护的作用

对一些有污染或靠近居住区的工业、高压线走廊、城市快速路、高速路两旁等区域按照不同的标准要求,设置不同宽度的防护绿化带。

(4)广场绿地布置要点

若是以游憩、纪念、集会和避险为主的城市公共活动场地,可结合公共绿地、历史地段、商业中心等形成不同主题与功能的广场绿地,具有集散功能的广场绿地应避免与城市主要交通干道有直接联系,避免人流车流冲突;起避险作用的广场绿地应与城市救灾系统联合考虑,并选择地质条件较好地段,尽量避免周围有较高建筑遮挡。

2. 绿地与广场用地的规划布局

城市绿地的规划形态,要结合城市用地自然条件的分析,因地制宜地使各项功能绿地的分布各得其所。

城市绿地规划与布置要作为城市景观环境构筑的基本素材、构件和手段,充分利用城市的山水林木等的自然基础,通过绿化、建筑和自然地理特征的有机组合,塑造具有美学价值的城市景观,强化城市空间环境的个性。同时要结合城市的历史文化传统,充实和体现城市景观的文化内涵,提高城市的文化品位。具体规划布局应注意的几点:

(1)构筑城乡一体的生态绿化系统

城市绿地的规划布置要从全局着眼,构筑城乡一体并联结区域的关联环境,布局中注意结合现有因素,点线面结合,形成整体分级系统。

绿地系统应强调的几点

（1）系统性。在城市的布局中，不同的布局方式、不同的绿化种类要齐全，形成一个与城市的布局结构联系密切且自身相对完整的"绿化结构"。

（2）均衡性。各类绿地的布局根据不同的用地性质，以不同的方式"均衡"地散布在城市的各种用地上。这里，均衡是一个相对的概念，它是针对不同性质的用地对绿化（绿地）的需求方式而言的。

（3）亲民性。绿地系统应以满足城市居民（及外来人口）日常的不同方式的使用为根本宗旨，采用各种技术手段、管理手段，保证不同年龄、不同职业、不同收入的人群对于绿化的使用、观赏的不同需求。

（4）因地制宜。除了与城市整体结构有一个良好的关系，城市绿地系统更强调与自然环境密切结合，即通过充分把握城市自然环境的特点来形成具有自身特点的、结合了原有山水的绿化系统，并从这个角度形成城市的布局特色。

（2）建构城市开敞空间系统

可结合广场、水体、公共设施用地布置，形成开敞空间体系。

（3）形成完善的绿地系统

绿化服务半径合理，布局均匀，形成点、线、面的整体特点，形成完善的绿地系统。

城市绿地系统构成

城市绿地系统构成包含有功能构成、分级构成和形态构成多方面内容。

（1）绿地系统的功能构成。城市绿地系统可以由多样的功能绿地进行系统的组合，也可以由不同的功能绿地子系统合成总体的功能系统。后者如生态绿地子系统，旅游休闲绿地系统，娱乐、运动绿地子系统，景观绿地子系统以及防护绿地子系统等。

（2）绿地系统的分级构成。按照城市的用地结构形成不同规模的服务范围，城市某些功能绿地可以对应地进行分级配置。如在居住地区可有宅旁绿地、住宅组团绿地、居住小区公园、居住区公园以至于更大范围的居住地区公园等。

（3）绿地系统的形态构成。城市绿地以多种形态要素，结合城市布局结构和城市发展的需要，呈现多样的形态构成特征。绿地形态要素主要有以下四种：

点状绿地：是指集中成块的绿地，如大小不同规模的公园或块状绿地，或是一个绿化广场、一个儿童游戏场绿地等。

带状绿地：是城市沿河岸，或街道，或景观通道等的绿色地带，也包括有在城市外缘或工业地区侧边的防护林带。

楔形绿地：是以自然的绿色空间楔入城区，以便居民接近自然，同时有利于城市与自然环境的融合，提高生态质量。

环状绿地：在城市内部或城市的外缘布置环状的绿道或绿带，用以连接沿线的公园等绿地，或是以宽阔的绿环限制城市向外进一步蔓延和扩展等。

（4）注重防护绿地与生态绿地的布局

① 防护绿地：防护绿地的作用是隔离和减轻工厂有害气体、烟尘、噪声对城市其他用地的污染，以保持环境洁净。可布置在工业用地、仓储用地周围，形成绿地布局中"线"的因素。

② 生态绿地：生态绿地于城市建设用地以外，其作用是使城市地区能够保持一种与自然生态良好结合的环境，有利于生物多样性保护，丰富城市景观和居民休闲生活。为了达到这个目标，在城市地域内应保有成系统、大面积的自然绿地，即生态绿地，常作为绿地布局中"面"的因素。

五、总体布局的综合协调

（一）基本内容

1. 城市内部结构与外部结构协调发展

城市外部结构从广义上理解为城市平面布局和空间结构的延伸和扩展部分，也是指城市建设发展的外部因素和条件。城市内部结构通常反映在城市用地的功能结构、产业经济结构、社会结构等方面，往往也是城市问题的集中表现，矛盾的焦点所在。

城市内部、外部结构的协调发展也即是城乡融合协调发展，其主要目标在于探求城镇体系的级配合理、分工协作，科学地确定城市用地发展方向，综合协调区域性重大市政工程项目，明确近远期建设的投资重点。

城市发展外部条件的变化在很大程度上会改变城市用地的发展方向。为了强化城市总体布局的整体性和统一性，搞好城市内外部结构的协调发展，要注意以下几个方面：

（1）充分重视城乡建设的结合部；

（2）促进生成城市社会经济新的增长点；

（3）注重城市地域开发序列的衔接与过渡；

（4）积极制定和推行行之有效的城市发展策略与建设政策。

2. 城市上下部结构协调发展

城市下部结构通常是指城市道路、给水、排水、电力、电讯、绿化、垃圾处理等基础设施。城市下部结构之对应于城市上部结构，具有从属性与制约性，在城市建设过程中，辩证地协调两者的发展，以求达到城市布局结构的优化。

事实说明：城市下部结构在很大程度上跟不上城市建设的发展，城市下部结构所包括的各种工程设施及管网之间也存在着种种不协调，城市下部结构发展的滞后、建设部署的不当，会带来随意性与盲目性，助长市政建设的分散性。

城市下部结构还包括城市地下空间的开发与利用，诸如人防建设、大型地下交通设施、商业街以及地下资源的利用与保护、防治、地面沉陷等方面，都要纳入统一规划分期实施，以期达到城市上下部空间的协调发展。

3. 城市局部地区与整体布局相结合

局部地区规划建设合理与否也会促进和牵制城市整体的发展，尤其是城市的关键部位和重要节点,或带有全局影响的决策。

局部与整体是事物有机组成的两个范畴,它们相辅相成,原则上局部服从整体,整体指导局部。在城市发展的实际情况下,两者之间的关系也会使城市发展的矛盾得以转化,有时甚至会激化,但最终以寻求达到优化组合、动态平衡为解决矛盾的基本原则。

4. 城市近期建设与远期控制相结合

城市近远期协调发展是城市总体布局中一个主要考虑的内容。城市的建设发展总有一些预见不到的变化,在规划布局中要留有发展余地,在规划中要有足够的"弹性"。所谓弹性,即城市总体布局中的各组成部分对外界变化的应变能力。特别是对于经济发展的速度调整、科学技术的创新发展、政策措施的修正和变更,城市总体布局要有足够的应变能力和相应措施。同时,城市空间布局也要有适应性,使之在不同发展阶段和不同情况下相对比较合理。

对于城市各建设阶段用地的选择、先后次序的安排和联系等,都要建立在城市总体布局的基础上。同时,对各阶段的投资分配、建设速度要有统一的考虑,使得现阶段工业建设和社会服务设施符合长远发展规划的需要。

(二)重点关注

1. 用地结构的调整

城市用地结构是城市内部结构的直接体现,是城市各项功能活动映射的空间投影;城市空间结构是城市在更大的空间范畴内城市用地的相关性及其与自然环境的抽象概括。城市用地结构的合理程度往往会影响甚至决定城市持续扩展增长的能力;城市空间结构可揭示城市演化的规律与发展方向。

随着分析研究和解决问题的不同深度,城市用地和空间结构所表达的范围以及采用的比例尺大小不一。掌握相关类型城市现状调查资料以及有关城市建设用地结构和单项建设用地标准,以此为城市用地结构调整的依据。

编制和修订城市总体规划时,应该切合实际,科学合理地制定人均城市控制总用地的定额指标,同时调整城市建设用地结构不尽合理的部分,使各项主要用地的城市建设用地的比例符合表 6-11 的规定,人均单项建设用地标准见表 6-12。其中大城市的工业用地占城市建设用地的比例应取规定的下限。

表 6-11　各项主要用地占城市建设用地的比例

类别名称	占城市建设用地的比例(％)
居住用地	25.0—40.0
公共管理与公共服务用地	5.0—8.0
工业用地	15.0—30.0
交通设施用地	10.0—30.0
绿地	10.0—15.0

资料来源:《城市用地分类与规划建设用地标准》(GB 50137—2011).

表 6-12　人均单项建设用地标准

	指标控制(m²/人)	特殊情况(m²)
居住用地	18.0—28.0	不得小于 16
工业用地	10.0—25.0	不得大于 30
道路与交通设施用地	7.0—15.0	不得小于 7
绿地与广场用地	≥9.0	—
其中:公共绿地	≥7.0	—

2. 要素之间的协调和综合平衡

（1）条块之间的综合平衡

城市各物质要素——条条之间,城市内部各地区——块块之间,以及条条与块块之间,在城市建设和发展过程中,客观的物质要素之间存在着相互制约的关系;而条条之间的矛盾又具体通过块块之间的矛盾反映出来。因此,在城市总体布局和规划总图制定过程中,要在满足城市各物质要素各自规划布局的基本要求下,从城市总体到细部反复进行协调和综合平衡,把城市组织成一个有机整体,搞好条条和块块之间的综合平衡。

（2）各类专项用地规划的协调

通过解析各类专项用地的特殊用地要求和相互间主要的消极影响,整合各类用地的布局和用地平衡,反复调整,并多次核对现状地形,分析现状改造的可能性、必然性和调整的性质,根据各类用地之间的相容性进行布局调整。例如,居住与工业用地之间通过绿化隔离,城市自然景观通过设计理念加以保护,高压走廊尽量沿路布置,绿地率不但注重用地比例,还应注重单位面积中绿地的占有率,体现绿化的普及性和广泛分布;物流产业和工业用地与城市道路和城市对外交通用地的衔接,用地布局与城市历史文脉延续的结合等。

3. 注重城市布局的可生长性

在发展过程中,城市总体规划一方面要为城市社会、经济、环境及布局指明发展方向,另一方面又应为未来的发展提供尽可能多的选择,而不是对未来限制得过死;一方面要确定未来某个时限的发展目标,另一方面还应更加重视目标的实现过程。因此,城市总体布局应充分体现城市的生长性特征,最终体现在形态上,这个形态不但充分反映了布局的结构,而且体现出结构及其形态自身由小到大的发展变化过程。为此,在总体布局的综合协调中,需要重点把握以下几点:

（1）在把握原则性的同时,应该给城市未来的发展留有充足的余地;强调空间、淡化时间,具有跨越时空、区域的整体意识。

（2）以现状为依据,以远景为目标,将城市在这个发展规模下的地域空间发展过程按照空间发展的相对阶段性、完整性划分为若干个阶段。这里的"远景"意为在现时情况下所能预测的城市的合理规模或终极规模;"若干个阶段"不是固定的,它应该根据未来城市发展的幅度、不同时期的发展重点、地域空间发展所具有的相对完整性等来确定。

（3）实行分阶段布局，每个阶段的布局结构应保持合理、有机，使城市具有一个较高的运转效率。

（4）城市的布局形态应保持阶段性的完整，避免出现拼图式的规划布局，即在完成之后是一幅美丽图画，而在完成之前却残缺不全。

（5）每个阶段的布局结构、形态既具有相对的完整性，又具有良好的衔接关系。这样的一种衔接，使城市在发展过程中布局结构形态的变化充分展现出城市作为一个有机体、生命体由小到大的变化过程，保持城市布局在发展过程中的合理、高效、可持续。

第7章 总体规划方案的特色塑造

城市规划不仅要营造良好的生产、生活环境,而且要创造优美的城市形态、结构。城市空间布局不仅仅要考虑城市空间组织的功能要求,要以科学技术为基础,同时,城市空间布局也是一项艺术创造活动,而且,城市空间布局也是城市景观形成的一个重要层面。因此,在城市总体布局方案构思时,要在满足城市功能要求的前提下,重视对城市总体艺术布局的构思,充分利用好城市独特的自然环境,处理好对历史传统的继承,塑造好适应于本市性质和规模的城市特有的景观风貌,创造出城市的特色。

一、总体布局艺术

(一)总体布局的艺术手法

城市总体布局艺术是指城市在总体布局上的艺术构思及其在城市总图骨架和空间布局上的体现。城市总体布局要充分考虑城市空间组织的艺术要求,将用地的地形地势、河湖水系、名胜古迹、绿化林木、有保留价值的建筑等组织到城市的总体布局之中,并根据城市的性质规模、现状条件、城市总体布局,形成城市建设艺术布局的基本构思,反映出城市的风貌、历史传统等地方特色,强调城市建设艺术的骨架。

1. 自然环境的利用

城市艺术布局,要体现城市美学要求,为城市环境中自然美与人工美的综合,如建筑、道路、桥梁的布置与山势、水面、林木的良好结合;城市艺术面貌,是自然与人工、空间与时间、静态与动态的相互结合、交替变化而构成。充分利用好各个城市独特的自然环境,如高地、山丘、河湖、水域,将其作为总体布局的视线和活动焦点,创造出平原、山地和水乡等各种城市的特色所在。

(1)平原地区,规划布局紧凑整齐。为避免城市艺术布局单调,常采用挖低补高、堆山积水、加强绿化、建筑高低配置得当以及道路广场、主景对景的尺度处理适宜的手段,给城市创造丰富而有变化的立体空间。

(2)丘陵山川地区,应充分结合自然地形条件,采取分散与集中相结合的规划布局。处理好城市建设与地形之间的关系,就能获得与众不同的、多层次的艺术景观。如兰州位于黄河河谷地带,采取分散与集中相结合的布局,城市分为四个相对独立的地区;拉萨建筑依山建设,层层叠叠,主体空间感较强。

(3)河湖水域地区,应充分利用水域进行城市艺术布局。如杭州、苏州、威尼斯等城市。

2. 历史条件的利用

对历史遗留下来的文化遗产和艺术面貌,应充分考虑利用,保留其历史特色和地方风貌,并将其组织到城市艺术布局中,丰富城市历史和文化艺术内容。如北京市的中轴对称、规整严格的城市艺术布局,是按照中国古代封建都城模式,继承历代都城布局传统并结合具体自然条件而规划建设的。

3. 工程设施的结合

城市艺术面貌与环境保护、公用设施、城市管理密不可分。结合城市的防洪、排涝、蓄水、护坡、护堤等工程设施,进行城市艺术面貌的处理。沿江、河岸线的城镇,可利用防洪堤等进行各种类型的植物绿化、美化,既可增强城镇空间变化,又为居民创造良好的居住环境,也能使城镇面貌获得良好的效果。如北京陶然亭公园、天津水上公园的形成就是良好的范例。

4. 设计意图的体现

城市总体布局一方面基于对地形地貌、水系、植被、历史遗存等客观条件的分析,并在规划中给予有意识的组织和利用;但另一方面即使面对同样的客观条件,按照不同的规划设计主观意图所形成的城市总体布局也可以千差万别。因此,从某种意义上来说,城市总体布局也是城市整体设计意图的集中体现。通常,城市总体艺术布局关注城市中的如下要素:

（1）重要建筑群(如大型公共建筑、纪念性建筑等)的形态布局、体量、色彩;

（2）公园、绿地、广场以及水面等组成的开敞空间系统;

（3）城市中心区、各功能区的空间布局;

（4）城市干道等所形成的城市骨架;

（5）城市天际线等城市空间的起伏与景观。

结合每个城市的具体情况,对上述要素做出统一安排就形成了城市的总体艺术布局,并成为城市总体布局的重要组成部分。

（二）总体布局的艺术组织

1. 城市用地布局艺术

城市用地布局艺术是指城市在用地布局上的艺术构思及其空间的体现。城市用地布局要充分利用和改造自然环境,考虑城市空间组织的艺术要求,把山川河湖、名胜古迹、园林绿地、有保留价值的建筑等有机地组织起来,形成城市景观的整体骨架。

自然条件利用得当,不仅美观,而且经济。例如,平原城市,地势平坦,有比较紧凑整齐的条件,可借助于建筑布局的手法,如组织对景和利用宽窄不同的街道、大小和形式不同的广场、高低错落的建筑轮廓线以及组织绿地系统以形成自然环境与建筑环境相交替的城市空间布局,打破平坦地形所引起的贫乏、空旷、单调感;山区城市可利用地形起伏,依山就势布置道路、建筑,形成多层次、生动活泼的城市空间;近水城市则可利用水面组成秀丽的城市景色等。

2. 城市空间布局艺术

城市空间布局要充分体现城市审美要求。城市之美是城市环境中自然美与人为美的综合,如建筑、道路、桥梁等的布置能很好地与山势、水面、林木相结合,可获得相得益彰的效果。掌握城市自身特点,探索适宜于本城市性质和规模的城市艺术风貌。在不同规模的城市中,在整个城市的比例尺度上,如广场的大小,干道的宽窄,建筑的体量、层数、造型、色彩的选择以及其与广场、干道的比例关系等均应相互协调。城市美在一定程度上要反映城市尺度的匀称、功能与形式的统一。

城市中心艺术布局和干道艺术布局是城市空间布局艺术的重点。前者反映了城市意象中的节点景观,后者反映的是一种通道景观。两者都是反映城市面貌和个性的重要因素,要结合城市自然条件和历史特点,运用各种城市布局艺术手段,创造出具有特色的城市中心和城市干道的艺术面貌。

在进行城市空间布局时,还要考虑城市整体景观的艺术要求,以此反映城市整体美及其特色。在空间布局中要加强对城市中不同地区建筑艺术的组织,通过城市活动空间的点、线、面的组合和城市建筑物与构筑物在形式、风格、色彩、尺度、空间组织等方面的协调,形成城市文脉结构、整体的空间肌理和组织的协调共生关系,完善城市中成片街区和小街小巷所体现出来的最富有生活气息的城市艺术面貌。

3. 城市轴线布局艺术

城市轴线是组织城市空间的重要手段。通过轴线,可以把城市空间布局组成一个有秩序的整体,在轴线上组织布置主要建筑群的广场和干道,使之具有严谨的空间规律关系。而城市轴本身又是城市建筑艺术的集中体现,因为在城市轴线上往往都集中了城市中主要的建筑群和公共空间。城市轴线的艺术处理也是城市建筑艺术上着力描绘的精华所在,因而也最能反映出城市的性质和特色。

4. 历史文化特色传承

在城市空间布局中,要充分考虑每个城市的历史传统和地方特色,创造独特的城市环境和形象,要充分保护好有历史文化价值的建筑、建筑群、历史街区,使其融入城市空间环境之中,成为城市历史文脉的见证。

在空间布局中要注意发扬地方建筑布局形式,反映地方文化特质,如江南河街结合的布局形式等。我国历史遗留下来的封建时代的城市,如西安、北京等,城市的总体结构严谨、分区严密,建筑群的组织主次分明、高低配合得体,并善于利用地形等,都值得我们加以继承和发扬。对富有乡土味的、建筑质量比较好的、完整的旧街道与旧民居群,应尽量采取整片保留的方法,并加以维修与改善;新建建筑也应从传统的建筑和布局形式中吸取精华,以保持和发扬地方特色。

5. 总体艺术布局协调

(1) 艺术布局与适用、经济的统一

适用、经济要与艺术要求相辅相成,主要在于合宜的规划处理。艺术布局与施工技术条件也要协调统一。

(2) 历史、近期与远期的统一

历史条件、时代精神、不同风格、不同处理手法应统一。城市各个历史时期所形成的城市面貌不同,只考虑近期,或只考虑远期都是片面的,要先后步调一致。在一个旧城改造中,各个历史时期不同风格的城市艺术布置,或一个新建城市中各个区域不同形式的艺术处理,或具体设计者的不同手法,应当统一到城市的整体艺术布局中去,体现各个城市的特色和风格。

(3) 整体与局部、重点与非重点的统一

所谓重点突出,"点""线""面"相结合,就是突出城市艺术布局的构图中心(如市中心或其他主要活动中心),把它和道路、河流、绿带等"线"和园林绿化地区等"面"结合起来,形成系统,互相衬托,体现完整的艺术效果。

(4)不同类型城市应有不同的艺术特色

城市总体艺术布局,要结合城市的性质、规模、地区特色、自然环境和历史条件,因地制宜地进行综合考虑。不同性质、规模的城市,在城市总体艺术布局上亦应反映它们不同的艺术特色。省会或自治区首府要有一个较完整的行政中心,表现出一个省市政治、经济、文化等特点。因此,可有一些较宏伟的建筑群。在不同规模的城市,其比例尺度,如广场的大小,干道的宽窄,建筑的体量、层数、造型、色彩的选择以及与广场、干道的比例关系等均应相互协调。把较大城市的广场、干道、建筑群的比例尺度,放到较小的城市中去是不适宜的。

二、特色构建和展示

通过现场实地踏勘、收集当地文献资料、与当地政府部门沟通以及针对市民的问卷调查等形式获取第一手的资料,然后通过分析研究、由表及里、去伪存真、集思广益方可得出结论。不可为了省时省力而天马行空,任凭想象,闭门造车,最终脱离实际。在城市总体规划阶段城市特色构建中,可以针对以下几个方面着重展开调查研究:

(一)研究图底关系

研究图底关系即分析研究城市与环境的关系,包括城市的整体自然生态背景和城市建设区的关系,也包括城市与其所处的区域环境之间的关系。它反映的是自然的"图形"和人工建设的"图形"关系,也体现了城市和周边自然、区域发展环境的融合程度。

在研究城市的"图底关系"时,应该从不同的层面进行,包括国土、区域、省域、市域、城市自身等层面,可以将其分为区域环境和城市环境两大块,其中又需要在这两个层次中针对能反映文化底蕴、城市特色的特定空间进行重点研究。

从城市的区域环境和建成区空间环境两个方面入手,重点关注特定空间,并抓住主要问题,整体地把握城市环境的本质特征,这是进行总体城市设计的基础。

1. 区域环境分析

区域环境分析包括该城市所在区域位置关系和气候、地理、人文特征,在国土范围、大区域范围的城市主体职能、交通情况,周围广阔地域内的自然环境特征等,具体包括以下方面:

(1)区域交通与城镇体系

城市在区域交通、城镇体系中的定位往往关系到城市的性质、职能,决定了城市的大小尺度、工商业的繁华程度等等,从而间接地影响了城市特色的形成。进行总体城市设计要对城市的区域交通及城镇体系进行分析,以便设计出符合城市特色的城市形象、城市景观。

(2)自然生态环境

自然生态环境是城市发展的基质空间,在一定程度上也影响着城市居民生活和城市各项活动的开展。对自然生态环境的分析应包括的内容有城市相关区域内的气候、水文地质、山体植被、自然景观资源、动植物物种等各方面的情况。

(3)历史文化环境

历史文化是城市的无形资产,在总体城市设计中应分析城市的历史文化环境并加以保留和发扬。城市历史文化环境的分析内容应包括城市的发展历程、重要的历史事件、历史遗迹、重要的历史人物、名人轶事、当地的风土民情和风俗习惯等等。

2. 建成区空间环境分析

对建成区空间环境的分析应关注对城市景观、居民生活有影响的各种因素,内容如下:

(1)现状环境景观要素

① 城市自然生态环境:收集城市山脉、水系、植被、物种等资料,研究其对城市的影响,发掘其中的景观旅游资源,以便在进行城市设计时加以利用或进行处理。

② 地域历史文化环境:在城市的历史文化中进行发掘与分析,寻找出有意义、有必要进行传承的因素,以加强城市的历史感、市民的归属感。

③ 城市总体空间结构:收集与城市密切联系的山、水、地貌、地势以及城市已形成的空间形态、空间结构资料进行分析、整理,从现状出发,塑造城市整体风貌。

④ 已有的有价值景观:包括历史遗迹、公园绿地、良好的街道景观、保存良好的成片的传统街区、与周围自然山水结合得较好的城市建成区等。

⑤ 城市道路交通布局:收集城市道路交通布局的资料,区分交通的类型、道路的等级,明确城市的各级门户空间,确定交通节点,分析主要人流、货流走向,明确主要的街道景观及重要的城市界面。

(2)建成区中存在的问题

分析城市现状中主要的城市设计元素,指出其对城市空间、环境、景观的有利条件和不利条件。其中应注重对有利条件继续加以应用和发挥,对不利条件应尽可能减少其影响,或尽可能加以改造,将不利条件向有利条件转化。

3. 特定空间环境分析

城市特定空间指能反映和代表城市文化、城市特色景观的物质空间,这些空间是建立城市印象中构成"区域"和"节点"的重要元素,是城市整体空间环境中的重要组成部分。在总体城市设计中其内容包括城市、重点地段(片区)、重要节点三个层面,每个层面内部都有塑造城市综合环境的组成要素,一般对上一层级的总体把握均对下一层级的构成要素起着引导与控制的作用。因此,对城市特定空间环境的分析研究工作应该包含的内容有:空间的自然环境和人文环境构成、建设现状、道路交通组织分析、公共活动的内容与行式、现状的景观特征及未来的发展趋势等。

4. 基于功能与结构的分析

(1)城市性质与城市职能

城市性质是指各城市在国家经济和社会中所处的地位和所起的作用,是各城市主要的基本职能,而城市职能指城市所起到的多种功能。城市的性质应该体现城市的特色,反映其所在区域的自然、地理、经济、社会等方面的特征。城市的整体空间形象是城市特色的外在反映,因此,在进行总体布局方案特色构思的时候除了在具体地段反映具体的城市职能所应有的城市空间特征外,还必须重点把握城市的性质,创造符合城市性质的整体空间形象。

(2)城市空间结构

城市结构是城市内部各要素及其相互关系的总和,在其中将属于空间的要素及其相互关系抽取出来就是城市的空间结构。总体规划在基于现状研究、城市定性、功能布局定位的基础上宏观地确定了城市的空间结构，它是总体城市设计研究的基础。在总体规划确定的空间结构的基础上对城市的空间形态、环境景观、绿化系统等方面的研究是总体城市设计的工作。

（二）确定特色要素

城市特色是有别于其他城市的形态特征，而城市又是由诸多物质实体构成的，城市特色也就是这些物质实体所表现出来的特色。如桂林表现出的是自然山水的特色，承德是由于避暑山庄和外八庙而蜚声国内外。在总体布局特色的构建中我们要把握宏观层面，从整体角度分析研究，善于抓住这些要素并着力去营造。城市总体规划阶段对城市特色的营造，可以从自然景观、城市肌理、城市轴线、历史环境方面研究城市特色的展示方法和手段。

1. 自然景观

自然地形对城市总体艺术构图和空间艺术结构影响很大。充分利用自然条件，装点和丰富城市艺术面貌，使自然美与人工美结合，人工空间与自然空间相互交替，造成多层次的景观变化是城市总体艺术布局最经济有效的方法。

如前所述，自然地理环境是城市存在的根本，是城市建设的物质载体。城市特色构建要坚持与自然和谐共处、因地制宜、师承自然的原则。那么，在城市总体规划中应该如何利用大自然的馈赠，使之有机地纳入城市之中营建城市的特色呢？在对城市现状条件分析研究的基础上，确定在规划区内适宜建设用地和不适宜建设用地，确定可以纳入城市中的山体水系。对于不适宜建设用地（如地质断裂带，有滑坡、冲沟等地质灾害发生的地段）单独划出，考虑开发建成城市绿地或城市组团间绿化隔离带的可能性并在城市用地布局中反映。对于规划区范围内的自然景观（如山体、水系）要尽可能保留，切忌填湖削山。在规划中将城市组团围绕着这些自然景观布局，使之有机融合。如德国柏林在市中心保留的巨大的城市森林公园，较好地改善了城市的生态环境，同时也为城市增添了特色。海南琼山市中心规划了一个大的山水结合的公园，由此又向四周放射了五条绿化带，城市组团分布其中。这样很好地将自然和城市有机地融合在一起。"自然之美才是大美。"只有在很好地利用自然环境的基础上才可以塑造出有特色的城市风貌。

2. 城市肌理

城市肌理是城市深层结构的一个重要方面，是城市构成要素在空间上的结合形式，反映了构成城市空间要素之间的联系及变化，是表达城市空间特征的一种方式。城市肌理是城市文明的标志，是在长期的历史岁月中积淀形成的，与城市的产生和发展相依相存。城市是否具有魅力特色，在很大程度上取决于城市肌理的细腻与丰富度。

城市是一个整体，建筑、道路、院落地块、绿化等是组成这个整体的要素，城市肌理直接关系到城市的细部，触及人的视觉和各种感知。城市肌理仿佛是城市的血管，输送着城市的血液，使得城市正常运转。城市肌理是由城市要素的叠加构成，具有整体性、连续性、拼贴的特征。不同的地域和文化在城市肌理上有各自独特的体现。对于城市肌理的研究能够帮助人们更准确地判断城市空间的历史变化，把握城市空间特色，在旧城更新中才能延续城市空间历史文脉，保持一个城市所特有的风貌，满足城市居民对传统文化心理上的需求。

一个城市的形成过程和自然条件的不同决定了城市肌理的差异。如北京旧城东西横街和南北纵街各 9 条,以及由 22 条胡同组成的街道网络是我国都城规划的典范,现在虽然对旧有格局有所破坏但尚能分辨出当时的情形。江南的一些水乡小镇以天然的河道水系为骨架形成了"一河一街""一河两街"的城市肌理。通过对城市历史演变的分析可以发现城市肌理的变化情况和其独特之处。对城市历史上形成的城市肌理主动保护,从中探求未来城市发展的肌理,从而就可以很好地延续历史文脉,构建城市特色。

3. 城市轴线

　　城市轴线是将城市平面等分的直线或线形开放空间。城市轴线可塑造出雄伟恢宏的气势,可以使城市景观深远,富有层次感。我国城市规划中对城市轴线极为重视,如北京旧城的中轴线,南起永定门,经正阳门、故宫、景山,北达钟鼓楼,是一条完整的城市轴线,完美塑造了皇权至上的肃穆。通过城市轴线,人们可以更直接地认识这个城市,领略城市的精华。城市轴线或是一条道路,或是一些建筑的连线,也可能是线性的开放空间。如华盛顿以线性的中心大草坪为轴,尽端是白宫,两侧是一些大型的公共建筑。

　　在总体规划阶段,主要是对城市轴线空间位置的确定。平原城市地势平坦,其轴线易于把握和塑造,在地貌比较复杂的城市中往往难以觅其踪。但只要对城市的历史演变和现状进行深入分析研究,可以发现城市总易于表现和应该表现出的轴线。在总体规划中,对于老城要尽量保持原来的轴线并尽量予以延伸。新区开发中有比较大的发挥余地,但也要结合地形和自然条件综合考虑城市的人文景观、开敞空间、标志物,使之虚实变化,充分体现城市的历史积淀和时代特色。

4. 历史环境

　　城市历史建筑、街区和环境是人类在发展的历程中所遗留下来的特定时期的建构筑物、街道和一些保存尚好的生产生活环境,如西安的钟鼓楼、哈尔滨的中央大街、京杭大运河的古河道等。城市历史建筑、街区和环境是历史的形象纪录。这些历史建筑、街区和环境所记录的历史事实往往是独一无二的,所以也是城市特色构建中最有价值和最宝贵的素材。城市中的一些历史环境一般规划为城市公共绿地,结合城市的其他用地而成为城市中重要的特色开敞空间。

城市特色三层面构成要素

　　(1)城市发展的结构性要素

　　这是客观层面的内容,既涉及城市特色所包括的内涵方面内容,也涉及城市外在表现方面的内容。这主要是构成城市组织关系的重要因素,因此,也称之为结构性要素。而且,多与城市总体规划阶段研究城市发展的诸多重大问题息息相关,对城市健康发展和城市特色的形成具有基础和前提的作用,是影响城市特色的最重要的因素。从城市内涵方面来看主要有城市性质、产业结构、地方文化、社会精神面貌等;从外在表现方面来看,主要有城市的自然环境与人工环境的空间格局、历史文物古迹等。对于城市的个性、特色来说,一个城市的城市性质往往是根本性决定因素。因为城市性质的确定,必然要求产业结构的附和,进而会影响城市用地的布局结构、资源分配,甚至波及人们的生活方式、社会的精神面貌,形成与城市性质相匹配的城市精神文化面貌、空间形态特点等城市特色的主要内容。而对于创造城市整体形象的特色塑造也必须从空间结构性入手。把人工环境与自然环境有机地结合起来,顺应自然,优化空间布局。如"千峰环野立,一水抱城流"的桂林,"七溪流水皆通海,十里青山半入城"的常熟都是成功把握自然环境特点、创造城市空间特色的典型例子。

（2）城市环境的肌理性因素

这是中观层面的内容。主要是将构成城市空间环境的大量的街区、建筑物群体所反映的空间肌理称之为肌理性要素。具体内容有街道、道路网络、建筑立面构成的一系列空间界面、建筑体积轮廓所形成的城市空间轮廓线等。城市空间肌理,绝不是一朝一夕能够形成的。肌理性因素也多是随着时间的推移,缓慢积累而来,如城市中的历史性街区。这些印满历史痕迹的街区,保留了城市居民大量的传统生活信息,往往是城市中最富有人情味的地方,也最是体现城市特色的地方。

对于一个历史性城市来说,完整地保护历史形成的城市空间环境,保持空间肌理的完整统一,是保护城市既有特色的最主要工作,世界上在这方面有许多良好的成功事例,如中国的平遥、丽江和意大利的威尼斯、锡耶纳。

（3）城市空间的节点性因素

这是微观层面的内容。其包括标志性建筑、广场、环境小品等城市空间重要位置上的构成要素,因此,也称之为节点性因素。标志性建筑不仅仅是识别环境的重要参照物,还往往是城市形象的代表。就像说到天安门,人们就会知道是北京,谈到大雁塔,就知道那是西安。广场是城市中最美的公共空间,它的周围往往是最美的建筑,拥有最好的装饰,常被称作城市的客厅,如圣马可广场,就被誉为"欧洲最美的客厅",是威尼斯城市特色的重要组成部分。环境小品是人们接触最多的人工环境构成因素,既有功能价值,又有装饰作用,是使每一个小环境整体效果达到精湛水平必不可少的要素。

（三）方案特色的展示

为了更好地细化总体规划内容,为功能布局提供空间、环境、形象的内涵依据,在总体城市设计中需要在内容结构体系的指导下,从整体空间设计、城市认知空间组织、城市重要特定空间设计等不同的层面入手进行总体城市设计具体内容研究。

1. 结构特色

城市结构是城市功能活动的内在联系,是城市、经济、社会、环境及空间各组成部分的高度概括,芒福德说过:"城市的功能和目的缔造了城市的结构,但城市的结构却较这些功能和目的更为长久。"

总体布局研究应该从整体入手,把握城市整体的空间形态,建立对城市的整体印象。

空间发展整体框架的结构特色是对框架组织关系的概括与提炼,通常用简明、清晰、直观的语言表明整体空间框架的内涵。主要要素包括①:

"心"——一般为城市的功能中心、景观中心,作为整个框架的核心要素。

---

① 参见田宝江. 总体城市设计理论与实践[M]. 武汉:华中科技大学出版社,2006。

"轴"——城市轴线,又分为实轴和虚轴两类。实轴,指城市空间发展轴,是空间发展的脉络与依托,常常以重要道路为载体;虚轴,指城市空间发展意向轴,将若干重要发展节点串联起来。在实际空间中可以没有与之直接对应的道路或轴向空间,其主要目的是表明空间发展的意愿导向或意图。

"廊"——视线走廊或开放空间带,其作用是满足城市景观联系、组团分隔或体现特色景观区域(如滨水地带等)。有时"廊"也可作为轴线来表达。

"片"——城市功能片,不同的功能片区常作为城市风貌分区和建筑风格定位的依据。根据城市空间现状及规划定位,确定不同的功能片区,如老城风貌区、行政中心区、高新科技园区等。

《唐河县城乡总体规划(2016—2030年)》确定唐河县中心城区形成"一河两岸多廊道、两轴四区五组团"的总体空间结构(图7-1)。

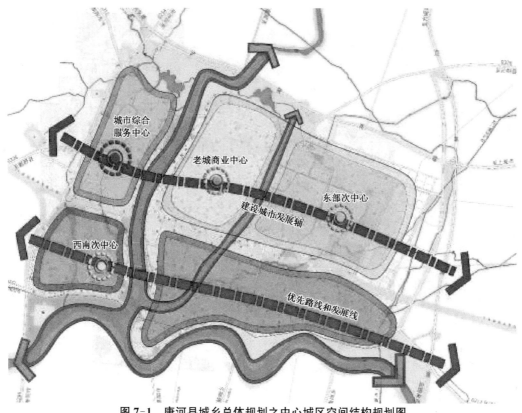

图7-1　唐河县城乡总体规划之中心城区空间结构规划图

资料来源:http://p9.pstatp.com.

① 一河两岸多廊道

"一河"指唐河及其生态廊道;"两岸"指唐河生态廊道将唐河县中心城区分为东、西两个部分;"多廊道"指沿唐河、三夹河、九龙沟、宁西铁路、沪陕高速、方枣高速等形成多条生态廊道。

② 两轴四区五组团

"两轴":沿建设路和伏牛路形成的两条城市空间拓展轴线,串联各个功能片区,强力推动产城融合发展,形成未来集聚综合服务功能的发展轴线。"四区":中心城区划分为综合服务区、东部生活区、生态休闲区、产业集聚区四个特色片区。"五组团":综合服务组团,提升综合服务能力,完善综合服务功能,构建现代化服务体系;老城组团,提升传统商业风貌,构建现代化商业体系,展现传统文化氛围;东部宜居组团,提升人居环境,完善设施配套,构建现代化住宅区;生态休闲组团,提升环境品质,优化空间资源,打造生态休闲功能主题;产业集聚区组团,提升创新创造能力,展现现代化产业实力。

《张家界市城市总体规划(2007—2030年)》实施一城两区的总体发展战略:极化中心、联动三翼、轴带发展。未来城市整体空间结构为"一心三翼、两轴四带、多节点"。按照"旅游西优、城市东拓、组团格局、轴带发展"的空间发展策略,形成以澧水为轴带、九个组团和一个旅游片区的布局结构(图7-2)。

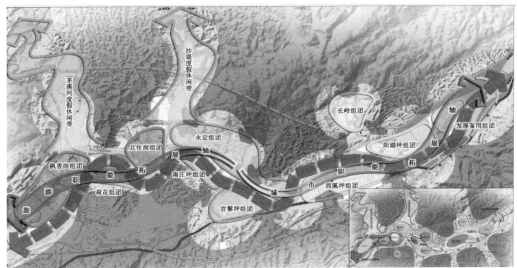

图7-2 张家界市城市总体规划之中心城区布局结构规划图

资料来源:张家界市规划管理局网站.

《含山县县城总体规划(2010—2030年)》确立城市用地结构为"双十字架构,多组团发展;四心带动,新老共荣;分级布局,分区配套;山水环抱,绿楔入城"(图7-3)。通过有层次的交通格局,对街道的功能和空间进行重新塑造,注重以人为本使城市道路为市民生活所服务。同时对各个城市功能片区采用"城区+社区"的公共中心体系,注重以公共服务设施的建设为先导,引导城市塑造有活力的空间氛围。

《泉州市城市总体规划(2008—2030年)》确定城市空间布局为:中心城区以"一湾四山两江"为依托,形成"多中心、多组团"的空间布局模式,组团之间以水体、山体间隔,形成"一湾四区、多组团"的空间布局结构(图7-4)。每个组团具有良好的近山和亲水性,促进人与自然的交融,实现沿江发展、跨江发展,走向面海环湾。

《连云港市城市总体规划(2008—2030年)》确定市域城镇空间结构为"两轴一心"(图7-5)。其中,"两轴"为沿海城镇发展轴和沿东陇海城镇发展轴,"一心"为连云港中心城区。沿海城镇发展轴:北起柘汪镇,南到燕尾港—堆沟港镇,包括海头镇、赣榆县城、南翼新城(板桥—徐圩地区)等城镇节点,是依托连云港滨海港口、土地、交通、景观等优势资源、以临港产业为重点的市域南北向新兴发展轴线。

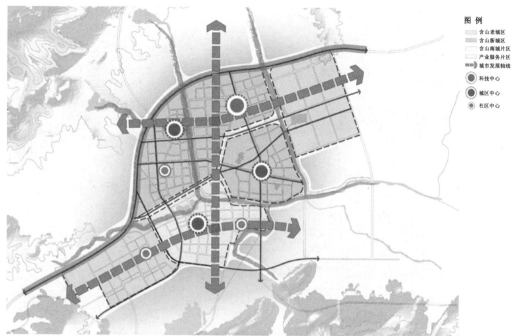

图 7-3　含山县县城总体规划之城区用地结构图

资料来源:含山县人民政府网站.

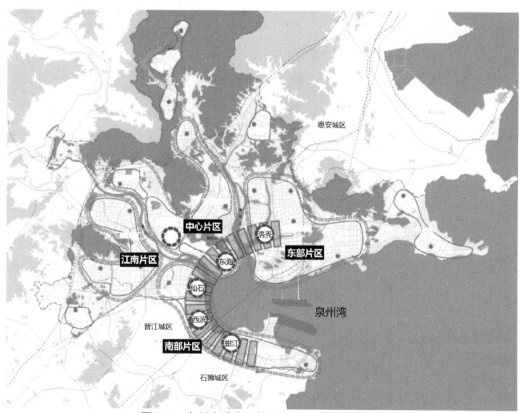

图 7-4　泉州市城市总体规划之总体空间结构图

资料来源:东南网.

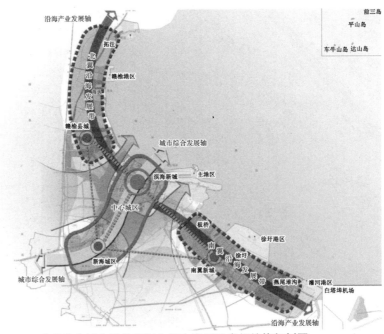

图 7-5 连云港市城市总体规划之都市发展区空间结构规划图

资料来源：http://a3.att.hudong.com.

《承德市城市总体规划（2016—2030年）》确定规划结构为"两带六组团"（图 7-6）。
"两带"指武烈河沿岸发展带和滦河沿岸发展带；"六组团"指老城区组团、西区组团、绿核组团、北部新城组团、南区组团和上板城组团。

图 7-6 承德市城市总体规划之中心城区功能结构规划图

资料来源：承德市城乡规划局网站.

2. 景观特色

结合现有的自然山水特征,充分利用山、水、城、林的优越条件,突出山水植物景观特色,丰富城市景观。

(1)开敞空间体系

开敞空间是城市空间特质发生变化的"区域"或"节点",开敞空间(如城市组团间绿地、道路与广场等)的设立不仅可以让城市的空间节奏发生变化,也为城市居民的休闲游憩提供了重要的场所,共同构筑反映城市自然生态环境及历史文化特色的城市空间景观框架。

(2)城市绿地系统

城市绿化分为自然和人工两部分,二者共同构成城市的绿色空间并成为良好城市景观的基础。自然绿化指原生的山体绿化、江河流域绿化及自然的林地等;人工绿化指在城市建设中有选择建设的绿地、公园及各种林带。城市绿化中的人工绿化与自然绿化应成体系并实现有机结合,其中自然绿化是城市人工建设的一个大背景,人工建设则有机地出现在城市之中成为一种点缀,二者相互实现、有机串联,共同建立城市绿化的"点、线、面"系统。

(3)空间景观轴线

城市景观轴线是联系各景点的脉络、组织各景区的构架、将各景点有机联系起来的"骨架",它使城市景观富于整体感,形成一个有机的系统。景观轴线可以由城市自然系统构成,如横亘于城区的山脉、丘陵,延绵穿越城市的水系、绿带,甚至是穿越城市的峡谷;同时,人工建设区的道路系统及其围合的空间实体也是景观轴线,并可以依其在城市景观中所起的作用分为不同层级的景观轴线。

(4)空间景观节点

空间景观节点是城市整体景观的核心与重心,它体现的是城市核心景观。它既包括各层次的城市中心、城市副中心、组团中心等,也包括一些地标性的建构筑物,反映城市文化的历史地段、城市公共生活中心等。同时在城市的自然生态环境中,一些富于特征性的景点也是城市设计中重要的景观节点,如突入城市的山头,河流转弯、汇流、分流等发生变化的地方,集中水面及其中间的小岛,其他一些自然地质突变景观等也是城市重要的空间景观节点。

《日照市城市总体规划(2015—2030年)》将城市定位为:要发挥日照市历史悠久、交通便捷、环境优美、港城一体的独特优势,坚持"生态立市、工业强市、旅游富市、开放活市、人才兴市"五大战略,建设美丽富饶、生态宜居、充满活力的新日照(图7-7)。

《唐河县城乡总体规划(2016—2030年)》明确城市适宜的田园城的城市定位与山水城田的绿地景观(图7-8)。

① 总体城市特色定位:大美唐河湾、诗意田园城。

② 绿地景观系统:城市形态为延续沿河发展态势,强化"山水城田"的田园城市特色,塑造"一河两岸分、五区四脉连"的水城共生城市形态格局。景观系统规划为利用地形地貌,塑造与自然和谐的城市风貌和空间环境,形成"五湖四海三川两廊一环"的绿地景观体系。

《兰溪市城市总体规划(2004—2025年)》在城市景观塑造上,着力打造"蓝天、碧水、青山、名城"的现代工业城市形象(图7-9)。在提高城市品位方面,以兰江为轴线,结合绿地系统布局,创造开敞的空间系统,营造山水生态城市空间特色,打造良好人居环境。

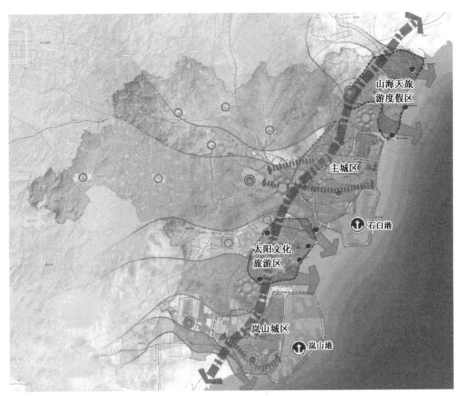

图 7-7 日照市城市总体规划之规划区空间结构图

资料来源:人民网.

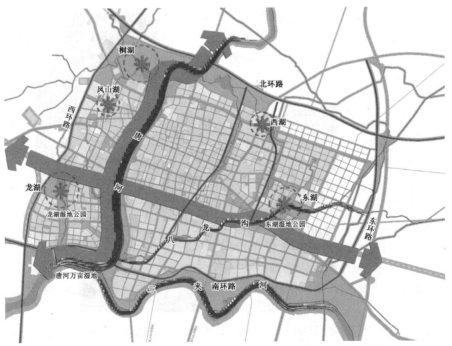

图 7-8 唐河县城乡总体规划之中心城区绿地景观系统规划图

资料来源:http://p3.pstatp.com.

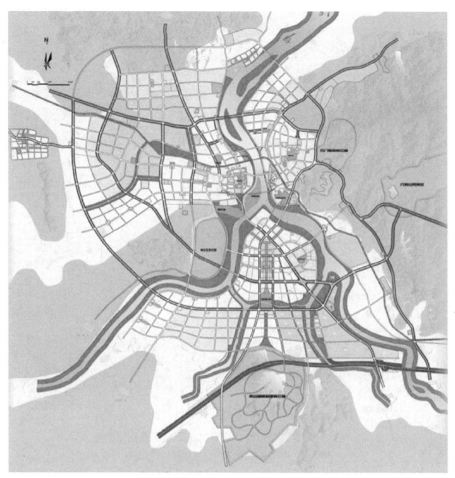

图 7-9　兰溪市城市总体规划之中心城区绿地系统规划示意图

资料来源：http://t1.baidu.com.

《太仓市城市总体规划（2010—2030 年）》明确城市规划目标为：保护以密集水网、田园民居为依托的生态特色，建设"水绿太仓"；传承以海洋文化、娄东文化为渊源的文化特色，建设"人文太仓"（图 7-10）；规划"三横一纵"四条生态廊道，以沙溪、浮桥、万丰多个农业示范园、生态高效农业种植区、花卉苗木基地和密集的水网、农田组成市域中部最重要的绿色生态空间。

《常山县城城市总体规划（2005—2025 年）》明确城市的山水特色，提出山水城市的规划定位（图 7-11）。

① 城市形象：以"山"特色为背景、"水"特色为核心，结合"山水城市"的保护与建设，塑造兼具旅游、生态及现代城市简洁明快于一体的城市形象。

② 城市绿地系统总体框架："一脉七楔、四水六山""四面环山，两带导风，林网入城"。总体布局：沿水系（主要是常山港、南门溪、内河、龙绕溪）布置带状的滨水景观和防护绿地；沿 205 国道、320 国道、杭金衢高速布置城市对外道路绿化生态带；将塔山、虎山、展衣山、西峰山、石崆山、天马山等山体作为城市生态单元；将广场绿地、街道绿地与城市绿心、绿廊有机串联，形成一脉七楔的绿地系统结构，将城市外围的农田、山体作为城市的绿网。

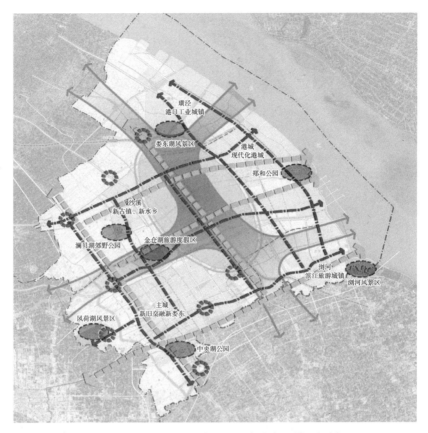

图 7-10　太仓市城市总体规划之市域空间景观规划图

资料来源:阳光太仓人才网.

图 7-11　常山县城城市总体规划之绿地系统规划图

资料来源:常山县住房和城乡规划建设局网站.

《合肥市城市总体规划(2006—2020年)》将绿地系统规划为：以巢湖、蜀山和紫蓬山风景名胜区为背景，以自然河流水系、交通走廊防护绿地为纽带，以大型公园为节点，形成点、线、面相结合的城乡一体化的生态绿地系统(图7-12)。空间格局为"三环四楔五脉多园多廊道"。重点控制南淝河等城市主要景观轴线，重视城市步行空间环境，增强旅游和游憩线路的明晰性，创造积极的城市开放空间，增加小型公共空间，重视带状绿化空间在城市景观组织中的作用。

图7-12 合肥市城市总体规划之中心城区绿地系统规划图
资料来源：合肥市交通运输局网站.

3. 肌理特色

城市肌理是对城市空间形态和特征的描述，随时代、地域、城市性质的不同而有所变化。城市正是通过对城市肌理内容的充实进入城市格局的构架，从而形成完整的城市风貌特色。

对于小城镇而言，其空间形态最终表现为一种肌理和序列，即线状或面(网)状的肌理、轴线或自由的序列。区别于城市而表现为街廓细致密实连续，街道起承转合清晰，生活气息浓重，自然景物穿插有序。如江南水乡小城镇，一般顺水道展开，蜿蜒曲折、连续、拥挤、封闭，水、桥、廊、街有机组合，层次丰富。

在城市总体布局中，最关键的就是抓住城市的肌理特征，维持原有的老城空间格局和自然肌理，强化保护优先的原则，运用"生长"的理念，完善并强化城市肌理。"生长"是一种自然力的体现,既是一种状态,也是一个过程。

新环境要与现代生活相协调,又要与城市肌理相融合,城市的内部有层次、有过渡,这就是"生长"的概念在设计中的具体体现。

具体的做法有以下两种:

(1)发掘并延续传统的街巷空间体系。街巷空间是构成旧城肌理的重要元素,也是传统空间的精华所在。

(2)提高街区的路网密度,完善道路等级,增加居民的步行可及性和交通选择的多样性。

城市形态具有连续的特点,它是由若干的城市设计与建设活动在时间维度中叠合拼接而构成的。现代城市的空间形态都是对以往城市继承、发展的产物,同时也是以后城市形态发展的基础。只有不断地为城市增添有意义的片段,维护城市的整体性,才能创造出富有活力的城市肌理,才会使城市表现出永久的生命力。

《西安市城市总体规划(2004—2020 年)》(图 7-13):

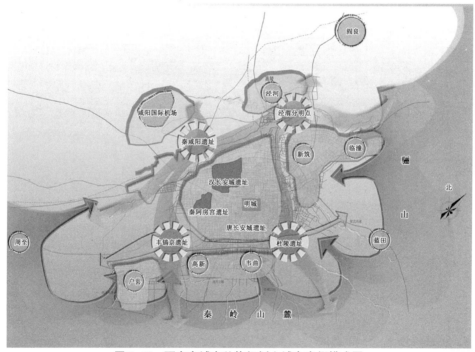

图 7-13　西安市城市总体规划之城市空间模式图

资料来源:http://hiphotos.baidu.com.

① 城市形态:西安古城,从地理上讲,"南浸终南子午谷,北踞渭水,东临浐灞,西枕龙首",其四周的龙首塬、青龙塬、少陵塬及曲江洼地形成了它的界限。在城市形态布置上,西安从周代的丰镐二京开始,就运用井田概念的规划理念,用纵横交错的井字形经纬龙骨塑造城市形态,形成了体现儒家等级和秩序的"九宫格局"城市形态。

② 西安中心市区布局结构(图 7-14):包括城市三环线所圈定的区域,其现状已形成富有中国传统城市空间特色的"九宫格局"模式,即以古城为中心,以交通轴为导向,以功能组团为实体,以生态林带为间隔的城市空间格局化布局结构。

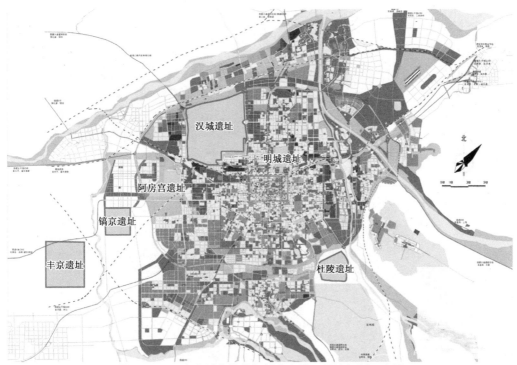

图 7-14 西安市城市总体规划之主城区用地规划示意图

资料来源：http://hiphotos.baidu.com.

③ 规划城市总体布局为"九宫格局，一城多心"。采取拉大城市骨架、发展外围新区、优化布局结构、完善城市功能，降低中心密度、保护古城风貌、显山露水增绿、塑造城市个性，南北拓展空间、东西延伸发展的城市布局原则，城市近期主要向西南、东北方向发展；远期主要向北跨过渭河发展。布局形态为九宫格局，棋盘路网，轴线突出，一城多心。未来西安城市将按照九宫格局、虚实相当的总体结构，形成几个外围副中心。

《乌鲁木齐市城市总体规划修编（2011—2020 年）》（图 7-15）：

① 市域城镇体系空间结构，即"双轴、一城、一区、两群、多点"。

② 城市用地，即按照"南控、北扩、先西延、后东进"的原则，从老城向外放射。

③ 城市道路，即按照"快速路、主干路、次干路、支路"四个等级，构筑"环形＋放射状"的快速路网格局。城市肌理格局为放射状与组团相结合。

4. 轴线特色

城市的构图轴线，控制着城市的空间构图。每条构图轴线，都将成为城市的空间骨架和主要景观视线。城市轴线通常以城市主干道为轴，将建筑、广场、绿化、水面、山体等串联，组织成城市的主要景观线。城市轴线的确定，要考虑保护自然景观，因城而宜。不能过于追求形式——要求轴线笔直对称，反而破坏了自然景观。不同地形条件下的城市轴线，又将形成各异的构图特色。

平原地区的城市，地形平坦，易于规划雄伟壮丽的城市轴线，成为城市总体艺术布局的骨架。为了克服三度空间的贫乏、单调，可以利用空间的开合、虚实变化以及沿线建筑的体型、体量、高度、色彩变化，形成丰富的城市空间。

山区丘陵城市，地形婉转起伏，可以利用自然地形所赋予的多层次空间，利用山势及

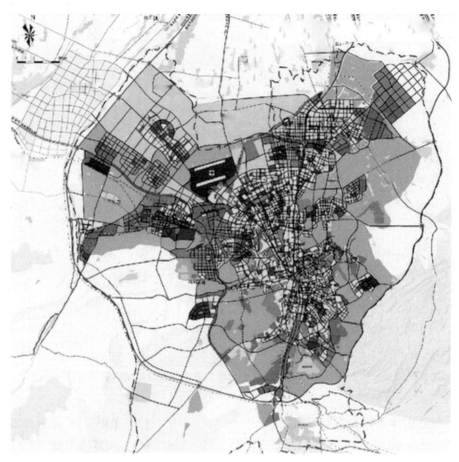

图 7-15　乌鲁木齐市城市总体规划之中心城区规划示意图

资料来源:http://www.xjxnw.gov.cn.

制高点,通过城市绿化、道路及建筑群体设计,组织生动活泼、转折变化的城市空间轴线,体现山城的特点。

如广州市依山傍水,北有白云山、珠江横贯市区。"白云山高,珠江水长",概括地反映了广州的自然环境。广州市城市空间轴线将楔入市区的白云山绿化带与珠江风景线联结起来,中间布置了纪念建筑区和高层建筑区,形成了广州具有特色的城市景观。

如天津市,自 1404 年明王朝设卫筑城以来,天津城市经历了萌芽、初创、成长、腹地扩展和轴线发展等阶段。在这近 600 年的历史发展长河中,天津形成了独特的城市空间形态,即以海河水系为轴线由西向东逐步展开。20 世纪 90 年代以来,天津城市沿海河轴向发展的格局得到继续加强,早在 1986 年天津城市总体规划就提出"一条扁担挑两头"的城市布局,促使城市继续沿海河呈轴向发展。1999 年修编的天津城市总体规划,继承和发展了 1986 年天津城市总体规划的基本思路,继续深化和完善"一条扁担挑两头"的城市布局结构,形成以海河和京津塘高速公路为轴线,由中心城区和滨海城区及多个组团组成,以海河水系为轴线,拓展新的城市发展空间。城市总体规划中的城市形象塑造结合城市空间形态和城市布局,坚持以海河水系为轴线,加强城市景观建设,塑造良好的城市景观;紧紧围绕以海河水系为轴线,构建天津城市交通走廊;以海河水系为轴线,构建天津城市历史文脉;以海河水系为轴线,构建独具天津特色的建筑风格,强调与强化了城市的轴线特色①。

《廊坊市城市总体规划(2016—2030年)》(图7-16):

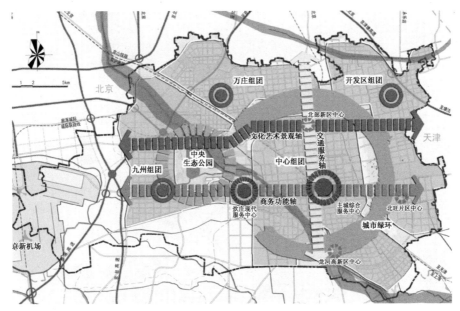

图7-16　廊坊市城市总体规划之中心城区空间结构规划图

资料来源:廊坊市人民政府网站.

① 中心城区用地发展策略:西拓、东控、北优、南联。城市用地主要向西部拓展,对接北京新机场和区域性交通设施,重点建设炊庄、万庄、九州地区,培育区域性职能。

② 空间结构规划:"一心一环、三轴四组团"的空间布局结构。"一心"指城市"绿心"生态公园;"一环"指环城绿带;"三轴"分别指银河路交通服务轴、祥云道文化艺术景观轴和光明道商务功能轴;"四组团"分别指中心组团、万庄组团、开发区组团、九州组团。

《渭南市城市总体规划(2016—2030年)》确定市域空间结构为"一群一区三轴一带"(图7-17)。

① "一群"是指将全市域建设为布局有序、疏密有致、网状联动的秦东城镇群,形成全域整合发展、共同参与区域竞合的空间发展新格局。

② "一区"是指渭蒲富一体化发展区,形成全市转型发展、创新功能集聚的增长极,省西渭融合的核心区,秦东城镇群协调发展的先行示范区。

③ "三轴"作为全市城镇的产业、物流功能建设的核心空间与秦东城镇群空间格局的主骨架。

④ "一带"是指渭南沿黄城镇带,主要是加强生态环境保护,促进先进产业集聚,创建黄河国家公园,打造黄河中游生态文化共同体、新型城镇化特色试验区和秦晋区域合作示范区。

---

① 参见郭力君.以海河水系为轴线塑造天津城市形象——兼论天津城市总体规划中的城市形象塑造[J].北京规划建设,2003(6):116-119。

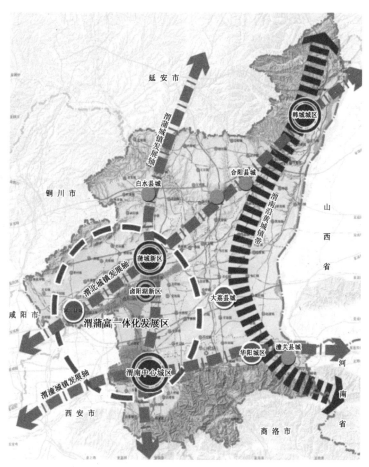

图 7-17 渭南市城市总体规划之市域城镇空间结构规划图

资料来源:富平县人民政府网站.

《日照市城市总体规划(2006—2020 年)》确定城市空间结构模型为"双城两区、轴向拓展"的带形模式(图 7-18)。

《长沙市城市总体规划(2001—2020 年)》确定城市空间轴线为:利用湘江、岳麓山等自然地形,通过五一路组织城市空间轴线,具有鲜明的个性(图 7-19)。

《天水市城市总体规划(2005—2020 年)》确定城市空间布局为:"一带多心,轴向强化,组团发展,山水连城"(图 7-20)。

① "一带":秦州、麦积两区东西相向发展,形成带状结构。"多心":自西向东分别形成西十里物流中心、秦州历史文化商业旅游服务中心、七里墩行政文化商务综合中心、二十里铺生活服务与体育中心、麦积商贸服务中心、甘泉物流中心、社棠物流中心、颍川河谷教育科研旅游中心。

② "轴向强化":通过多条东西向交通干道和耤河、渭河风景带的建设,增强城市空间结构的整体性,使强大的发展轴和多中心结构相结合,形成天水城市新的结构动力。

③ "组团发展":通过完善城市组团功能分区,充分体现城市紧凑型发展的方向,形成西十里等八大组团。

④ "山水连城":"五城相连"是天水城市形态的历史特色,未来的天水城市结构将在

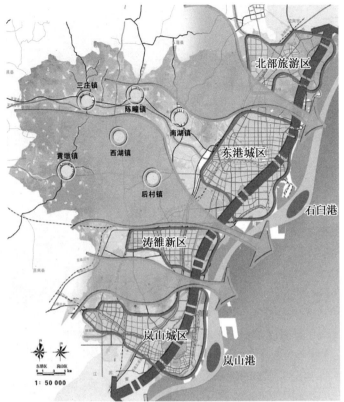

图 7-18　日照市城市总体规划之中心城区规划结构图

资料来源：日照市规划局网站.

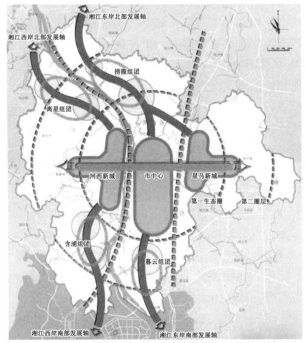

图 7-19　长沙市城市总体规划之城市空间结构示意图

资料来源：http://t2.baidu.com.

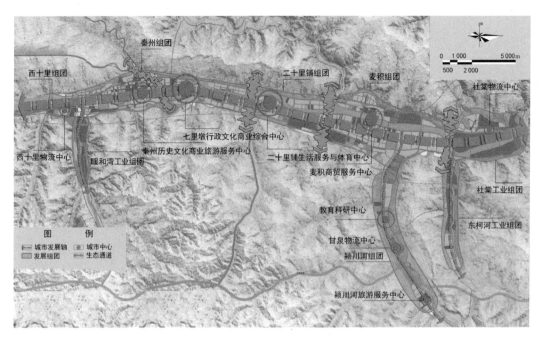

图 7-20　天水市城市总体规划之规划结构图

资料来源:天水市规划局网站.

发扬和保护历史文化名城的基础上,以"两山夹峙,一水中流"山水之间的城市营造天水新的城市特色和城市魅力,即"以水为脉,以轴为系,以绿为垣,以山为景,构筑新连城"。

5. 历史特色

城市文化是一个城市的灵魂,是城市气质、底蕴、特色的内在依托,是一个城市独具特色的魅力所在。而城市风貌作为城市文化的外在表现,是一个城市历史、文化及社会发展程度的综合反映。城市风貌的形成是城市历史文化积淀的过程。城市风貌一般指一个城市特有的景观和面貌、风采和神韵,表现城市的气质和性格,同时还显现出城市的经济实力、商业的繁荣、文化和科技事业的发达程度。

在城市发展过程中,不同历史时期、不同地域,人们创造了不同的城市文化环境。文物古迹、历史地段、特色建筑、民俗风情、风景名胜是一个城市的遗传基因,很好地体现了城市的历史感。在城市建设和发展中,如何保护好历史遗产,并且使城市的发展与历史的基因实现完美的结合,使周围的新建筑与文物古迹实现协调融合、共存共荣,成为新时期富有特色的典型区段,成为彰显城市个性的独特风貌,关键还在于城市的规划与设计。

每个城市都要追求、发掘、提炼、升华自己的特色,在城市总体布局中要做出城市的特色,突显地区的特点,探讨符合城市风格的城市结构及城市艺术。

《广元市城市总体规划(2008—2020年)》确定城市景观结构体系为:充分利用和发挥自然资源优势和人文特色,以城市绿化建设为支撑,以有组织的特色景观为内容,以具有地方性的节点地标为点缀,形成"山水绿城、文化名城、交通兴城",建设适宜人居、内涵丰富、形象鲜明的城市整体景观形象,形成以道路系统为骨架,以绿地系统为背景,景观片区、景观节点和景观走廊相结合的"四带、五区、六轴"的城市景观结构体系(图7-21)。

《西安市城市总体规划(2008—2020年)》:

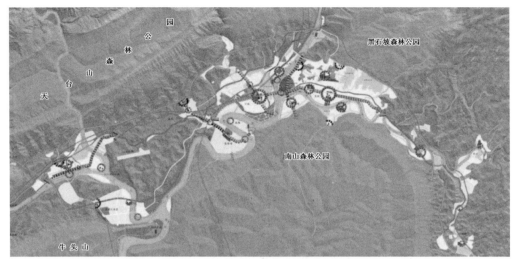

图7-21 广元市城市总体规划之景观绿地系统规划图

资料来源:http://imgsrc.baidu.com.

① 历史文化保护目标:发挥历史文化资源集聚优势,建设丝绸之路文化旅游合作示范区,打造"关中—天水经济区"国际一流的旅游目的地。统筹大西安区域历史文化资源,完善历史文化遗产保护体系,强化城市历史文化资源的整体保护与展示。重组历史文化资源,延续历史文脉,将西安建设成为中国传统文化与东方城市营建的展示基地、红色文化教育基地和彰显华夏文明的历史文化基地。

② 保护体系:市域划分为四个保护带和两条轴线。四个保护带指城区历史名城保护带、中部历史地貌河湖水系保护带、南部自然和人文景观保护带以及西北部古遗址古陵墓保护带。两条轴线指南北形成长安龙脉和东西形成丝路文脉:长安龙脉从渭水之滨纵贯市区直指终南山;丝路文脉是古丝绸之路的东方起点和中心城市,未来将是"一带一路"上的节点城市,面向中亚、南亚、西亚国家的通道、商贸、物流枢纽、重要产业和人文交流基地(图7-22)。

三、特色塑造

(一)特色塑造的一般规律

1. 依据职能性质,满足功能需求

城市性质是对城市发展战略的高度概括,是城市建设的总纲,是城市主要职能的反映。自城市形成之始,便以不同特征满足着不同的需要,同时亦因需求的变化其城市特征也在发生着变化。因而,城市性质实际上反映其所在区域的经济、政治、文化和自然地理等特点。

城市性质是造就城市特色最根本的制约因素。如大城市是政治、经济、文化的中心,其城市特色反映出时代的文化气息,而中小城市多应根据当地的民俗民风,创造舒适宜人的城市环境,反映出浓郁的地方特色。深入领会总体规划对城市性质的定位是城市特色构建的一个重要前提,在总体规划方案的特色塑造时可依据城市的独特性质进行构思。

《吴川市城市总体规划(2007—2020年)》(图7-23):

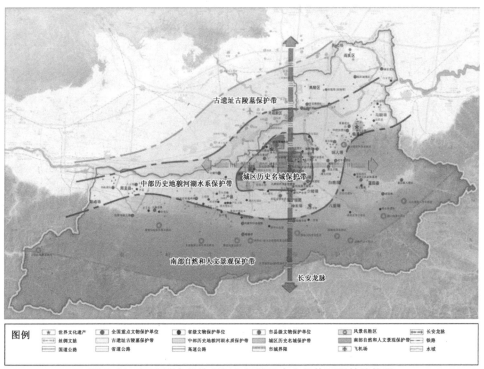

图7-22 西安城市总体规划之区域历史文化体系保护结构图

资料来源:西安市人民政府网.

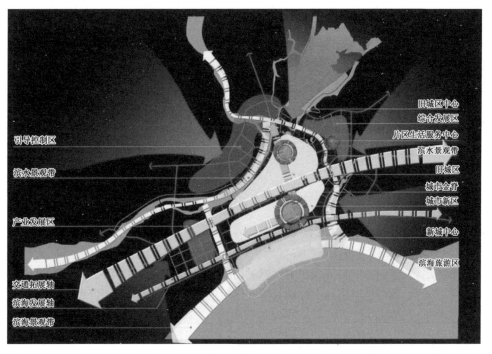

图7-23 吴川市城市总体规划之结构分析图

资料来源:湛江建设信息网.

① 城市性质：工业与服务业同步发展的综合型城市；以滨海旅游休闲为导向，适宜居住休闲与生产创业的滨海城市。城市职能：粤西城镇群的次级中心城市；联系茂名与湛江的节点城市；具有"川海特色"的滨海休闲度假城市。

② 规划布局结构：吴川城区未来将延续现有的"岛内居住、岛外产业"的布局模式，在此基础上，形成"两心三轴六区"的规划布局结构。"两心"包括旧城中心和新城中心。"三轴"包括以325国道为基础的"交通拓展轴"；依托南侧靠海的滨海大道的"滨海发展轴"；以解放路、海港大道和府学路组成的L形的"城市金脊"。"六区"是指组成城区主体的六个城市发展片区，分别是中部旧城区、城市新区、东北部综合发展区、西部产业发展区、北部引导控制区和预留南部滨海旅游区。

《三亚市城市总体规划（2011—2020年）》（图7-24）：

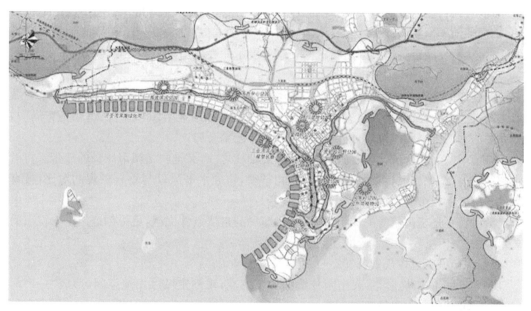

图7-24　三亚市城市总体规划之中心城区绿地系统规划图
资料来源：http://p1.pstatp.com.

① 空间布局：三亚市城市总体规划中纳入了"双修""双城"工作，并着重笔墨提出"山海相连，指状生长，一城三湾、三脊五镇"的空间布局战略。

② 城市发展目标：建成世界著名、亚洲一流的国际热带海滨风景旅游精品城市；中国生态文明建设的示范基地和宜居城市；海南省改革创新和城乡统筹试验示范区；努力把三亚市建设成为旅游度假胜地、天涯文化源地、创新创意高地、国家"一带一路"倡议支点和南海后勤保障基地之一。

2. 依据规模等级，尺度空间合宜

城市规模是指城市人口规模和用地规模。估算和确定城市规模是城市总体规划的关键工作之一，可以形成城市特色的一些要素，如城市标志物、特色街区和其他一些人文景观都必须与城市规模相吻合。东方明珠广播电视塔这样的标志性建筑只有坐落在上海这一类的城市才与其相衬，而像周庄、丽江这样的小镇若以霓虹映射、广场草坪粉饰怕是难以体现古镇"小桥流水"的秀丽和谐了。所以在进行总体规划方案的构思时，必须充分考虑城市的规模和所在区域的等级分工,而一些标志物、特色街区的空间尺度必须符合城市的规模,切忌盲目攀比、生吞活剥或是准备不足影响城市发展和形象。

3. 依据自然环境,因地传承自然

一定区域的自然环境是人类赖以存在的基础,也是城市形成和发展以至决定城市空间形态的前提。正因各地域独特的自然地理环境而造就了不同的城市风貌。每个城市总是处于特定的空间位置,它是区别于其他城市的天然条件。陈秉钊先生曾经指出"最能创造城市特色的是巧于利用上天赋予的大自然"。世界上众多独具特色的城市无不是很好地利用了当地自然条件而形成的。风景秀丽的杭州正是借用了"淡妆浓抹总相宜"的西湖而造就了天堂杭州的盛名。

地域赋予了城市以基本色调,经过漫长的历史变迁,形成城市的区域特征,自然环境是展现城市特色的基础。在总体规划方案的构思阶段,我们应该充分利用不同的地理环境,不同的地质地貌,有山因山,有水因水,在方案中加以渲染和美化,使之成为城市景观的元素,从而使城市整体形象由于这些元素的展示而表现出鲜明的环境特色。

(1) 突出自然环境中的"水"

濒临江河湖海的城市,可以充分利用水面的开阔、水体的柔和流动,依水优势布置城市空间,把它作为城市景观最有特色的部分来建设。在用地组织和绿化、道路等布局中,将秀丽的水域组织到城市中,围绕水面进行总体艺术布局。

城市中的河湖水域,既成为城市主要景观轴线之一,又是联结城市风景的纽带。将沿水域的山体、绿化、建筑空间组合一体,交相辉映,构成水平风景与垂直景观的对比,极有条件形成展示城市滨河特色的标志性景观区。

沿海特别是依山傍海的城市,城市艺术布局的自然条件优越,更可创造出滨海城市的艺术面貌。

《汕头市城市总体规划(2002—2020 年)》(图 7-25):

① 空间总体布局形态:突出园林滨海城市特点,规划主城区用地空间,形成"一市两城、多组联片"的空间总体布局形态。

② 用地布局结构:北岸城区形成由新津河、梅溪河、西港河所分隔的"多组联片式"用地布局结构;南岸城区形成围绕岩石、青云岩、东山和中间为濠江的"环状组团式"用地布局结构。

③ 景观体系:突出园林滨海城市的特点,以山体、自然保护区、公园、风景区、组团间的隔离带作为城市绿色环境背景,以滨海、滨河带状绿地和道路两侧的立体绿化带组成城市绿色通道,以各类专用绿地和居住区绿化开敞空间为城市绿点。

《厦门市城市总体规划(2011—2020 年)》发展方向是继续贯彻"跨岛发展"战略。城市战略重心和投资重点转移到岛外,优化厦门岛、整合环西海域、拓展环东海域(图7-26)。

① 城市发展战略:优化厦门岛,即疏导居住人口、控制开发强度、提升环境品质;完善基本公共服务设施,强化服务职能;提升高新技术产业研发园区、现代物流园区,推进制造业产业空间的置换和优化;保护城市风貌特色,强化风景旅游功能。整合环西海域,即推进新城建设,整合完善公共设施和基础设施配套。拓展环东海域,即促进工业园区建设,加强公共设施和基础设施配套。

图 7-25　汕头城市总体规划之主城区用地布局规划图

资料来源:汕头市城乡规划局网站.

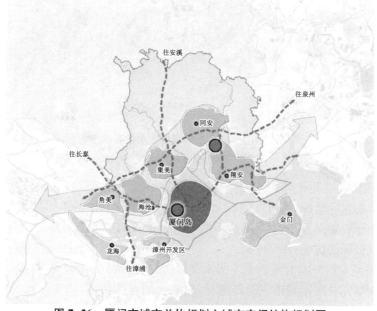

图 7-26　厦门市城市总体规划之城市空间结构规划图

资料来源:福州蓝房网.

②　绿地系统建设：规划建设"一片、两带、多廊道"的网络化绿地系统。"一片"：北部山体林地、风景名胜区、风景区、森林公园、农业生产用地等生态背景。"两带"：沿铁路、高速公路两侧的市政走廊防护绿带以及沿海湾的滨海绿化带。"多廊道"：城市组团之间的海湾、水系和滨水绿带形成的组团隔离绿带以及多条由交通走廊、道路绿化带、山体、农田、公园组成的绿色廊道。

保护岛外十大溪流水系及其两侧山体、农田、滨水带状绿地，构建连山接海的城市水系脉络，实现水系防洪、生态、景观、旅游等综合利用。

（2）重视自然环境中的"山"

山区、丘陵地形起伏大，空间变化显著，同时为城市提供优越的自然绿化条件。在城市总体布局中，充分发挥山势的作用，注意起伏地形的利用，依山就势，把秀峰高地组织到城市总平面之中，可以建造出具有多层次、生动活泼的城市空间。总体布局结合地形，组织功能区；利用高地，形成景观控制点；城市道路沿山、沿河走向布置，与自然山水融为一体，沿线对景、借景丰富，表现出特有的艺术面貌。

《昆明市城市总体规划（2003—2010 年）》（图 7-27）：

图 7-27　昆明市城市总体规划之用地布局规划图
资料来源：昆明市规划设计研究院网站.

①　发展策略与空间布局：针对主城五个次区域（二环路内核心区、北市区、南市区、西市区、东市区）的实际情况，通过"内疏、北引、南限、西优、东进"的不同发展策略，形成"五区三轴，一主三副，轴向开拓，自然分隔，组团发展"的城市空间布局结构，实现主城规划结构布局和建设目标的优化（图 7-28）。

②　绿地系统（图 7-29）：规划突出山水绕城、城拥山水、文化名城、自成一格的风貌特点，主城范围内，充分利用城市三面环山、一面临水的自然特征，构架山水林在城中、城在山水林中的大山水园林城市格局，建构由"生态基质—绿化廊道—绿地斑块"共同构成的绿地系统。

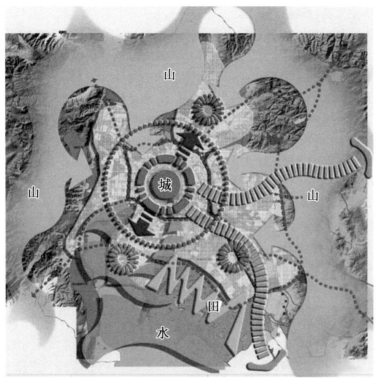

图 7-28　昆明市城市总体规划之主城结构规划图

资料来源:昆明市规划设计研究院网站.

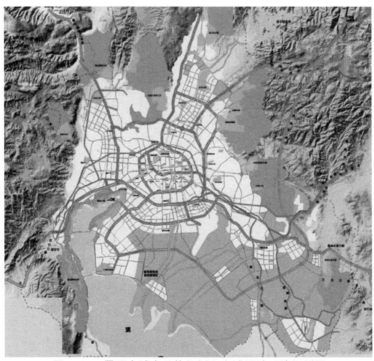

图 7-29　昆明市城市总体规划之主城绿地系统规划图

资料来源:昆明市规划设计研究院网站.

4. 依据历史文脉,延续弘扬人文

自然地理环境是城市的基础,对于城市特色而言是一种外在的直观的因素,而城市历史文脉和人文特色所形成的特色是城市的内涵和灵魂。伊利尔·沙里宁说:"让我看看你们的城市,我就能说出这个城市居民在文化上追求的是什么。"每个城市的形成与发展都是特定历史进程决定的。认真研究城市历史沿革、地址变迁、文化古迹,分析历史文化遗产(包括建筑和空间环境),研究城市的历史特色、地方特色和文化特色,并将其体现在城市公共活动空间的设计中。

城市规划和城市建设不能随意割裂城市的历史文脉,而应通过管理和多种手段去尽量延续城市历史文脉和大力弘扬人文精神。充分尊重城市的历史、尊重民族传统,运用环境艺术的手段去表现城市的人文内涵,充分展现城市历史文化风采,强化城市特色。只有准确把握城市的人文特征才能使城市环境富有灵性,只有在城市的扩展和改造中维护并延续这种传统才能使城市具有文化命脉,显示新旧之间的和谐统一,才会显现其个性特征。

《济宁市城市总体规划(2008—2030 年)》(图 7-30):

图 7-30　济宁市城市总体规划之用地规划示意图

资料来源:http://www.jnsz.gov.cn.

① 建设目标:依托曲邹济三处历史文化名城实体和对泗水、峄山、九龙山等景观资源的利用,充分挖掘城市发展的文化带动力,以运河文化和儒家文化整合城市名片,建设具有运河特色的生态环境,继承和彰显儒家文化、运河文化的城市特色,使济宁的城市文化底蕴和自然山水格局和谐统一。

② 生态风貌文化:通过打造城市生态核心,形成"双心+廊道"的生态景观格局,落实城市发展目标,实现"运河之都""江北水乡"的城市景观风貌。通过确定"一带一轴、环城水系、两区一坊"历史文化名城保护的重点,利用城市传统文脉,打造历史文化风光带、历史发展轴、古城风貌展示区等,成为"运河之都""运河文化"的必要载体。

《洛阳市城市总体规划(2011—2020年)》(图7-31):

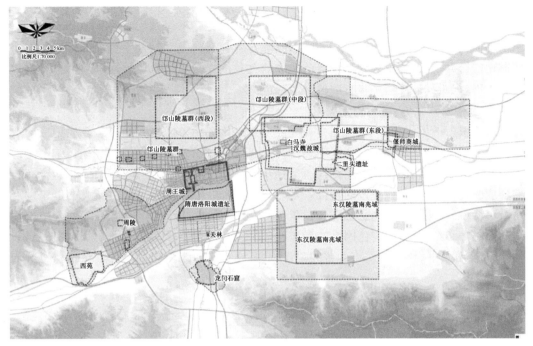

图7-31 洛阳市城市总体规划之中心城区历史文化名城保护规划示意图
资料来源:查查362网站.

① 四大城市发展总体目标:实施中原经济区发展战略,融入区域、辐射豫西,建设省域副中心城市;发挥自身优势,携手周边地区,建设中部地区重要制造业基地;加强历史文化遗产保护与展示,传承华夏文化,建成国际著名旅游城市;合理组织自然和人工环境要素,建成中西部地区最佳人居环境城市。

② 历史文化名城保护:历史文化名城主要包括总体层面、历史城区、历史文化街区、文物保护单位、近现代工业遗产及历史建筑、非物质文化遗产和文化线路的保护(图7-31)。主要保护与历史文化相关的自然环境要素,即洛河、伊河、瀍河、涧河、邙山、周山、香山、西山、万安山等。

物质文化遗产,即历史城区——明清古城整体格局风貌;大遗址——隋唐洛阳城遗址、汉魏洛阳城遗址、偃师商城遗址、二里头遗址、邙山陵墓群(含东汉陵墓南兆域)、周王城遗址、龙门石窟等;历史文化街区——东、西南隅历史文化街区;各级文物保护单位;近现代工业遗产及历史建筑——洛阳第一拖拉机厂入口区、洛阳铜加工厂入口区、洛阳玻璃厂、二号街坊、十号街坊、十一号街坊、三十六号街坊、于家大院、林家大院、董家大院、马家大院、潘家大院、史家大院、庄家大院和李家大院。

非物质文化遗产,即河洛大鼓、洛阳唐三彩、洛阳正骨、杜康酿酒工艺、洛阳牡丹栽培技艺、洛阳关林朝圣大典、洛阳海神乐、洛阳宫灯、洛阳水席和黄河澄泥砚等。

文化线路,即丝绸之路(洛阳段)、大运河(洛阳段)。

其中隋唐洛阳城遗址、汉魏洛阳城遗址、偃师商城遗址、二里头遗址、邙山陵墓群(含东汉陵墓南兆域)、龙门石窟等大遗址项目,白马寺、关林、潞泽会馆、山陕会馆等文物保护单位,东、西南隅历史文化街区将作为重点进行保护。

(二) 普遍性方案的个性化挖掘与塑造

任何城市除了具有所有城市的共性外,都必然具有自己独特的个性品质。通过对一般城市的探究挖掘,找出规划方案特色形成的多角度立足点,借以指导城市规划,塑造城市合乎理想、对推动社会进步有利的个性特色。

1. 重视客观条件,整合多元要素

每个城市的形成和发展,都是由特定的历史过程决定的,是从古到今劳动创造的成果。一个城市(除平地起家的新城外)的特色也是在世代交替中迭径嬗变形成,绝不是一朝一夕为某一种主观愿望所左右的。它的形成同城市的各种发展条件息息相关,既有自然环境的影响,也有人工建设的直接效果,还有历史文化的铺垫。所以,城市的健康发展与城市特色的塑造,都不能忽视这些客观存在的影响条件,以及城市发展和特色形成的规律。同时,面对构成城市特色因素的多元、多级、多层次性还需要我们主动发挥创造意识,从纷繁复杂的因素中找到城市问题的关键所在,这常常成为城市规划方案特色构思的入手点。

在区域整体空间格局中,《云浮市城市总体规划(2012—2020 年)》将云浮打造成联结珠三角、沟通大西南的"广东大西关",通过市场先行优势整合周边地区的资源,吸引梧州等周边地区的资源要素集聚,明确云浮是西江经济带的区域性中心城市之一(图 7-32)。

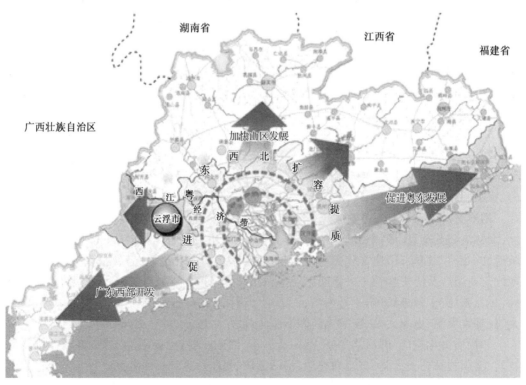

图 7-32 云浮市城市总体规划之区位关系分析图

资料来源:云浮新闻·南方网.

坚持走生态文明发展道路,充分发挥山区资源优势和后发优势,积极承接珠三角产业转移,突出发展生态、低碳经济,构建具有生态型、循环型特色的现代产业,实现与周边地区错位发展。

《深圳市城市总体规划(2010—2020年)》提出"区域协作、经济转型、社会和谐、生态保护"四个分目标,并制定城市发展目标指标体系,作为检测和评价规划实施效果的手段和依据;构筑"三轴两带多中心"的开放空间结构,提出南北贯通、西联东拓的区域空间策略(图7-33)。

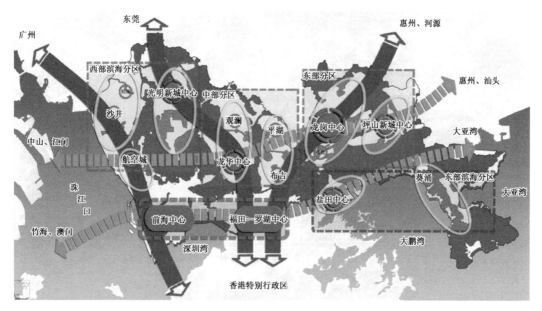

图7-33　深圳市城市总体规划之城市布局结构规划图

资料来源:深圳市城市规划设计研究院网站.

2. 保护历史遗产,形成城市特色

每一个城市的形体面貌和形式特征,不仅仅是为了满足日常生活的功能性要求,同时也是适应着广大市民的精神生活方式的特点,在漫长的自发和自觉创造过程中,把人类文明发展的轨迹体现在不同历史时期的城市建设活动中,城市人文风貌特色形成的基础是历史文化的积累程度,历史文化遗产是塑造城市特色的宝贵素材。它主要表现在所代表的历史文化内容和形式上。在一般方案个性化的构思中,应注重对历史文化遗产的保护和利用,形成新的城市风貌特色。

《开封市城市总体规划(2008—2020年)》把开封建设成为古今文明交相辉映、新老城区各展风采、宋都古城个性鲜明、在国际上具有较高知名度的特色城市(图7-34)。

① 中心城区总体空间结构:一带、两廊、三片(图7-35)。

规划采取"中疏、北控、东调和南改"的策略完善城市布局。保护古城,控制古城居住人口规模和建设强度,重点提升古城居住环境质量,改善旅游环境。对古城北侧实施建设总量控制,避免包围古城。

形成"一带、两廊、三片"的空间结构:"一带"即综合功能带。在马家河北支以西建设汴西新区,与马家河北支东部城区一起形成带状城市,组团间以河流绿化带相隔。以郑开

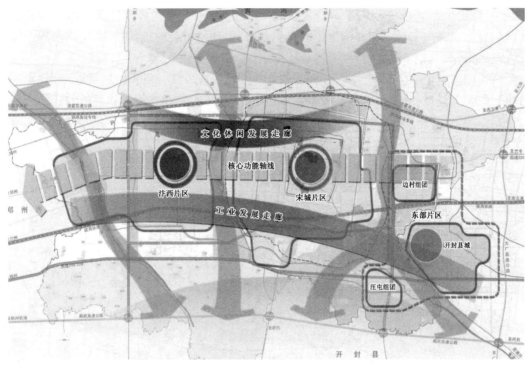

图 7-34　开封市城市总体规划之中心城区空间结构规划图

资料来源:开封市住房和城乡建设局网站.

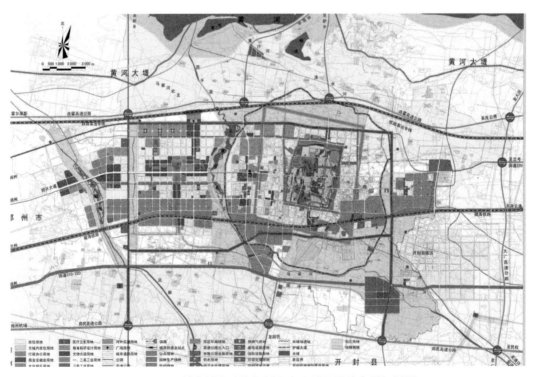

图 7-35　开封市城市总体规划之中心城区用地布局规划图

资料来源:开封市住房和城乡建设局网站.

大道—大梁路为主轴,串联主要功能区和居住区,作为国际化旅游、区域职能发展集聚的核心功能轴线。

"两廊"即南部工业走廊和北部文化走廊。南部重点布局工业和仓储物流;北部发展教育、科技创新、文化创意产业。

"三片"即宋城片区、汴西新区片区和东部片区。其中,宋城片区是原宋都古城以内及其周边地区,是体现开封传统历史文化的核心区,要建设成为传统商业、文化旅游和居住核心区。

② 中心城区路网结构:"外围快速交通环+内部方格网络"的路网结构,古城内部保持现有路网格局和空间尺度,重点通过交通组织、功能分流缓解老城交通压力(图7-36)。

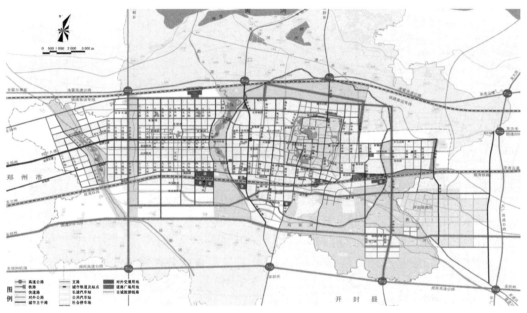

图7-36 开封市城市总体规划之中心城区道路系统规划图
资料来源:开封市住房和城乡建设局网站.

③ 景观绿地系统:与城市绿地系统、防洪排涝安全系统相结合,整治护城河(黄汴河),改善两岸景观;恢复古城内历史上的环城河道,形成古城、新区相互沟通的纵横河道网络和城市湖泊体系,起到排涝、提升城市景观的作用,突出体现北方水城的城市特色。规划中心城区形成三纵、三环、多湖、网状相连的水系格局(图7-37)。

3. 注重城市环境,自然人工融合

城市环境是自然环境和人工环境的统一体。城市人工环境的日新月异反映了人类文明的伟大成就。但是,人类文明是不断发展的,随着时间的推移,任何最杰出的文明成就都将成为过去。因此,构成城市特色内容之一的人工环境因素必然在演变。然而,自然环境的情况和人工环境正相反。不论社会文明如何加速发展,自然环境在一定的时期内相对是稳定的,对城市特色的影响也是长久的,对城市发展也是至关重要的。因此自然环境因素对构成城市特色具有很大作用,它主要表现在城市山水风景的特色风貌上。每一个城市的自然环境,不仅在先天上给城市带来了某些特色,而且在后天上给城市人工环境的规划建设提供了依据。注重人工环境和自然环境协调一致,它主要表现在城市的山水风景和特色风光上。如绍兴是南方水乡城市,承德则是具有北国江南风光的大型皇家园林

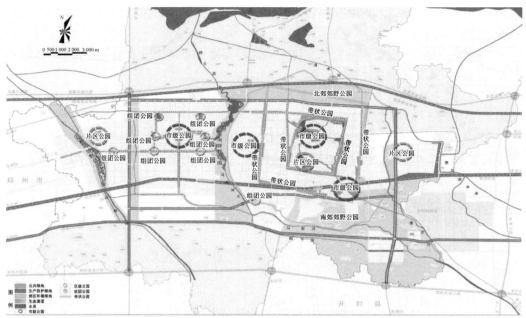

图7-37 开封市城市总体规划之中心城区绿地水系规划图

资料来源:开封市住房和城乡建设局网站.

与自然环境密切结合的北方山水城市。再如大理濒临洱海,泉州紧靠晋江,虽然均依山傍水,但山水景色不同、气质各异而形成不同的自然环境特色。在塑造这类城市的特色时应充分考虑自然环境的因素,使人工环境和自然环境能统一协调。

《西宁市城市发展总体规划(2001—2020年)》依据自然条件和环境,突出城市定位和总体布局特色。

① 城市定位:以建设高原山水城市为平台,大力改善城市生态环境,注重城市特色的彰显和个性的培育,设计西宁独有的山水特色。不仅注重城市融入现代元素,更注重城市历史和文化的传承,要进一步挖掘两山对峙、三水汇聚、四川相连的主城山水之美,努力形成山、水、川、城相亲相融的独特景致,全力建设美丽、繁荣、宜居的青藏高原区域性现代化中心城市。

② 总体布局:受高原的限制,西宁城市建设围绕两条河流,总体采用十字交叉的带状布局。

在城市组织上有一定优势,整体上使城市各部分均能接近周围自然生态环境,这类城市呈长向发展,平面结构和交通流向的方向性较强(图7-38)。

《宜宾市城市总体规划(2008—2020年)》确定城市总体布局为:根据宜宾市自然的山水条件,采取以三江口地区为中心,以长江、岷江、金沙江、催科山、七星山等自然山水、森林公园和农田等为组团隔离绿地,以快速交通相连接,形成"一心八组团"的紧凑型组团式城市(图7-39)。

4. 挖掘原有布局,注重扬长避短

城市的布局特点反映了一个城市的规划思想,如我国大部分城市都是构图方正,轴线分明。挖掘原有城市布局的特点,在此基础上规划新的城市布局,常能收获意想不到的特色效果。

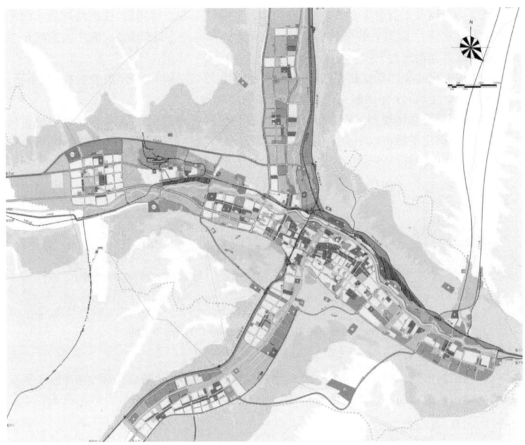

图 7-38　西宁市城市总体规划之主城区总体规划示意图

资料来源:中国城乡规划行业网.

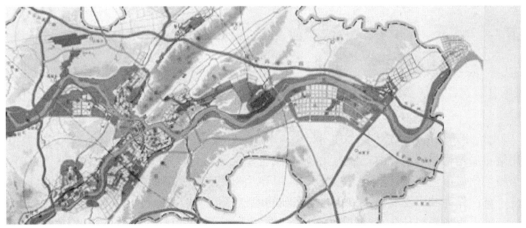

图 7-39　宜宾市城市总体规划之中心城区总体规划图

资料来源:宜宾新闻网.

兰州的城市主要是建在黄河盆地上,黄河在兰州蜿蜒曲折,贯穿全市长达百里(1 里＝500 m),南北两山对峙,时近时远,川谷滩地大小形状变化多样,景观极为丰富。

从历史上看,兰州城址最早在东岗,后西固,再兰山下,最后北移至目前的旧城区为止。城市一直以肃王府为中心、以酒泉路为南北向中轴东西对称布置,张掖路连通东西关与酒泉路形成T字形主干道交汇于中央广场。这种布局一直持续至今,该片区依然是兰州最繁华的商业街区。

从中华人民共和国成立初期的约16 km²到现在的221 km²,兰州市分别在1954年、1978年、2000年、2011年编制完成了四次城市总体规划。

《兰州市城市总体规划(1954—1972年)》按照田园式分散组团结构进行了用地布局与功能分区,确定了城市以中央广场为中心、酒泉路为轴线的发展,向以东方红广场为中心、皋兰路为轴线的发展转变,奠定了城市发展的基本格局(图7-40)。

图7-40 兰州市城市总体规划(1954—1972年)示意图
资料来源:兰州市城乡规划局网站.

《兰州市城市总体规划(1978—2000年)》(第二版)明确了"带状组团分布、分区平衡发展"的城市用地布局和建设发展原则(图7-41)。

图7-41 兰州市城市总体规划(1978—2000年)示意图
资料来源:兰州市城乡规划局网站.

《兰州市城市总体规划(2001—2010年)》(第三版)提出了"一河两城七组团"的城市用地布局结构、"一水两山三绿廊"的城市风貌建设原则,引导了城市空间未来发展方向,预测兰州城市空间发展沿五条轴线展开,引导兰州城市从单中心向双中心城市的演进,确立了黄河作为城市发展轴、景观轴、生态轴的地位(图7-42)。

前三版规划都是在主城盆地做文章。规划从兰州的城市轴线由酒泉路、皋兰路、世纪大道直至黄河风情线的演变中寻找规律,从兰州城市轴线由短变长、由直变曲、由"死"变"活",使城市变大、变美、变特中探索未来兰州城市空间演变的趋势及动力机制。现在主城盆地已接近填满,跳出老城建新区已是历史的必然。由于城市发展的需要,未来兰州城市空间拓展将跳出两山夹一谷川的城区范围,在更大的范围寻求新的发展空间已成为城市发展的必然选择。

图 7-42　兰州市城市总体规划(2001—2010 年)图
资料来源:兰州市城乡规划局网站.

　　纵观兰州城市空间演变的趋势,初步得出"组团"—"带状"—"团组"的演变趋势。因此第四版总体规划编制跳出盆地意识,冲出峡谷思维,在更大的范围进行新的功能布局。

　　《兰州市城市总体规划(2011—2020 年)》(第四版)在市域形成双城格局,在兰白经济区形成"一主两副五带"的空间发展格局。规划在中心城区形成"一河两岸,三心六组团"的多中心组团型的空间结构,保持兰州市"两山夹一河"的整体山水格局(图 7-43)。规划提出了"东扩先行,北拓渐进,西出调整,南联加速"的新城拓展与"显山露水透绿,错落有致靓丽"的老城优化发展战略,把山、水、园、林与路、桥、楼、景有机结合,将城市的结构美、层次美、色彩美统一到城市的山水美、人居美、环境美中,三位一体,整体推进,全面建设山秀水灵的"区域中心、宜居城市、黄河明珠、如兰之州"。

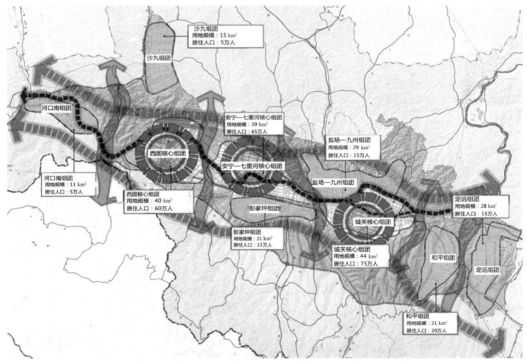

图 7-43　兰州市城市总体规划之中心城区空间结构图
资料来源:兰州市城乡规划局网站.

5. 结合城市设计,塑造景观特色

　　景观特色包括城市的主要入城方向、城市制高点的景观特色,以及具有代表性的建筑物、建筑群体等。如陕西榆林城,东倚驼山、西临榆溪河,城中有一条贯穿南北的大街,跨街曾有 10 座牌坊和楼阁,城中多为低层瓦房;城南有凌霄塔,具有边塞古城特有的雄健轮廓;城外的防沙林又造成了沙漠卫士的绿化特色。在城市规划阶段,结合城市设计的内容,利用城市规划的法律特性,控制相关指标,形成特色方案。

　　《驻马店城市总体规划(2011—2030 年)》以城乡统筹和科学跨越为导向,全面协调经济、社会、生态可持续发展,探索中原传统农业城市的新型城镇化道路,努力将驻马店建设成为产业支撑有力、商贸物流发达、山水园林生态宜居、历史文化厚重、建设风格鲜明的区域性中心城市。

　　① 城市山水格局:以做大做强区域中心城市为目标,构建起以中心城区为核心,以遂平组团(灈阳镇)、确山组团(盘龙镇)和汝南组团(汝宁镇)等组团中心为支点的“一核三极、一环三带”的组团式发展空间结构(图 7-44)。

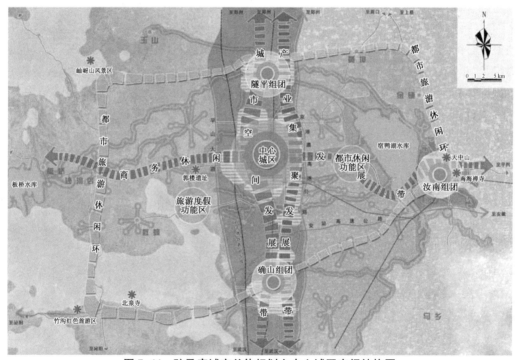

图 7-44 驻马店城市总体规划之中心城区空间结构图

资料来源:深圳市城市规划设计研究院.

　　② 景观体系规划:利用区域内的山体、水库、湿地、农田、林地等自然生态资源,布局深入中心城市组团式发展区内部的绿核、绿廊,打造生态廊道和城市风景道,改善城市热岛效应,建立有机开敞的城市空间格局,打造“山—城—湖—田”的景观格局。

　　《济南市城市总体规划(2006—2020 年)》:① “山、泉、湖、河、城”有机结合突显城市基本特色;② 突出强调城市景观风貌特色与格局。

　　① 城市风貌特色:突出强调城市景观风貌特色与格局,南北以自然山水为特征,东西以城市发展时代延续并与南北山水融合为特征,构成济南城市风貌的总体格局(图 7-45)。

图 7-45　济南市城市总体规划之用地规划图

资料来源:http://images2.winfang.com.

　② 景观体系规划:规划形成两条景观主轴、两条景观副轴和六个风貌分区,景观风貌轴串联泉城名胜(图 7-46)。泉城特色风貌带集中体现了"山、泉、湖、河、城"相融一体的城市风貌特色。风貌带建设保护和继承了以千佛山、大明湖、四大泉群和古城区及黄河为主体的城市风貌特色,体现了自然山水和古城的有机结合,突出了自然景观和地方传统文化,保持了风貌带特有的空间形态,提升了景观环境。

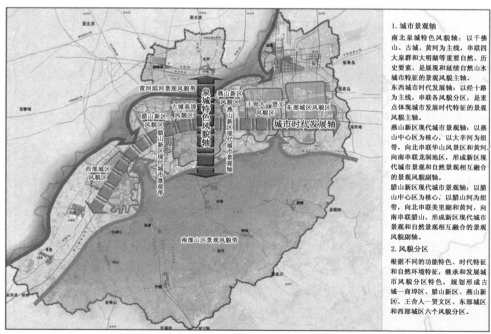

图 7-46　济南市城市总体规划之城市景观风貌规划图

资料来源:都市世界—城市规划与交通网.

《喀什市城市总体规划(2011—2030年)》是新一轮对口援疆工作背景下对沙漠绿洲和民族地区城市总体规划编制的探索(图7-47)。

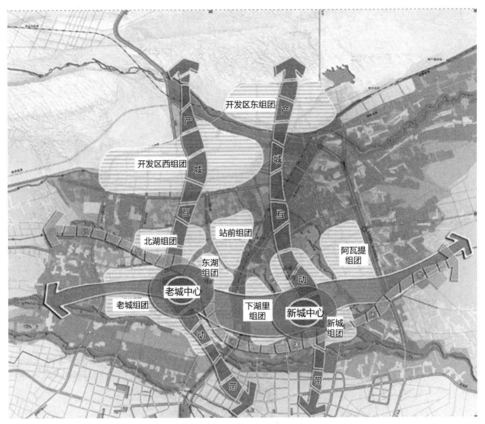

图7-47 喀什市城市总体规划之中心城区空间结构规划图
资料来源:深圳市城市规划设计研究院.

① 探索不同空间尺度下沙漠绿洲城市的生态安全格局与空间模式:宏观尺度上构建适宜于"大分散、小集聚"绿洲特征的不同尺度、刚性—弹性生态安全格局,中观尺度选择避让生态屏障、在大尺度生态斑块中灵活度更强的"组团式"分散布局形态,微观尺度推行水网、林网、路网"三网合一"的新城空间组织模式。

② 提出"三类社区"差异统筹思路,探索民族地区新型城镇化路径:规划以"现代绿洲田园城市"为目标,分类管控,将规划区内城乡居住社区划分为三类,即都市型社区、田园型社区和乡村型社区。

③ 凝练城市特色,将巴扎、广场作为组织新城空间的核心要素:新城区将巴扎、广场作为组织公共空间的核心要素,以吐曼河及水库等开放空间构成的"绿环"为基础串联城市公共中心网络。老城区积极推广"一户一设计"理念。

6. 研究文化特色,提供构思灵感

一个城市的特色,除了自身的特性外,也是自然地理、历史人文与城市性质、社会结构、经济特点、民俗民风等特色文化结合的集中体现,是城市的深刻内涵与外在形象融合结晶的升华,是城市的灵魂与精粹。因此,城市的特色应充分深刻地认识、揭示、发现城市文化特色,挖掘其历史文化沉淀底蕴,找出现存的精华亮点,继承、发扬并充实新的内涵,塑造一种全新的形象。特别是城市中蕴含了丰富多彩的文化艺术传统和特有的传统社会基础,因此需要发掘、扶植,使其和建筑及风景一样得到合理的发展,为规划方案的特色构思提供灵感。

《扬州市城市总体规划(2012—2020年)》承接扬州悠久的历史文化,规划涉及了扬州市文化特色的构思(图7-48)。

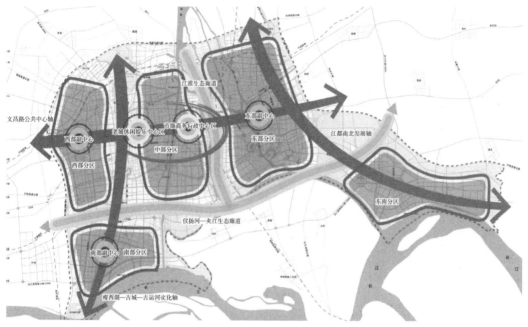

图7-48 扬州市城市总体规划之中心城区空间结构图
资料来源:http://files.xici.net.

① 规划原则:立足区域和城市长远发展态势,构建可持续发展的城市空间结构;把握区域与城市交通方式的重大转变,构建完善的城市内外交通体系;重视历史文化资源保护,彰显人文、生态、精致、宜居的城市特色(图7-49)。

② 中心城市性质:国家历史文化名城,具有传统特色的风景旅游城市,长三角核心区北翼中心城市。

《常州市孟河镇总体规划(2016—2030年)》:作为全国重点中心镇与中国历史文化名镇,孟河镇总体规划强调其历史文化底蕴的延续。孟河镇历史文化底蕴深厚,较好地保留了老镇区、历史文化街区、文物保护单位等丰富的历史文化遗产;原生态自然条件优越,镇域北部的小黄山郁郁葱葱,绿化覆盖率高,是常州市区少有的山体之一,也是常州地区一处不可多得的天然景观。

① 规划目标:生态环境优美、文化底蕴深厚、产业特色鲜明、旅游品牌突出的辐射常州西北片区的中心。

② 城镇性质:全国重点镇,中国历史文化名镇,以特色产业为主导的先进制造业基地,兼具历史文化与山水资源的旅游度假区,常州市西北片区中心。

③ 空间结构规划:六片区结构,包括镇区、小黄山旅游度假区、孟城片区、万绥片区、东部生态农业区与西部现代农业区,形成山水与历史环抱的独特空间结构(图7-50)。

图 7-49 扬州市城市总体规划之历史文化名城保护规划图

资料来源：http://files.xici.net.

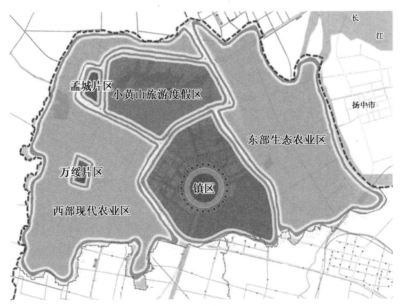

图 7-50 常州市孟河镇总体规划之镇域空间结构图

资料来源：常州市规划局网站.

四、案例解析

案例一:诸佛庵城镇总体规划空间形态优化[①]

诸佛庵镇地处安徽六安市大别山区,镇区人口万余人,为全国重点镇和全国环境优美镇;"七山一水一分田,一分道路和庄园",山多田地少;境内桃源河、石家河流经地域相对落差大,水能资源丰富,全镇建有十余座中小型水库;盛产毛竹、茶、桑、栗,有"江北毛竹第一镇"之称;工业上,利用 20 世纪 60 年代"三线工程"搬迁后遗留的厂房,结合本地毛竹资源,培育形成以竹加工为主导的特色工业园区,总面积为 6 km²;是一个典型的集山区、库区、老区为一体的资源大镇和经济重镇。

1. 空间形态要素分析

在诸佛庵镇总体规划现状分析评价中除传统总体规划编制中关于区域、人口、用地、设施、社会经济等方面的研究外,更侧重于城镇空间形态的构成要素(自然环境、土地利用、建设空间)及制约因素(历史文化、社会需求、经济建设)两方面的分析,以认知城镇所处的自然地理环境特征,把握地区历史人文特色,明确社会经济发展条件与需求,厘清现状问题及其成因等,为城镇空间形态设计与特色塑造提供逻辑基础。

(1)物质空间环境分析

① 自然环境:诸佛庵依山傍水,自然环境优美,城镇宛如半月形坐落于山间盆地之中,整体形态优美而独特,自古必须经东、西两个方位的河谷通道进入,东面狮子山、西面落脚山分别位于城镇东、西对外交通线路的隘口处,这些山体形态独特,构成城镇独特的门户标志;深水河自西向东蜿蜒而过,河水终年流淌,水质清澈;岘春园茶山、东岳庙山遥相呼应,加之外围周边群山环抱、层峦叠嶂,构成一幅绝佳的山水形胜图。然而,诸佛庵建设中未能重视城镇空间与自然环境融合,两者分异现象突显,山水城镇特色正逐步丧失:深水河被滨河路北侧沿街建筑所阻挡,滨水空间与城镇空间相隔离,原本"城、水"相融关系被打破,河流退化为城镇"背脸",成为污水排放、垃圾倾倒场地,滨水空间无从谈起;映山红路道路建设未预留空间视廊,造成自然山体景观被道路尽端建筑所阻挡;临山街道俊卿街仍采用常规的两侧建筑模式,使得山体与街道之间被沿街建筑所阻隔,降低了人们亲近自然的机会;大体量建筑破坏了优美的自然山体景观等。另外,受经济利益驱动,开山取石、挖河取沙、乱砍滥伐、乱掘乱采等现象开始在诸佛庵镇抬头,破坏着城镇生态环境。

② 土地利用:山区可建设用地少,之前发展速度慢、建设规模小,诸佛庵镇集中在深水河以南、诸张路以北范围内建设,用地并不紧张。近年来的发展,该区用地已所剩无几,用地紧张问题开始凸现,城镇面临新建设空间选择门槛——是跨越深水河向北发展,还是沿诸张路建设,或是另行选择等,存在较大分歧:跨河发展,用地仍有限,不能满足城镇持续的建设需求;沿诸张路发展,既与公路交通有矛盾,又会因建设战线过长而造成基础设施建设投资加大。用地布局上,居住用地占主导,土地利用率低,农宅零星蔓延影响了未来城镇发展;公共建筑自发式沿街分布,设施匮乏,未能形成公共中心和良好的公共空间(图 7-51)。

(2)社会经济发展分析

① 历史人文:诸佛庵历史不长,其突出特点是具有悠久革命历史,曾是鄂豫皖革命根据地的重要组成部分,有原县列宁小学、军事指挥部等旧址,现为县级文物保护单位。

② 社会发展:经济发展、交通通信技术的提高使诸佛庵城镇居民的价值观念、文化意识等产生了巨

---

① 参见汪坚强,于立. 小城镇总规阶段城镇空间形态优化探索——以安徽六安市诸佛庵镇为例[J]. 城市规划, 2010,34(4):86-91;汪坚强,程晖. 自然优先、构建山水特色城镇——诸佛庵镇总体规划中城市设计探索[J]. 华中建筑,2009,27(9):106-110。

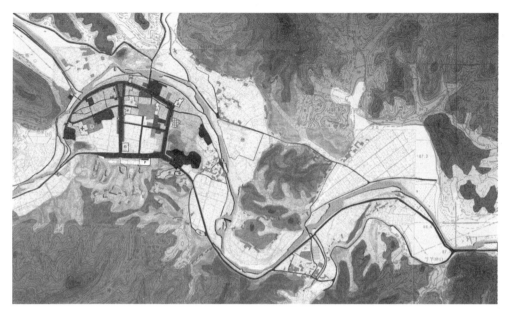

图 7-51 诸佛庵镇土地利用现状示意图

大变化,城镇面临着现代城市文明与传统乡土文化的交织与冲突;文化设施与公共空间建设的滞后制约着居民生活水平提高的需求等。

③ 经济建设:工业上,诸佛庵镇正由低技术粗放型的农副产品加工基地,逐步转变为以深、精、细加工为主导的规模化、集约化经营。规划重点是引导工业发展,合理安排新工业用地需求。第三产业方面,诸佛庵镇由农副产品集散地逐步发展为以绿色农产品为主的专业批发地;城镇商业服务业发展也向综合职能转变。规划需要对城镇商业布局、公共中心组织、集贸市场培育等做出统一引导和安排。

2. 空间形态优化设计

诸佛庵依山傍水,环境优越,但生态敏感。在总体规划阶段,就宏观层面的城市特色塑造而言,重点是运用总体城市设计方法,在前述实证分析的基础上,如何在环境承载范围内集约化建设,构建生态和谐、城镇与自然有机融合、突显山水特色的空间形态是总体规划的重要课题。

(1) 生态为本,营建"疏朗自然+紧凑城镇"虚实相间的空间结构与格局

① 虚实相间,构筑分片集中、组团式发展的空间结构:基于自然条件认知,诸佛庵镇区周边可建设用地呈现东、西两大块山间盆地及多条山谷坡地的分布形态,从紧凑发展及生态环境保护等考虑,规划期内重点选择建设山间盆地,远景才适度使用山谷坡地。

城镇总体布局上采用"紧凑城镇+疏朗自然"的空间模式,以形成良好的聚落与地景"虚实相间"的图底关系。自然山体、茶园、农田、河流等为"虚体"空间,镇西老镇区与镇东新镇区为"实体"空间,虚体空间从适当方向楔入城镇建设实体空间之中,并通过诸张路对外交通轴与深水河滨水景观轴串接,形成"双城两轴三核(实体空间)、两片三楔(虚体空间)"的空间结构(图 7-52)。

这种分片集中、组团式发展的开放结构,各建设片区"实体空间"之间以深水河、东岳庙山、岘春园茶山等"虚体空间"进行自然划分,空间上既相对独立又有便捷联系,功能上既相互依赖又有明确分工,以利于适应多变的城镇发展形势与需求,策略上每一时期集中建设一片或一个组团,不断适应城镇功能提升需求,弹性滚动发展。

② 紧凑建设,提高土地利用率,实行有机集中的发展:针对山区建设用地不足之现实,为保障可持续发展,规划致力于土地集约化利用,推进紧凑式发展。工业用地,继续挖潜"三线工程"的旧厂房和土地资源,引导更新改造,为工业发展拓展新的空间;新增工业用地,集中发展、提高使用强度,运用地价和税费返还、补贴等方式引导进行多层厂房建设。居住方面,严控自建房的宅基地面积,指导进行联建发

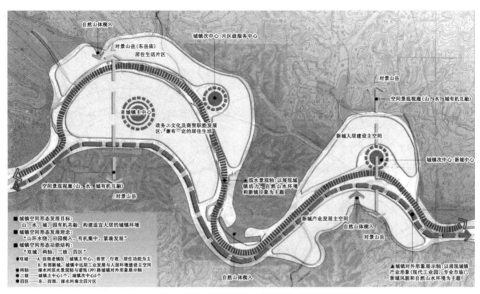

图 7-52　诸佛庵镇城镇空间形态结构示意图

展;对于新增人口住房需求,则引导进行多层单元式住宅开发建设来满足。公共服务设施方面,提高建筑层数和容积率。公园绿地方面,重点进行街头游园和滨水绿地建设,不另辟大规模用地用于公园建设,而是结合楔入城镇建设空间之中的自然山体(东岳庙山与岘春园茶山)进行适当改造,如建设登山路、增加游憩设施与景观建筑等,使其具备公园功能,满足居民游憩需要。

③ 生态优先,构建基于景观生态连续的整体格局(图 7-53):在诸佛庵镇总体规划中,面对山区城镇生态环境敏感特性,树立生态优先理念,运用景观生态学的理论为指导,将生态规划整合到城镇规划之中,前期先对城镇的环境承载力和土地适应性进行调查和评价,为城镇土地利用和空间管制等提供有力支撑;规划中特别运用景观生态学中"斑块—廊道—基质"的原理,构建基于景观生态连续的整体形态格局,避免城镇建设破坏自然景观与自然过程的连续性。

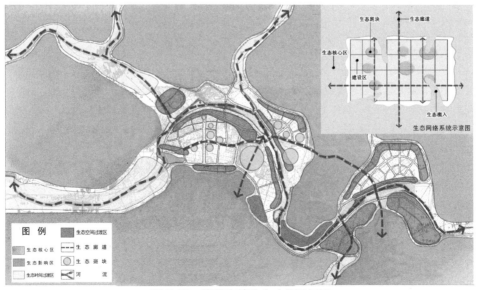

图 7-53　诸佛庵镇生态功能区划图

一是将城镇规划区内的山体、河道、基本农田等生态敏感区确定为禁止建设区,作为生态环境中的

"基质"予以严格保护,使其成为城镇的生态本底。区内严禁开山取石、乱砍滥伐、人为污染等生态破坏行为,对于已破坏的,进行植被恢复、固土、防污等生态修复。

二是结合山体、河流等城镇各片区之间的自然分隔规划生态楔入空间,使城镇外围的生态"基质"从若干方向楔入城镇内部,构筑紧凑布局、开放空间相互契合的总体结构。

三是将河流和重要城镇道路规划为"蓝道、绿道",构建生态廊道,使之成为生态网络中的骨架,将生态本底的"基质"、生态楔入空间、城镇内部的生态"斑块"(街头游园、茶山公园、绿化率高的用地等)连为网络和整体,最终形成景观生态连续的整体格局。

四是将临山或滨水的地段确定为一类生态影响区,严格要求进行低强度(2—3层)、高绿地率的建设,特别注意其与山水之间的空间视廊预留及空间上的融合。为保证实施,规划还对景观生态系统中的"斑块—廊道—基质"分别提出了保护原则、土地利用、开发控制等具体指引,如生态斑块,强调加强绿化与进行透水地面建设,特别注重其与生态廊道的连接关系等(图7-54)。

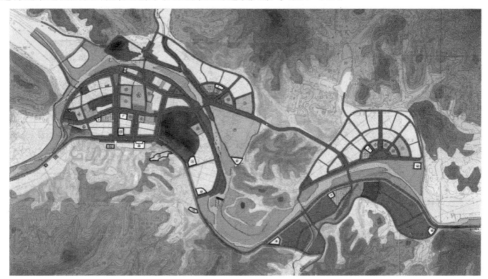

图 7-54　诸佛庵镇用地布局规划示意图

(2)因借山水,构建"山、水、城、园"有机共融的特色景观体系

诸佛庵建设中未能重视与自然环境融合,山水城镇特色正逐步丧失,究其原因:一是视觉感知上的阻塞,即山水景观视廊、视域的破坏或缺失;二是行为活动认知上的阻塞,即山水自然环境的可达性差,空间开敞度低,临山、近水处被建设所占据,降低了人们对自然山水的亲近与认知。

规划着力扭转这一状况,策略上,除了构筑前述总体布局层面的"紧凑城镇+疏朗自然"的图底关系外,还要注重因借山水,从城镇整体到片区、街区、建筑等多层次的整合,构筑"山、水、城、园"有机融合的城镇空间形态。

① 因借山水的街道景观:以道路为骨架,以广场游园为节点,注重道路线形走向、广场游园布局与周边自然山体之间的对景、借景关系,打通或构筑多条空间视廊,将优美的自然山水因借到城镇空间之中,形成特色街道景观。

② 加大自然山水的开敞度,提高可达性:增加居民行为感知自然山水的机会和场所,如控制竹簧路岘春园段建设,形成路北商业街、路南岘春园茶山的格局,使茶山自然空间直接融入城镇街道之中;深水河滨水沿线设置若干桥头小广场,打通映山红路、俊卿街等主要道路通向深水河的联系,在两者交汇处设置滨水小游园等。

③ 组织山水感知线路:以诸张路、溻西路、放马滩路—状元街等城镇主要道路为承载,有意识地将自然山水、农田、茶园、林地等生态空间与商业街道、居住社区、城镇中心、工业园等建设空间有机组织到

线形的道路空间序列之中，使人、车在行进中不时地感知到"山、水、城"的融合关系。

④ 培育景观节点：除结合公共设施、城镇出入口、桥梁、重要道路与河流交汇处等布局各具特点的景观节点外，特别利用现有自然条件，有意识地培育若干鸟瞰城镇的观景点、驻足点（落脚山、东岳庙山、岘春园茶山、狮子山），建设观景平台，创造欣赏诸佛庵"月亮城"优美形态的场所，并控制其景观视域范围内的建设高度，促进形成丰富、有序的城镇轮廓线。

⑤ 构建开放空间体系：结合河流、山体等自然条件及城镇路网结构组织开放空间体系，并与城镇公共设施布局相整合，如结合重要开放空间布置公共设施，形成滨水商业街、滨水城镇次中心等，使人文活动契合到开放空间体系之中，提高公共空间的活力、景观与品质，强调"自然—人工—人"三者结合的特色场所创造。

（3）显山露水，塑造"一城山色半城河"的城镇意象

诸佛庵地处山间盆地，深水河从中蜿蜒而过，自然山水特征突出，城镇宛如半月形坐落其中，整体形态十分优美。基于此独特的自然地理环境，在分析城镇历史及社会经济发展的基础上，认为诸佛庵城镇空间形态特色就在于保护和彰显其独具魅力的山、水自然环境，而并不是那种已初显苗头的对所谓"标志性、摩登时尚"建筑的追求，及人为生硬地去创造所谓的城镇标志等。

形态意向构筑上，在分析研究诸佛庵自然特征和人文特色的基础上，提出"一城山色半城河"的城镇整体空间环境品质意境，突出"山环水绕、田园楔入、有机集中、紧凑发展"的城镇总体布局特色（图7-55）。

由落脚山方向向东鸟瞰诸佛庵镇，新老"月亮城"交相辉映，"山环水绕、田园楔入、有机集中、紧凑发展"，共同构筑"一城山色半城河"的城镇整体空间环境品质意境，突显"山、水、城、园"有机共融的独特"山水城镇"景观形态。

图7-55　诸佛庵镇城镇整体意向图

城市设计策略上，自然优先，塑造突显山水特色的城镇空间形态意向（图7-56）。保护并彰显其优

美的山水环境,加强对山体、河流、农田、茶园等自然环境保护,加大自然山水向城镇的开敞度,提高其可达性,通过山水感知线路组织、空间视廊与视域设计、城镇景观轴线安排、重要景观节点与景观视域的保护与培育(图7-57),"显山、露水、增绿",强化"山、水、城、园"之间的空间因借关系,力求塑造人工景观与自然景观互为一体,构建"山、水、城、园"有机共融的特色空间环境。

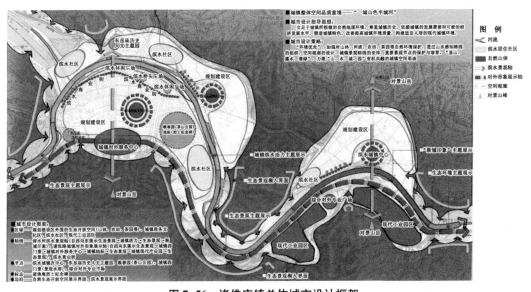

图 7-56　诸佛庵镇总体城市设计框架

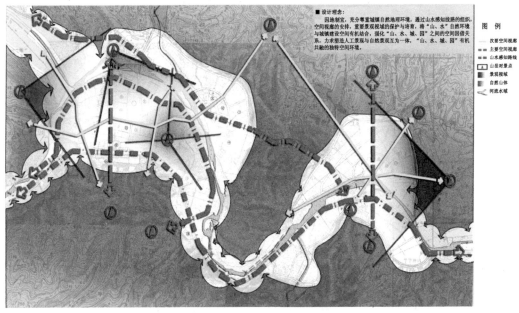

图 7-57　诸佛庵镇空间视廊、视域设计

案例二:怀远县城总体规划特色塑造研究

1. 城市特色资源分析

怀远县隶属于安徽省蚌埠市,县城区地处四水双山交汇之处,山水资源丰富,水网密布,地势平坦。怀远县历史十分悠久,拥有着1 800余年的建城史,城市历史孕育出悠久而绵长的城市特色风貌。

（1）自然资源

淮河及其周边湿地等自然景观资源。淮河、涡河等水系已基本消除洪涝隐患,成为怀远县的特色自然风光。淮河的生态环境和景观风貌价值不断提升,转变为塑造城市特色的积极要素。

"山雅、水阔、城秀"的"山—水—城"关系。拥有荆山—白乳泉省级风景名胜区,山体秀雅,历史悠久。怀远县与皖北地区其他县相比,山水优势明显。荆山、涂山、黑虎山隔河对望,连绵起伏,形态优美;历史遗存久远丰富,文化底蕴极其深厚。淮河、涡河、芡河、怀洪新河、茨淮新河等重要河流在怀远县交汇,拥有四方湖、芡河湖两大湖泊,城市内部沟渠纵横;多水交汇,两湖相映,沟渠纵横,水量充沛,成了怀远县的特色山水资源。城依山而营,绕水而居,城市因山水而秀。

（2）历史文化资源

淮河文化:淮河流域是中华文明的发祥地之一,淮河水对淮河流域城市发展产生着巨大影响,在怀远县也形成了独特的与水息息相关的城市文化。

禹文化:大禹治水的传说给怀远县留下了丰富的历史文化。涂山望夫石讲述了著名的大禹治水、会诸侯、三过家门而不入的故事。相对于其他禹文化地区,怀远县作为大禹故里的知名度较低。

石榴文化:怀远县石榴产量丰富,是中国四大石榴主产区之一,远销海外。石榴作为怀远县的特色、城市的主题,成了吸引大众认知怀远的媒介。但目前,石榴还未在怀远的城市特色中发挥出重要价值。

花鼓灯文化:怀远县是文化部命名的"中国民间艺术之乡"。怀远县的花鼓灯融舞蹈、音乐、民歌于一炉,自宋代开始一直盛行民间,逐渐成为具有特色的文化艺术。

2. 城市特色定位

（1）城市印象定位:山水城市

规划提出怀远县作为皖北江南、涡淮名郡、禹王胜迹、石榴之都的城市形象。打造现代人文与自然结合的城市形态;创建人工环境与山水环境相融合的人居环境;秉承中国传统山水观——天人合一的规划思想;凭借怀远县优越的山水格局、深厚的文化底蕴,将城市印象定义为自然与人文兼顾、历史与现代并存的山水城市。

（2）城市格局定位:四水汇两山,一河映三城

根据怀远县的城市特色现状剖析与城市印象定位,将怀远县城市格局定位为:一湖、两山、四水、双城、万亩田园 的"四水汇两山,一河映三城"之意向(图7-58)。

图 7-58 怀远县城市格局图

① 一湖:芡河湖。② 两山:荆山、涂山。③ 四水:淮河、涡河、茨淮新河、怀洪新河。④ 三城:老城区、涡北新区、即将建设的城西新区。

3. 城市特色塑造策略

（1）显山露水

① 青山绿水——改善山水生态环境,提升游憩功能:将部分堤坝内绿地拓展成为城市公园,打造滨水景观,提升滨水区域吸引力;梳理沟渠水系,将其与涡河、淮河连通,构建城市水安全格局。

② 观山望水——控制城市建设高度:对观山高度进行控制;控制山体周边建筑高度;利用道路、绿地等线性开放空间塑造观山视廊,视廊宽度在多层区宜控制到 30 m,至少 20 m;在高层区宜控制到 35 m,至少 25 m。

③ 融山连水——梳理山水空间脉络:梳理山水空间脉络;增加近山开放空间;增加山水慢行通道;改善水系可达性,弱化堤坝路空间阻隔,疏解堤坝路交通压力(图 7-59)。

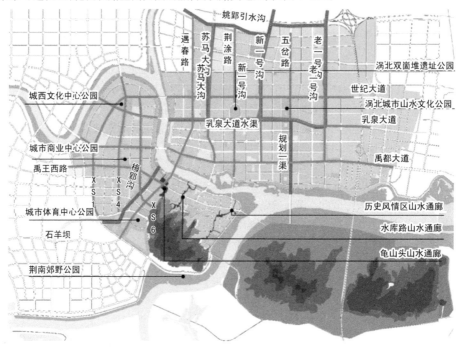

图 7-59　怀远县山水空间脉络梳理示意图

④ 亲山近水——提升山水周边城市公共功能:分别在山体周边可规划用地设置体育公园、等开放空间,承载城市运动、健身、休闲、观光等公共功能。

（2）彰显文化

① 保护、恢复、利用历史建筑:对历史建筑进行全面普查,针对性保护、恢复及利用。

② 恢复历史脉络:根据历史文件、图纸以及城市现状建设情况,梳理出恢复、完善的历史街巷;街巷结合现有城市功能,分为步行街巷、人车混行道路、景观步行道。

③ 塑造历史街区:划定历史风情区;厘清历史风情区与周边关系。

④ 彰显地域文化:结合体育公园建设的淮河文化博物馆;建设大禹广场以及结合水利科教设施的大禹治水文化园;加强对大禹文化的宣传展示;其他公共空间可结合功能需求从不同方面体现大禹文化。

（3）激发活力

① 重塑特色空间格局:与自然山水有机结合,与历史文化紧密融合,利用城市现有荆山、涂山、涡河、淮河以及城市内现状沟渠,塑造具有山水特色的公共空间。

② 增加公共空间总量:综合自然山水、历史人文以及城市功能方面的分析,叠加城市绿道系统,形成怀远城市特色空间(图 7-60);结合山水、历史资源,提升公共空间品质,激发城市活力。

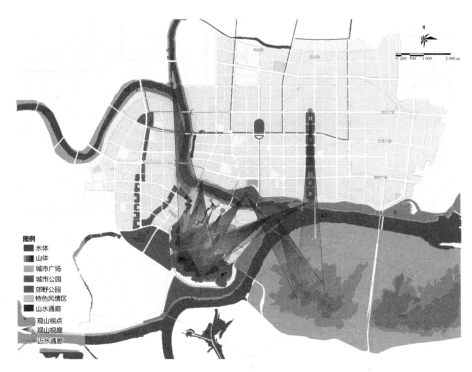

图 7-60　怀远县城市特色空间格局

（4）塑造风貌

① 引导风貌分区：凸显山水特色；延续历史文脉；协调新老城区；塑造分区特征（图7-61）。

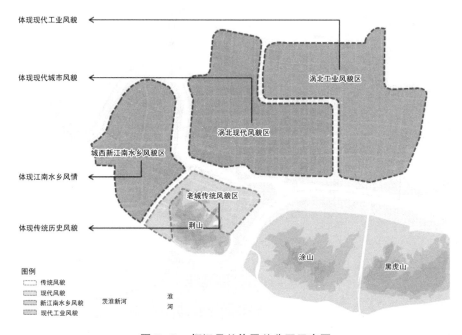

图 7-61　怀远县总体风貌分区示意图

② 城市特定意向区：保护山水与历史文化环境，对城区高度进行刚性控制；延续山水脉络，继承传

统风貌,塑造现代意象;塑造城市开放空间(图7-62)。

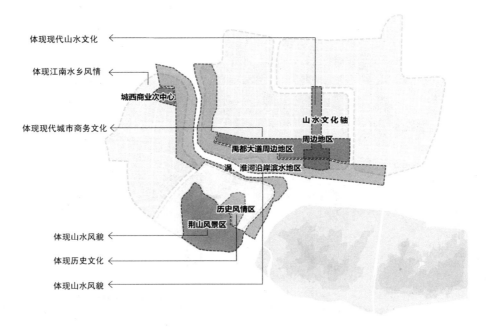

图 7-62　怀远县特定意图区示意图

③ 协调建筑风格:融入自然环境;继承地域传统;体现时代特征;展示城市功能。

第8章 专项规划

专项规划是在总体规划的指导下,为保证规划实施的有效性而从公众利益出发,对城市中的各大要素进行的系统性研究,这些要素对城市的整体、长期发展至关重要。简单来说,就是对某一专项进行空间布局规划,其内容除包括规划原则、发展目标、规划布局等外,一般还包括近期建设规划和实施建议措施。由此可见,专项规划在总体规划阶段具有十分重要的地位,规划编制中要充分体现对专项规划的合理考虑与统筹安排。

一、总体规划阶段专项规划内容

(一)基本要求

《城乡规划法》第十七条规定,城市总体规划、镇总体规划的内容应当包括:城市、镇的发展布局,功能分区,用地布局,综合交通体系,禁止、限制和适宜建设的地域范围,各类专项规划等。

城市总体规划的专项规划主要包括综合交通、环境保护、商业网点、医疗卫生、绿地系统、河湖水系、历史文化名城保护、地下空间、基础设施、综合防灾等。在城市总体规划文本、图纸和说明书中,要根据城市发展建设的需要,根据城市空间布局的整体要求,提出城市综合交通、商业网点、医疗卫生、绿地系统、河湖水系、地下空间、基础设施、综合防灾等的发展目标、空间布局和相关控制指标等内容,提出生态资源环境保护和历史文化遗产保护的目标、指标和对策措施。

规划区范围、规划区内建设用地规模、基础设施和公共服务设施用地、水源地和水系、基本农田和绿化用地、环境保护、自然与历史文化遗产保护以及防灾减灾等内容,应当作为城市总体规划、镇总体规划的强制性内容。

按照《城乡规划法》的要求,各专项规划的编制必须与城市总体规划的编制同步进行,严格按照总体规划的内容要求开展工作,并将各专项规划的主要内容纳入城市总体规划的文本、图纸和说明书。

(二)具体内容

总体规划阶段基础设施专项规划的内容见表8-1。

二、公共服务

(一)基本原则

(1)合理布局原则:合理规划配置各类公共服务设施,使之与居住区人口规模相适应,

表 8-1　总体规划中专项规划具体要求

专项规划	内容要求	成果表达	
		文本内容	图纸内容
公共服务	① 保障性住房需求预测和布局原则;② 公共服务体系和建设标准;③ 社区综合服务指标和规划要求	明确城市现状公共服务特点与存在问题,确定各项公共服务设施建设标准与指标;结合近远期规划确定城市公共服务分时序建设	公共服务设施规划图:包括行政办公、医疗卫生、文化娱乐、教育科研、体育设施等各类公共服务设施
综合交通	① 确定交通发展战略;② 确定主要对外交通设施和主要道路交通设施布局;③ 确定城市道路系统网络;④ 确定机场净空、城市轨道交通等控制规定	① 对外交通:铁路站、线及场用地范围;江、海、河港口码头、货场及疏港交通用地范围;航空港用地范围及交通联结;市际公路、快速公路与城市交通的联系,长途客运枢纽站的用地范围;城市交通与市际交通的衔接。② 道路系统:各项交通预测数据的分析、评价;主次干道系统的布局,重要桥梁、立体交叉、快速干道、主要广场、停车场位置	主次干道走向、红线宽度、重要交叉口形式;重要广场、停车场、公交停车场的位置和范围;铁路线路及站场、公路及货场、机场、港口、长途汽车站等对外交通设施的位置和用地范围
给水工程规划	① 确定用水量标准,预测城市总用水量;② 平衡供需水量,选择水源,确定取水方式和位置;③ 确定给水系统的形式、水厂供水能力和厂址,选择处理工艺;④ 布置输配水干管、输水管网和供水重要设施,估算干管管径;⑤ 确定水源地卫生防护措施	用水量标准,生产、生活、市政用水总量估算;水资源供需平衡,水源地选择,供水能力,取水方式,净水方案,水厂制水能力;输水管网及配水干管布置,加压站位置和数量;水源地防护措施	水源及水源井、泵房、水厂、贮水池位置,供水能力;给水分区和规划供水量;输配水干管走向、管径,主要加压站、高位水池规模及位置
排水工程规划	① 确定排水体制;② 划分排水区域,估算雨水、污水总量,制定不同地区污水排放标准;③ 进行排水管渠系统规划布局,确定雨水、污水主要泵站数量、位置,以及水闸位置;④ 确定污水处理厂数量、分布、规模、处理等级以及用地范围;⑤ 确定排水管渠的走向和出口位置;⑥ 提出污水综合利用措施	排水制度;划分排水区域,估算雨水、污水总量,制定不同地区污水排放标准;排水管渠系统规划布局,确定主要泵站及位置;污水处理厂布局、规模、处理等级以及综合利用的措施	排水分区界线,汇水总面积,规划排放总量;排水管渠干线位置、走向、管径和出口位置;排水泵站和其他排水构筑物规模、位置;污水处理厂位置、用地范围

专项规划	内容要求	成果表达	
		文本内容	图纸内容
供电工程规划	① 预测城市供电负荷；② 选择城市供电电源；③ 确定城市变电站容量和数量；④ 布局城市高压送电网和高压走廊；⑤ 提出城市高压配电网规划技术原则	用电量指标,总用电负荷,最大用电负荷,分区负荷密度；供电电源选择；变电站位置、变电等级、容量,输配电系统电压等级、敷设方式；高压走廊用地范围、防护要求	供电电源位置、供电能力；变电站位置、名称、容量、电压等级；供电线路走向、电压等级、敷设方式；高压走廊用地范围、电压等级
电信工程规划	① 预测电信需求,预测电话普及率和装机容量,确定电信、移动通信、广播电视等的发展目标和规模；② 提出主要技术措施；③ 研究确定长途电话网、长途局、与市话局中继方式；④ 市话网络、汇接局、汇接方式、市话网主干路规划和管道规划；⑤ 邮政、电话局所得分区范围、局所规模和局所址；⑥ 广播电视台、站规模和选址,广播电视主干路和管道规划；⑦ 无线电收发区及相应措施；⑧ 微波通道规划	各项通信设施的标准和发展规模(包括长途电话、市内电话、电报、电视台、无线电台及部门通信设施)；邮政设施标准、服务范围、发展目标,主要局所网点布置；通信线路布置、用地范围、敷设方式；通信设施布局和用地范围,收发讯区和微波通道的保护范围	各种通信设施位置,通信线路走向和敷设方式；主要邮政设施布局；收发讯区、微波通道等保护范围
供热工程规划	① 预测城市热负荷；② 选择城市热源和供热方式；③ 确定热源的供热能力、数量和布局；④ 布置城市供热重要设施和供热干线管网	估算供热负荷、确定供热方式；划分供热区域范围、布置热电厂；热力网系统、敷设方式；联片集中供热规划	供热热源位置、供热量；供热分区、热负荷；供热干管走向、管径、敷设方式
燃气工程规划	① 预测城市燃气负荷；② 选择城市气源种类；③ 确定城市气源厂和储配站的数量、位置与容量；④ 选择城市燃气输配管网的压力等级；⑤ 布局城市输气干管	估算燃气消耗水平,选择气源,确定气源结构；确定燃气供应规模；确定输配系统供气方式、管网压力等级、管网系统,确定调压站、灌瓶站、贮存站等工程设施布置	气源位置、供气能力、储气设备容量；输配干管走向、压力、管径；调压站、贮存站位置和容量
环卫设施工程规划	① 测算城市固体废弃物产量,分析其组成和发展趋势,提出污染控制目标；② 确定城市固体废弃物的收运方案；③ 选择城市固体废弃物处理和处置方法；④ 布置各类环境卫生设施；⑤ 进行可能的技术经济方案比较	环境卫生设施设置原则和标准；生活废弃物总量,垃圾收集方式、堆放及处理,消纳场所的规模及布局；公共厕所布局原则、数量	应标明主要环卫设施的布局和用地范围,可与环境保护规划图合并

专项规划	内容要求	成果表达	
		文本内容	图纸内容
防洪工程规划	① 确定城市消防、防洪、人防、抗震等设防标准;② 布局城市消防、防洪、人防等设施;③ 制定防灾对策与措施;④ 组织城市防灾生命线系统	城市需设防地区(防江河洪水、防山洪、防海潮、防泥石流)范围、设防等级、防洪标准;防洪区段安全泄洪量;设防方案,防洪堤坝走向,排洪设施位置和规模;防洪设施与城市道路、公路、桥梁交叉方式;排涝防渍的措施	各类防洪工程设施(水库、堤坝闸门、泵站、泄洪道等)位置、走向;防洪设防地区范围、洪水流向;排洪设施位置、规模
地下空间及人防规划	重点设防城市要编制地下空间开发利用及人防与城市建设相结合规划,对地下防灾(包括人防)设施、基础工程设施、公共设施、交通设施、贮备设施等进行综合规划,统筹安排。必要时可分开编制	城市战略地位概述;地下空间开发利用和人防工程建设的原则和重点;城市总体防护布局;交通、基础设施的防空、防灾规划;贮备设施布局	城市总体防护规划图,标绘防护分区、疏散区位置,贮备设施位置,主要疏散道路等。城市人防工程建设和地下空间开发利用规划图,标绘各类人防工程与城市建设相结合的工程位置及范围

通过空间布局满足人们对各类设施的使用需求。

(2)适度超前原则:科学预测城市和各类设施未来发展趋势,在严格按照相关规范执行的同时,又要考虑实际需求与可能,适度超前。

(3)整体规划原则:各类设施布局规划以服务各区居民为主,兼顾周边城乡结合地区,部分地段打破行政区界线,整体规划。同时各类设施之间强调共建共享,提高公共服务设施的可利用度,打破区域之间界限,为城市的开放发展提供必要的保障。

(4)分期实施原则:公共服务专项规划可按照分片区开发时序,分近期、远期实施,结合城市各专项规划建设时序,互相协调,分期建设。

(二)主要内容

1. 保障性住房需求预测和布局原则

住房问题是重要的民生问题。无论是发达国家还是发展中国家,都会建立住房保障制度来保证"居者有其屋"。保障性住房建设工作涉及社会经济各个领域,而规划布局是保障性住房建设的核心内容之一。只有进行合理的规划布局,保障性住房才能在减轻经济负担的同时,为居住者提供交通便利、环境舒适的条件,从根本上改善群众的生活。

(1)保障性住房需求预测

《经济适用住房管理办法》第十四条规定,经济适用住房要严格控制为中小套型,中套住房面积控制在 80 m² 左右,小套住房面积控制在 60 m²。市、县人民政府可以根据本地区居民的收入和居住水平等因素,合理确定经济适用住房的户型面积和各种户型比例,并进行严格管理。

保障性住房的需求量决定了其建设需要的用地规模,保障性住房的需求量可从城市家庭收入、人均消费性支出、人均住房消费支出、恩格尔系数及居住住房面积标准等方面综合考虑。

(2)保障性住房选址布局要点

① 区位交通较为便利,具有一定基础设施,土地等级相对较低;② 靠近城市工业企业等就业区域,保障中低收入阶层就近择业;③ 新建廉租房应以配套建设为主,小集中、大分散,城区内不宜新建廉租房;④ 遵循社会、经济、环境、资源可持续利用的准则;⑤ 突破单一的住宅区功能,强调以人为本与环境的和谐。

2. 公共服务体系建设要点

(1)行政办公设施

行政办公设施主要是指市级、区级行政、党派、团体及公安局、检察院、法院、司和各委办、局等管理机构。同时包括非市属、区属机关、事业办公管理机构。

行政办公设施,其规划建设标准应严格执行国家标准和规范的规定,不要自行提高用地指标。各级行政办公用地规划,在城市总体规划中,宜逐渐形成行政办公中心,由分散逐渐过渡到集中,共享公共设施,提高工作效率。政府办公楼前设置的绿化广场,主要是供市民进行文化休闲的场所,该用地面积不作为行政办公用地。在城市总体规划中,有条件的可以在城市行政办公中心地段设置具有一定规模的绿化休闲广场,广场规模应符合国家规定。

行政办公用地规划选址应遵循下列基本原则:各级政府、党派团体和各事业管理的办公机构,规划选址宜在交通方便、周围环境安静、无污染的地段;为逐渐形成城市行政办公中心,在原有办公用地基础上扩展的,总体规划要提出其周围的扩展用地范围,城市规划管理要严格控制。

(2)商业金融设施

商业设施主要分为三级,即市级商业中心、区级商业中心、地区级商业中心。商业设施分类主要包括:市级、区级的商业街,专业性商业步行街;超级市场、专业商场、百货商场、大型购物中心、各类批发市场;宾馆、酒店、大中型餐饮业和服务业。

城市商业中心布置的原则:城市规模大,宜分散设置几个市级中心,其服务半径不宜超过 10 km;区级商业中心服务半径不宜超过 5 km;地区级商业中心服务半径不宜超过 3 km。城市商业街、专业性商业步行街可根据城市的性质、商业文化传统和实际需要设置。大型专业批发市场、大型宾馆和酒店、大型超级市场、大型服务业及大型物流配送中心等商业设施的建设用地规模,因其所在城市规模和性质不同,可视具体情况而定。

城市商业设施规划选址应遵循下列基本原则:城市商业中心宜在现状已形成的商业中心延伸规划,若规划新的商业中心应选择在城市适中位置,交通方便,各项市政基础设施配套齐全,要留有发展余地;城市商业中心、区级商业中心、地区级商业中心的规划布局要均衡,满足服务半径,方便市民;批发市场、物流配送中心宜选择在城市对外、对内交流条件好的边缘地段,商业设施不应沿城市干道布置,宜结合步行街或商业街区布置。步行街的路面红线宽度不宜大于 20 m。

金融设施城市规划选址应遵循以下基本原则:要充分利用原有城市金融用地,宜在此基础上规划扩大规模及用地控制范围,形成城市金融中心;银行业选址应规划在交通方便、便民、安全的地段。

（3）文化娱乐设施

文化娱乐设施规划选址应遵循以下基本原则：应按市、区两级设施规划布局。可结合原有文化娱乐设施进行扩建、改建，规划用地范围留有发展余地。新规划的市级、区级文化娱乐设施在中心地区为宜，并具有发展预留地；文化娱乐设施要尽量毗邻城市内的江河、湖水及园林绿化地段，为市民创造优美的文化活动环境；文化娱乐设施用地要交通方便，并设有广场，便于疏散；图书馆类的用地要选择环境安静、周围没有噪音污染的地段。

（4）医疗卫生设施

医疗卫生设施规划应符合国家及城市卫生事业发展规划要求，充分利用现有卫生设施，避免重复建设或布局过于集中。要对现有的卫生资源规划整合，以更加适合市民就医的需要。特大城市以上城市可建立城市医疗中心，提高整体医疗水平。根据城市规模可建一个中心，也可建多个中心，分布要均匀，距离要适当，以方便市民就医。

城市医疗卫生规划选址应遵循下列基本原则：医疗设施的规划选址，要考虑服务半径。对原有医疗卫生设施地址经论证合理的可在原有医疗用地基础上进行扩建，并提出新的规划用地范围；医疗设施规划选址要考虑环境安静、交通方便的地段。疗养性设施要尽量靠近山林、河、湖及周边环境良好的地段。卫生设施主要承担检疫、防疫、专业性强的管理职能，可以规划在综合性医疗中心地段。

（5）社会福利设施

社会福利设施主要是市级、区级为老年规划建设的养老院、老人护理院、老年活动中心等老年设施；为残疾人设置的残疾人康复中心、残疾人教育中心；为被遗弃儿童设置的儿童福利设施等。要考虑对社会老年人、残疾人的无障碍设计。

城市福利设施选址应遵循下列基本原则：市区级养老院、护理院等老龄设施规划选址宜在城区边缘或城郊结合部，环境绿化条件较好、市政设施较完善、交通便利的地区；老年大学、老年活动中心等老龄公共设施，宜靠近人口集中的居住区，要环境安静、安全、交通便利；市级残疾人康复中心、残疾人活动中心的规划选址主要考虑交通便利，避开车流、人流等不安全因素的干扰；市级儿童福利院是为社会上被遗弃儿童和孤儿设置的生活福利设施，选址宜靠近居住区。

三、综合交通

（一）基本原则

1. 集约节约

应以建设集约化城市和节约型社会为目标，贯彻科学发展观，促进资源节约、环境友好、社会公平、城乡协调发展、保护自然与文化资源。

2. 公交优先

应贯彻落实优先发展城市公共交通的战略，优化交通模式与土地使用的关系，统筹各交通子系统协调发展。

3. 科学分析

应遵循定量分析与定性分析相结合的原则，在交通需求分析的基础上，科学判断城市交通的发展趋势,合理制定城市综合交通体系规划方案。

4. 近远结合

应统筹兼顾城市规模和发展阶段,结合主要交通问题和发展需求,处理好长远发展与近期建设的关系。规划方案应有针对性、前瞻性和可实施性,且满足城市防灾减灾、应急救援的交通要求。

(二) 主要内容

1. 分析交通现状

① 现状地形、现状建筑的保留与拆除的分析;

② 现状道路交通存在的问题及其产生的原因分析;

③ 解决交通问题的基本思路、交通组织方案及可能性分析。

2. 确定指导思想

① 根据城市的特点(性质、规模、经济发展、区位、地理、交通条件)确定城市对外交通和城市交通的发展水平和标准;确定综合交通的发展目标、指标与政策。

② 根据城市用地的规划布局研究,预测城市交通形态,按照规划的城市布局结构对全市交通系统(包括对外交通系统)重新认识并进行调整,进而选择道路系统的结构类型。

③ 根据城市的发展需求,选择解决城市交通问题的战略措施。

3. 综合构架对外交通系统与城市道路交通系统组织

规划中要结合道路的功能分工,对各种交通流向进行定性分析,确定道路网结构及交通组织方案。

① 注意与城市用地发展布局结构的协调;

② 注意解决疏通性道路网的布局问题;

③ 注意与对外交通及城市各级中心的衔接关系;

④ 注意城市景观环境及经济等问题。

4. 交通设施的布局

确定对外交通设施、市级交通枢纽布局,客货运枢纽,公共交通站场及城市各类停车场等。

(三) 相关技术要求

1. 交叉口间距

不同规模的城市有不同的交叉口间距要求,不同性质、不同等级的道路也有不同的交叉口间距要求。交叉口的间距主要取决于规划规定的道路的设计车速及隔离程度,同时也要考虑不同使用对象的方便性要求。城市各级道路的交叉口间距可按表8-2的推荐值选用。

表8-2　城市各级道路的交叉口间距

道路类型	城市快速干道	城市主干道	城市次干道	一般道路
设计车速(km/h)	≥80	40—60	40	≤30
交叉口间距(m)	1 500—2 500	700—1 200	350—500	150—250

2. 道路红线宽度

城市总体规划阶段的任务主要是确定城市总的用地布局及各项工程设施的安排，不可能具体确定每项细部的用地建设和设施的布置。因此，在总体规划阶段，通常根据交通规划、绿地规划和工程管线规划的要求确定道路红线的大致的宽度要求，以满足交通、绿化、通风日照和建筑景观等的要求，并有足够的地下空间敷设地下管线。

不同等级道路对道路红线宽度的要求如表 8-3 所示。

表 8-3　不同等级道路的红线宽度

	快速干道	主干道	次干道	一般道路
红线宽度(m)	60—100	40—70	30—50	20—30

3. 道路横断面类型

（1）横断面形式的选择与组合

城市道路横断面形式分为单幅路、双幅路、三幅路、四幅路。

城市道路横断面的选择与组合主要取决于道路的性质、等级和功能要求，同时还要综合考虑环境和工程设施等方面的要求。道路断面的形式、特点、优点、技术要求及使用条件详见表 8-4。

表 8-4　道路断面类型

形式	特点	优点	技术要求	使用条件
单幅路	机动车道与非机动车道设有分隔带，车行道为机动车、非机动车混合行驶	混合行驶，可以根据高峰调节横断面的使用宽度，而且具有占地小、投资省、通过交叉口时间短、交叉口通行效率高的优点，仍是一种很好的横断面类型	一般用于次干路和支路，断面宽度不大于 24 m，车行道宽度为 9—16 m，机动车与非机动车混行	多用于"钟摆式"交通路段及生活性道路、次干道及支路；在用地困难、拆迁量较大地段以及出入口较多的商业性街道上可优先考虑
双幅路	在车行道中央设中央分隔带，将对向行驶的车流分隔开来，机动车可在辅路上行驶	解决机动车对向行驶的矛盾，双向交通比较均匀	为保证车速，在双向车行道之间采取一种隔离的道路断面。一般断面宽度在 25—35 m，中间的隔离带宽度一般为 3—8 m，单向车道为 9—12 m	适用于机动车交通量大、车速要求高，非机动车类型较单纯且数量不多，用于联系远郊区之间的快速干道
三幅路	用分隔带把车行道分为三部分，中央部分通行机动车辆，两侧供机动车、非机动车行驶	有利于解决机动车与非机动车相互干扰的矛盾，保障交通安全。多层次的绿化，从景观上可以取得较好的美化城市的效果	城市中最常见的断面形式，适用于城市主要交通干道，机动车与非机动车分道行驶，道路断面宽度一般为 35—50 m	适用于机动车交通量不十分大而又有一定的车速和车流畅通要求，自行车交通量又较大的生活性道路或交通性客运干道

形式	特点	优点	技术要求	使用条件
四幅路	在三幅路的基础上增加中央分隔带,形成机动车、非机动车分行,机动车单向行驶的交通条件	机动车、非机动车分流,机动车双向分流	适用于快速干道,既要求双向的快速交通有隔离,又要使同向机动车与非机动车分道行驶的道路,道路断面宽度一般为 40—60 m	比较少见,占地较大。适用于机动车交通量大、机动车车速高、非机动车多的情况。一般在城市道路中不宜采用这种横断面类型

(2)道路横断面设计

城市道路横断面设计是在城市总体规划中确定的两侧红线范围内进行,由车行道、人行道、分隔带、绿化带等组成。道路横断面设计的好坏关系到交通安全、道路功能、通行能力、用地的使用效率、城市景观等方面。

城市道路横断面设计,应首先对该设计道路在城市总体规划路网系统中的地位、作用及交通功能进行详细分析,避免简单地套用固定模式,使道路横断面千篇一律现象出现。道路横断面形式及其尺寸的确定,应在城市交通规划的指导下,综合考虑各方面因素合理布局,详见图 8-1。

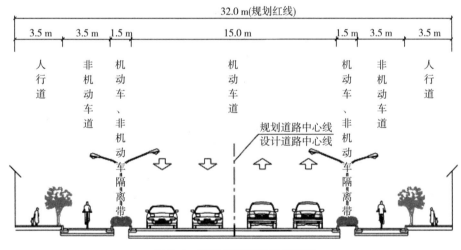

图 8-1 道路横断面设计示意图

四、市政公用设施

(一)给水工程规划

1. 用水量预测

用水量应包括:生活、生产、消防、浇洒道路和绿化、管网漏水量和未预见水量。

(1)城市生活用水量

生活用水随着城镇人口的增加、住房面积的扩大、公共设施的增多、生活水平的提高,用水量不断增加。用水水平与城镇规模、水源条件、生活水平、生活习惯和城市气候等因素有关,生活用水量应结合城市地理位置、水资源状况、气候条件、城市经济社会发展与公共设施水平、居民经济收入、居住生活水平、生活习惯,经综合分析与比较后选定相应的指标。

(2) 城市生产用水量

城市生产用水量一般按城市总用水量的 50%—70% 计算,或按规划经济增长率和规划年限估算,或按单位产品用水量计算和采用万元产值用水量估算。

(3) 城市市政公共服务用水

城市市政公共服务用水可按占城镇总用水量的比例(10%—20%)估算。

将上述三者合计平均日总用水量规模和年总用水量作为今后水厂建设规模的依据,也可按人均综合需水量(600—1 000 L/d)匡算。

(4) 城市用水定额

用水量标准如表 8-5 所示。

表 8-5　用水量标准

类别	标准
生活用水	200—500 L/(人·d)
工业用水	根据行业不同,使用方式不同,定额也不同
消防用水	同一时间两次火灾,每次 40 L/s 的流量
市政用水	街道洒水:1.0—1.5 L/(m²·d); 绿地浇水:1.0—2.0 L/(m²·d)

城市日用水总量以城市生活、生产最高日平均用水量加上消防、市政用水量计算。

一般情况下,平均每人总用水量为 600—1 000 L/d。

2. 水源选择

(1) 选择水源

水源分地下水与地表水两类。水量充沛,水质较好,距离适当;可一个也可多个水源,地下水水源的选择因素与要求见表 8-6。

① 选择地下水作为给水水源时,应有确切可靠的水文地质资料,且不得超量开采;选择地表水作为给水水源时,应保证枯水期的供水需要,其保证率不得低于 90%(表 8-7)。

② 当城市之间使用同一水源或水源在规划区以外时,应进行区域或流域范围内的水资源供需平衡分析,并根据水资源供需平衡分析提出保持平衡的对策。

③ 水资源不足的城市,宜将雨水、污水处理后用作工业用水、生活杂用水及河湖环境用水、农业灌溉用水等,其水质应符合相应标准的规定。

④ 选择湖泊或水库作为水源时,应选在藻类含量较低、水较深和水域较开阔的位置,并符合现行的《含藻水给水处理设计规范》(CJJ 32—2011)的规定。

表 8-6　地下水水源选择要求

因素	要求
取水地点	应与总体规划的要求相适应
水量	水量充沛可靠,水量保证率要求在95%以上,不但满足规划水量要求,且留有余地
水质	水质良好,原水水质符合饮用水水质要求
用水地区	应尽可能靠近主要用水地区
综合利用	应注意综合开发利用水资源,同时需要考虑农业、水利的需求
施工与运行	应考虑取水、输水、净化设施的施工、运转、维护管理方便、安全、经济,不占或少占农田

表 8-7　地表水水源选择要求

因素	要求
规划要求	取水地点应与总体规划要求相适应,尽可能靠近用水地区以节约输水投资
水量、水质	水量充沛可靠,不被泥沙淤积和堵塞,水质良好
避沙洲	在有沙洲的河段应离开沙洲有足够的距离(500 m外);沙洲有向取水点移动趋势时,还应加大距离
地段	宜在水质良好地段,在城市上游,防止污染,防止潮汐影响。选择湖泊、水库为水源时,应有足够水深。远离支流汇入处,靠近湖水出口或水库堤坝,在常年主导风向的上风向
洪水、结冰	应设在洪水季节不受冲刷和非淹没处,无底冰或浮水的河段
人工构筑物	需要考虑人工构筑物,如桥梁、码头、丁坝、拦河坝等对河流特性引起变化的影响,以防对取水构筑物造成危害
给水系统	取水点位置与给水厂、输配水管网一起统筹考虑、协调布置

（2）水源保护

① 地表水取水点周围半径 100 m 的水域内严禁捕捞、停靠船只、游泳和从事有可能污染水源的任何活动。

② 取水点上游 1 000 m、下游 100 m 的水域不得排入工业废水和生活污水;其沿岸防护范围内不得堆放废渣,不得设置有害化学物品仓库或设立装卸垃圾、粪便、有毒物品的码头。

③ 供生活饮用的水库和湖泊,应将其取水点周围部分水域或整个水域及其沿岸划为卫生防护地带。

④ 以河流为给水水源的集中式给水,必须把其取水点上游 1 000 m 以外范围的河段划为水源保护区,严格控制污染物排放量。

⑤ 以地下水为水源、采取分散式取水时,水井周围 30 m 范围内不得设置渗水厕所、渗水坑、粪坑、垃圾堆、废渣堆等污染源;在井群影响半径范围内,不得使用工业废水或生活污水进行农业灌溉和施用剧毒农药。

（3）水厂

① 城市的水厂设置应以城市总体规划和市(县)域城镇体系规划为依据;较集中分布的城市应统筹规划区域水厂,位置选择因素与要求参见表8-8。

表 8-8　城市水厂位置选择要求

因素	要求
布局	有利于给水系统布局合理
地形	不受洪水威胁,充分利用地形地势,有较好的废水排除条件
地质	有良好的工程地质条件
卫生	有良好的卫生环境,便于设立卫生防护地带
用地	少拆迁、不占或少占良田
运行	施工、运行和维护方便

② 城市水源地应设在水量、水质有保证且易于实施水源环境保护的地段。地表水水厂的位置应根据给水系统的布局确定,宜选择在给水半径合理、交通方便、供电安全、生产废水处置方便、周围无污染企业,在设计的城市防洪排涝标准下不被淹没、不形成内涝的地方,且靠近取水点;地下水水厂的位置应根据水源地的地点和不同的取水方式确定,宜选择在取水构筑物附近。

③ 城市水厂用地应按规划期给水规模来确定,并结合城市实际情况选定;水厂厂区周围应设置宽度不小于 10 m 的绿化地带。新建水厂的绿化占地面积不宜少于总面积的 20%。

④ 城市的水厂应不占或少占良田好地。

3. 给水管网规划

(1)基本要求

① 考虑给水系统分期建设的可能性,并留有充分的发展余地;② 满足技术要求,保证有足够的水量和水压;③ 满足供水安全要求,当局部管网发生事故时断水范围应减到最小,检修时要保障供水;④ 满足管线布置经济要求,力求以最短距离敷设管线,以降低管网造价和供水能量费用。

(2)管网形式

管网布置形式:一般有环状管网和树枝状管网两种,主干管呈环状,支管呈树枝状(图 8-2、图 8-3)。

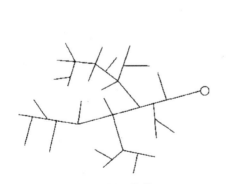

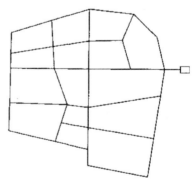

图 8-2　树枝状管网　　　　　图 8-3　环状管网

给水管网的布置,既要求供水安全、可靠性高,又要求贯彻节约的原则。因此,一般在城镇建设初期,根据近期规划采用树枝状管网布置,随着城镇规模的扩大、利用水量的增加，再逐步建设成环状管网；在城镇中心区和居民密集区，一般应布置成环状管网，在郊区和次要地区可采用树枝状管网。总之，在进行管网规划时，既要考虑供水齐全，又要考虑供水的经济性；既要考虑近期，也要考虑远期，做到树枝状管网和环状管网相结合，在经济条件许可下，以环状管网为主。

（二）排水工程规划

在《关于推进海绵城市建设的指导意见》中明确指出，要加快推进海绵城市建设，修复城市水生态、涵养水资源，增强城市防涝能力，采取"渗、滞、蓄、净、用、排"等措施保障海绵城市建设。基于近期国家发布有关基本方针、政策、法令，对城市排水工程规划提出了新的要求，2017年《城市排水工程规划规范》也进行了修订，明确了在新时期排水工程规划的"海绵"使命。

排水工程系统主要包括排水管道系统与污水处理设施。

1. 污水量计算

污水量应包括生活污水量和生产污水量。

（1）生活污水量：可按生活用水量的75%—90%进行估算。

（2）生产污水量及其变化系数：应按产品种类、生产工艺特点和用水量确定，也可按生产用水量的70%—90%计算。

2. 排水体制

排水体制一般分两种：分流制、合流制（表8-9）。

表8-9 排水体制分类

类型	特点			
分流制	指用不同管渠分别收纳污水和雨水的排水方式。雨水和污水分别流入各自管道，污水排入污水处理厂，雨水排入河流			成本高，污染少，污水处理厂负荷小
合流制	指用同一管渠收纳生活污水、工业废水和雨水的排水方式	直泄式	是将管渠系统就近坡向水体，分若干个排出口，混合的污水未经处理直接泄入水体	成本低、有污染，如排向污水处理厂则加大处理负荷
		截流式	是将混合污水一起排向沿水体的截流干管，晴天时污水全部送到污水处理厂；雨天时，混合水量超过一定数量，其超出部分通过溢流并泄入水体	成本居中，大雨时有污染

新建市（城）区排水体制宜采用雨水、污水分流制；旧市（城）区暂时保留合流制，并逐步改造。

3. 排水管渠布置

排水管渠的布置，可采用贯穿式、低边式或截流式。雨水就近、就便排入水体（分片排入），应充分利用地面径流和沟渠排出，污水通过管道或暗渠集中收集至处理场所，经处理后排放；雨水、污水均应尽量考虑自流排水。

（1）布置原则

① 应布置在排水区域内地势较低，便于雨水、污水汇集地带。

② 宜沿规划道路敷设,并与道路中心线平行。

③ 在道路下的埋设位置应符合《城市工程管线综合规划规范》(GB 50289—2016)的规定。

④ 穿越河流、铁路、高速公路、地下建(构)筑物或其他障碍物时,应选择经济合理路线。

⑤ 截流式合流制的截流干管宜沿受纳水体岸边布置。

⑥ 排水管渠的布置要顺直,水流不要绕弯。

注意,排水绝对不可能成环状。

（2）布置形式

排水管渠的布置形式有正交布置、截流布置、扇形布置、分区布置、分散布置(图8-4)。

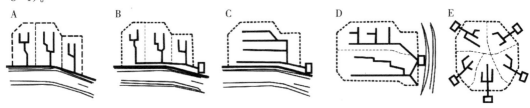

图 8-4　排水管道网的布置

注:A 正交布置,一般用于排除雨水。B 截流布置,将污水截流至处理厂后用作灌溉或排入水体。C 扇形布置,适用于地形坡度大的城市。D 分区布置,适用于山区高差较大的城市。E 分散布置,适用于平原或用地分散的城市。

4. 污水处理

污水处理场所设在地势较低处,但又不能受洪水威胁;远离城市一定距离,设置一定宽度的防护绿带。污水处理厂的位置选择因素与要求如表 8-10 所示,城市污水处理厂用地估算面积标准参见表 8-11。

表 8-10　污水处理厂的位置选择因素与要求

因素	要求
排放	(1) 宜在城市水体的下游,与城市工业区、居住区保持 300 m 以上的距离。 (2) 宜选在水体和公路附近,便于处理后的污水能就近排入水体,减少排放渠道长度,以及便于运输污泥
气象	在城市夏季最小频率风向的上风侧
地形	(1) 宜选在城市低处,以使主干管沿途不设或少设提升泵站,但不宜设在雨季时容易被污水淹没的低洼之处。 (2) 靠近水体的污水处理厂,厂址标高一般应在 20 年一遇洪水位以上,不受洪水威胁。 (3) 用地地形最好有适当坡度,以满足污水在处理流程上的自流要求;用地形状宜为长条形,以利于按污水处理流程布置构筑物
用地	尽可能少占用或不占用农田
分期	考虑到远期、近期结合,使厂址近期离城市不太远,远期又有扩建的可能
地质	有良好的工程地质条件。厂址宜选在无滑坡、无塌方、地下水位低、土壤承载力较好(一般要求在 1.5 kg/cm² 以上)的地方

表 8-11　城市污水处理厂用地估算面积 表 8-11　城市污水处理厂用地估算面积　　　　　　　　单位：m²/(m³/d)

处理水量(万 m³/d)	一级处理	二级处理(一)	二级处理(二)
0.5—1.0	1.0—1.6	2.0—2.5	—
1.0—2.0	0.6—1.4	1.0—2.0	4.0—6.0
2.0—5.0	0.6—1.0	1.0—1.5	2.5—4.0
5.0—10.0	0.5—0.8	0.8—1.2	1.0—2.5

注：(1)一级处理工艺流程大体为泵房、沉砂、沉淀及污泥浓缩、干化处理等；二级处理(一)工艺流程大体为泵房、沉砂、初次沉淀、曝气、二次沉淀及污泥浓缩、干化处理等；二级处理(二)工艺流程大体为泵房、沉砂、初次沉淀、曝气、二次沉淀、消毒及污泥提升、浓缩、消化、脱水及沼气利用等。(2)该用地指标指生产运行所必需的土地面积，不包括厂区周围的绿化带。

(三) 电力工程规划

1. 用电负荷计算

电力负荷预测方法有很多，常用的计算方法大致分为两类，一类是从预测电量入手，再换算为用电负荷，如综合用电水平法、单耗法、增长率法和电力弹性系数法；另一类是直接预测用电负荷的负荷密度法，它又分为按单位用地面积负荷密度和单位建筑面积负荷密度两类。

(1) 分项预测法

一般将负荷划分为生活用电、工业企业用电、市政公用设施和其他用电，将各类用地负荷分别进行预测，然后相加再乘以同时系数得到。分项预测法的复核结果比较明确，但统计信息的收集工作较为复杂。

(2) 人均指标预测法

当采用人均市政、生活用电指标法预测用电量时，应结合城市的地理位置、经济社会发展与城市建设水平、人口规模、居民经济收入、生活水平、能源消费构成、气候条件、生活习惯、节能措施等因素。

(3) 负荷密度法

当采用负荷密度法进行城市用电负荷预测时，其居住建筑、公共建筑、工业建筑三大类建设用地的规划单位建设用地负荷指标的选取，应根据其具体构成分类及负荷特征，结合现状水平和不同城市的实际情况，按表 8-12 经分析、比较而选定。

表 8-12　规划单位建设用地负荷指标

建设用地分类	居住用地	公共设施用地	工业用地
单位建设用地 负荷指标[kW/(h·a)]	80—280	300—550	200—500

注：表外其他类建设用地的规划单位建设用地负荷指标的选取，可根据城市的实际情况，经调查分析后确定。

2. 用电量标准

人均城市居民生活用电量指标，较高、中上、中等、较低生活用电水平城市分别是：
1 501—2 500 kW·h/(人·a)、801—1 500 kW·h/(人·a)、401—800 kW·h/(人·a)、

250—400 kW·h/(人·a)。

3. 电源规划

（1）电源选择

城市的供电电源在条件许可时，应优先选择区域电力系统供电；对规划期内区域电力系统电能不能经济、合理供到的地区、城市，应因地制宜地建设适宜规模的发电厂（站）作为电源，并根据当地具体情况确定发电种类（水、火、风、核）。

城市电源的配置：中小城市，应有两个电源；大城市，应有多个电源。

（2）供电电源和变电站站址的选择

供电电源和变电站站址的选择应以市（县）域供电规划为依据，并符合建站的建设条件，且线路进出方便和接近负荷中心，不占或少占农田。发电厂应靠近能源，变电站所应在靠近负荷中心的独立地段。

变电所的位置要考虑下面一些问题：① 接近负荷中心，或网络中心。② 便于各级低压线路的引入或引出，进出线走廊要与变电所位置同时决定。③ 变电所用地要不占或少占农田，地质条件要好。④ 不受积水浸淹，枢纽变电所要在百年一遇洪水位之上。⑤ 靠近公路和城市道路，但应有一定间距。⑥ 区域性变电所不宜设在城市内。

4. 供电线路布置

（1）布置要求

① 便于检修，减少拆迁，少占农田，尽量沿公路、道路布置。

② 为减少占地和投资，宜采用同杆并架的架设方式。

③ 线路走廊不应穿越城市中心、住宅、森林、危险品仓库等地段，避开不良地形、地质和洪水淹没地段。

④ 配电线路一般布置在道路的同一侧，既减少交叉、跨越，又避免对弱电的干扰。

⑤ 变电站出线宜将工业线路和农业线路分开设置。

⑥ 线路走向尽可能短捷、顺直，节约投资，减少电压损失（要求自变电所始端到用户末端的电压损失不超过10%）。

（2）布置形式

常用电力网络布置如图8-5所示。其中，放射式、干线式和树枝状三种电力网络，其接线的特点是简单、设备投资费用低、运行方便，但可靠性较低。而环形网络和两端供电网络，每个负荷点至少通过两条线路，从不同的方向取得电源，具有较高的供电可靠性。

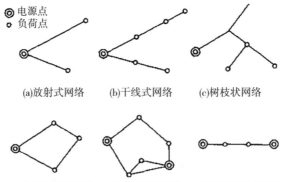

图 8-5　常用电力网络布置图示

5. 高压线走廊

对 10 kV 以上的高压线走廊,其宽度可按表 8-13 确定。

表 8-13　城市高压走廊宽度

电压等级(kV)		35	110	220
标准杆(塔)高(m)		15	15	23
走廊宽度(m)	无建筑物	17	18	26
	已受建筑物限制	8	11	14

注:若需考虑高压线侧杆的危险,则高压线走廊宽度应大于杆高的两倍。

(四)环境卫生规划

1. 环境卫生设施规划

城市环境卫生设施规划应对公共厕所、化粪池、粪便蓄运站、废物箱、垃圾容器(垃圾压缩站)、垃圾转运站(垃圾码头)、卫生填埋场(堆肥厂)、环境卫生专用车辆配置及其车辆通道和环境卫生基地建设的布局、建设和管理提出要求。

(1)环境卫生设施规划应符合统筹规划、合理布局、美化环境、方便使用、整洁卫生、有利排运的原则。

(2)公共厕所设置的一般要求:市(域)镇区主要繁华街道的公共厕所之间距宜为 400—500 m,一般街道宜为 800—1 000 m,新建的居民小区宜为 450—550 m,并宜建在商业网点附近。

(3)废物箱应根据人流密度合理设置:繁华街道设置距离宜为 35—50 m,交通干道每 50—80 m 设置一个,一般道路为 80—100 m;在采用垃圾袋固定收集堆放的地区,生活垃圾收集点服务半径一般不应超过 70 m,居住小区多层住宅一般每四幢设一个垃圾收集点。

(4)城市宜考虑小型垃圾转运站,其选址应在靠近服务区域中心、交通便利、不影响市容的地方,并按 0.7—1.0 km² 的标准设置一座,与周围建筑间距不小于 5 m,规划用地面积宜为 100—1 000 m²/座。临水的城市可考虑设垃圾粪便码头,规划专用岸线及陆上作业用地,其岸线长度参照《城市环境卫生设施设置标准》。

(5)城市卫生填埋场的选址应最大限度地减少对环境和城市布局的影响,减少投资费用,并符合其他有关要求;宜规划在城市弃置地上,并规划卫生防护区。卫生填埋最终处理场应选择在地质条件较好的远郊。填埋场的合理使用年限应在 10 年以上,特殊情况下不应低于 8 年,且宜根据填埋场建设的条件考虑分期建设。

(6)城市环境卫生车辆和环境卫生管理机构等应按有关规定配置完善。城市环境卫生专用机动车数量可按城市人口每万人 2 辆配备;环境卫生职工人数可按城市人口的 1.5‰—2.5‰ 配备。环境卫生车专用车道宽度不小于 4 m,通往工作点倒车距离不大于 20 m,回车场为 12 m×12 m。

2. 固体废物量预测

城市固体废物应包括生活垃圾、建筑垃圾、工业固体废物、危险固体废物。

城市生活垃圾量预测主要采用人均指标法和增长率法;工业固体废物量预测主要采用增长率法和工业万元产值法。

当采用人均指标法预测城市生活垃圾量时,生活垃圾规划预测人均指标可初定为0.9—1.4 kg/(人·d),再结合当地燃料结构、居民生活水平、消费习惯和消费结构及其变化、经济发展水平、季节和地域情况进行分析、比较后选定。

当采用增长率法预测城市生活垃圾量时,应根据垃圾量增长的规律和相关调查、分析,按不同时间段确定不同的增长率。

3. 垃圾收运、处理与综合利用

(1) 城市应逐步实现生活垃圾清运容器化、密闭化、机械化和处理无害化的环境卫生目标。

(2) 城市垃圾在主要采用垃圾收集容器和垃圾车收集的同时,采用袋装收集方式,并符合日产日清的要求;垃圾收集方式应分非分类收集和分类收集,结合城市相关条件和实际情况分析、比较后选定。

(3) 城市生活垃圾处理应主要采用卫生填埋方法处理,有条件的城市经可行性论证也可因地制宜,采用堆肥方法处理;乡镇工业固体废物应根据不同类型特点来考虑处理方法,尽可能地综合利用,其中有害废物应采用安全土地填埋,并不得进入垃圾填埋场;危险废物应根据有关部门要求,采用焚烧、深埋等特殊处理方法。

(4) 城市环境卫生设施规划的垃圾污染控制目标可结合城市实际情况制定。

(五) 其他工程规划

1. 电信、邮政规划

(1) 规划要点

① 2—3 km 间距可设邮电分局。

② 地面微波接收站之间的微波通道不能被隔断。在城市中兴建高层建筑时,应注意不要阻挡或妨碍微波通信线路。微波线路应成折线形。

③ 邮电局各种交换制式的线路系数、电话装机门数、移动电话门数、各种专门服务台等的开通状况及将来规划。

④ 有线电话系统规划的内容包括:研究电话局所的分区范围及局所位置,调查研究电话需求量的增长、通信电缆的走向及位置。

⑤ 移动电话基站城市内半径为 1.5—15 km,避免干扰及产生盲区。

(2) 线路规划

① 与电力线不能放在一起,并逐步进入地下电缆。

② 线路网(一般情况下)为树枝状。

(3) 邮政局所选址

① 邮政通信枢纽选址:火车站边、交通便利、地形好等。

② 局所选址:闹市区、中心、设施密集区、交通便利、场地要求等。

(4) 广播电视

电视及广播是目前使用最广泛的传媒。在城市规划中要考虑广播电视台的位置,卫星及微波通信传播台的选址。

电视广播分有线及无线两种。有线电视线的规划要注意下面几个问题:

① 可与电信线放在一起。

② 据不同的线路布置信号放大器。

③ 有线电视差转台、前端的设置。

2. 热力工程规划

（1）集中供热工程规划的内容

① 预测城镇热负荷。

② 选择供热热源和供热方式。

③ 确定热源的供热能力、数量、布局及相应的供热范围。

④ 布置城镇供热工程的重要设施和供热干线管网；进行多方案技术经济比较，采用经济、节能、高效、可行的热网布局方案。

（2）供热管网布置的基本类型

小城镇供热管网布置的基本形式有枝状、环状两种（图8-6、图8-7）。

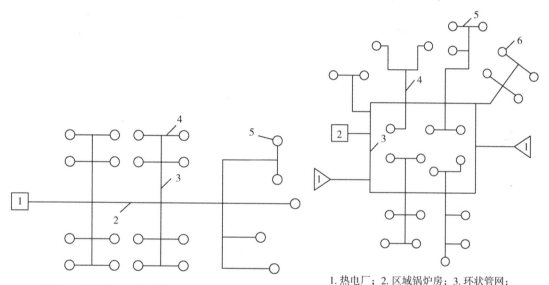

1. 热源；2. 主干线；3. 支干线；4. 用户支线；5. 热用户

图8-6　枝状管网示意图

1. 热电厂；2. 区域锅炉房；3. 环状管网；
4. 支干线；5. 分支干线；6. 热力站

图8-7　环状管网示意图

资料来源：朱建达，费忠民，等. 小城镇基础设施规划[M]. 南京：东南大学出版社，2002.

枝状管网是指呈树枝状布置的形式。其主要优点是管网比较简单，造价较低，运行方便，其管网管径随着与热源距离的增加而逐步减小；缺点是没有后备供暖的可能性，特别是当管网中某处发生事故时，就无法向在损坏地点之后的用户供热。

环状管网的主干管互相连通，呈环状，支干线和分支干线仍为枝状管网。热源一般也有两个。其主要优点是具有备用供热的可能性；缺点是管径比枝状管网大，消耗钢材多，造价高、投资大。

在实际工程中，小城镇一般多采用枝状供热管网形式，环状管网形式一般不采用。

3. 燃气工程规划

（1）总体规划阶段燃气工程规划的主要内容

① 预测城市燃气负荷。

② 选样气源、确定气源结构和供气规模。

③ 确定气源厂、储配站、储灌站等主要工程设施的规模、数量、用地及位置。

④ 确定输配系统供气力式、管线压力级制、调峰方式。

⑤ 布置城市燃气管网系统（区域调压站的设置、主干管系统布局）。

城市燃气工程总体规划应从分析现状开始，研究目前城市的气源种类和可能取得的气源途经，以及现有燃气设施存在的问题，根据近远期城市规模和经济发展水平，采用合理的参数指标预测燃气负荷，选择合适的气源和相应的供应方式，按照城市用地布局情况布置各项设施和管网。

（2）燃气类型与用气量预测

燃气的种类很多，以气源分类主要可分为天然气、人工煤气和液化石油气等；按输送燃气压力等级分类又可分为高压燃气管道、中压燃气管道和低压燃气管道。

规划应根据具体条件，合理选择燃气类型，并科学预测用气量。

（3）燃气管网的布置

燃气管网系统主要有一级管网系统、二级管网系统两种类型。

一级管网系统是指只有一个压力级制的燃气管网系统，有低压一级管网系统和中压一级管网系统两种。

二级管网系统是指具有中压、低压两个压力级制的燃气管网系统。

低压一级管网系统、中压一级管网系统、中压两级管网系统示意图如图 8-8 至图 8-10 所示。

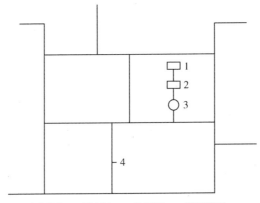

1. 气源厂；2. 储配站；3. 稳压器；4. 低压管网

图 8-8　低压一级管网系统示意图

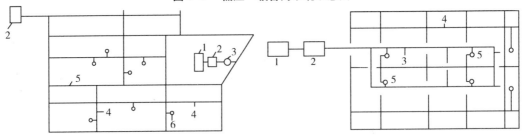

1. 气源厂；2. 储配站；3. 调压器；4. 中压配气管网；
　5. 中压输气管网；6. 箱式调压器

图 8-9　中压一级管网系统示意图

1. 气源厂；2. 储配站；3. 中压管网；
　4. 低压管网；5. 中低压调压站

图 8-10　中压两级管网系统示意图

（4）燃气厂及各种煤气供应设施在城市中的选择及布置

燃气厂址在城市中的选择，最主要的是煤的运输贮放问题及对城市的污染问题。

（六）工程管线综合规划

城市工程管线综合规划中常见的工程管线主要有六种：给水管道、排水沟管、电力线路、电话线路、热力管道、燃气管道。

总体规划阶段，主要以各项工程管线的规划资料为依据进行总体布置。其主要任务是解决各项工程管线在系统布置上的问题，如确定各种管线的具体布局和服务范围；确定各工程管线的走向和截面大小；协调管线之间、管线与道路之间的相互关系等。

1. 工程管线综合布置原则

（1）采用统一的城市坐标系统及标高系统。

（2）应减少管线与铁路、道路及其他干管的交叉。当管线与铁路或道路交叉时应为正交。在困难情况下，其交叉角不宜小于45°。

（3）综合布置地下管线产生矛盾时，应按下列原则处理：① 压力管让自流管；② 管径小的让管径大的；③ 易弯曲的让不易弯曲的；④ 临时性的让永久性的；⑤ 工程量小的让工程量大的；⑥ 新建的让现有的；⑦ 检修次数少的、方便的，让检修次数多的、不方便的。

（4）充分利用现状管线。改建、扩建工程中的管线综合布置，不应妨碍现有管线的正常使用。当管线间距不能满足规范规定时，在采取有效措施后，可适当减小。

2. 工程管线综合布置

（1）工程管线在道路下面的规划位置，应布置在人行道或非机动车道下面。电信电缆、给水输水、燃气输气、雨污水排水等工程管线可布置在非机动车道或机动车道下面。

（2）工程管线在道路下面的规划位置宜相对固定。从道路红线向道路中心线方向平行布置的次序宜为：电力电缆、电信电缆、燃气配气、给水配水、热力干线、燃气输气、给水输水、雨水排水、污水排水。

（3）沿城市道路规划的工程管线应与道路中心线平行，其主干线应靠近分支管线多的一侧，工程管线不宜从道路一侧转到另一侧。

（4）道路红线宽度超过30 m的城市干道宜两侧布置给水配水管线和燃气配气管线；道路红线宽度超过50 m的城市干道应在道路两侧布置排水管线。

管线在道路上的布置方位见表8-14。管线在道路横断面上的布置位置见图8-11。

表8-14　管线在城市道路上的布置

管线在路上的埋设	给水	雨水	污水	电力	电信
在南北向道上	E	E或W	W	W	E
在东西向道路上	S	S或N	N	N	S

注：E表示东；S表示南；W表示西；N表示北。

五、城市安全

城市防灾规划包括两方面：在硬件方面，要布置安排各种防灾工程设施；在软件方面，要拟定城市防灾的各种管理政策及指挥运作的体系，也就是避开灾害预防及灾害救护两

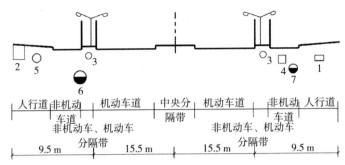

1. 电信电缆；2. 电力电缆；3. 路灯电缆；4. 煤气管；
5. 给水管；6. 雨水管；7. 污水管

图 8-11 管线横断面图

个方面。防灾系统规划包括:防洪规划、防火(消防)规划、抗震减灾规划及防空系统与地下空间规划。

(一)防洪规划

1. 防洪标准

防洪标准应根据城市的重要性确定。重要的城镇、工业中心、大城市应按 100 年一遇的洪水位来定标准,并以 200 年一遇特大值校核。一般城镇,可按 20—50 年一遇洪水频率考虑(表 8-15、表 8-16)。

表 8-15　防洪校核标准

设计标准频率	校核标准频率
1%(100 年一遇)	0.2%—0.33%(500—300 年一遇)
2%(50 年一遇)	1%(100 年一遇)
5%—10%(20—10 年一遇)	2%—4%(50—25 年一遇)

表 8-16　城市的等级和防洪标准

等级	重要程度	城市人口(万人)	防洪标准(重现期年)		
			河(江)洪、海潮	山洪	泥石流
I	特别重要城市	≥150	≥200	10—50	>100
II	重要城市	50—150	100—200	20—50	50—100
III	中等城市	20—50	50—100	10—20	20—50
IV	一般城市	≤20	20—50	5—10	20

2. 防洪措施

(1)防洪方法

① 保——绿化、水土保持;② 蓄——河、塘、水库蓄水;③ 拦——上游筑坝;④ 疏——疏通河道、保护过水断面;⑤ 固——加固防洪堤;⑥ 截——修筑截洪沟、使山供水绕开城市;⑦ 排——区域与城市排渍;⑧ 兼——防洪城与城市滨江风光带结合,路堤

结合。

（2）具体措施

以蓄为主的防洪措施，有水土保持、植树造林、控制径流及流沙，还有建水库蓄洪及滞洪。以排为主的防洪措施，有修筑堤防，整治河道等。处于河道上游、中游的城市，多采用以蓄为主的防洪措施规划。处于下游的城市，多采用以排为主的防洪措施。

（二）消防规划

城市消防规划是城市规划工作的一部分，包括各等级消防设施规划。如消防调度指挥中心、消防站、瞭望塔、消防栓等的布置。还有在规划中制定各种消防要求、消防规范、防火间距等的规定。

消防单位从行政上划分为总队、支队和中队。其中，中队为消防工作基层单位，总队、支队在大中城市中设置。

1. 消防规划内容

（1）易燃易爆、火灾危险大的单位所在位置，周围环境、主导风向、安全间距等的控制；

（2）燃气调压站、石油液化气储配站等的安全间距；

（3）加油站的布点；

（4）火灾危险大的工厂的布局；

（5）旧城改造中的消防问题、消防通道和设施等；

（6）古建筑及重点文物保护单位的消防措施；

（7）燃气管道、高压输电线路等设施的消防措施等；

（8）设消防站。

2. 消防站规划

（1）规划原则

城市消防站的规划布局首要原则是，消防队接到火警后要能尽快地到达火场。

城市消防站布局要根据工业企业、人口密度、重点单位、建筑条件以及交通道路、水源、地形等条件确定。其责任区面积一般为 4—7 km^2。每个消防站的具体责任区面积应根据不同情况分别确定。

城市消防站的设置可按表 8-17 确定。

表 8-17　城市消防站的设置

	建筑面积指标（m^2）	建设用地面积（m^2）	设置标准
一级普通消防站	2 300—3 400	3 300—4 800	城市必须设立一级普通消防站
二级普通消防站	1 600—2 300	2 000—3 200	地级以上城市（含）以及经济较发达的县级城市应设特勤消防站
特勤消防站	3 500—4 900	4 900—6 300	城市建成区内设置一级普通消防站确有困难的区域，经论证可设二级普通消防站

有任务需要的城市可设水上消防站、航空消防站等专业消防站。

有些城郊的居住小区，如离城市消防中队较远，且小区人口在 15 000 人以上时，应设置一个消防站。危险区应设特种消防站。

（2）消防站的选址

消防站址应选择在责任区的适中位置，交通方便，利于消防车迅速出动，不影响公共设施，与危险设施保持一定的安全距离。

（3）消防站分级

一级消防站，有车 6—7 辆，占地 3 000 m² 左右。

二级消防站，有车 4—5 辆，占地 2 500 m² 左右。

三级消防站，有车 3 辆，占地 2 000 m² 左右。

（三）抗震减灾规划

1. 主要内容

（1）避震疏散规划，包括疏散通道及疏散场地的安排。

（2）城市生命系统的防护，包括城市交通、通信、给水、燃气、消防、医疗系统等。

（3）震前准备及震后抢险救灾指挥系统的布局。

（4）次生灾害的防止。

2. 规划措施

城市抗震及减灾应从规划方面采取以下对策：

（1）在城市布局时应考虑抗震因素，用地应避开滑坡、塌陷、断裂带地区，避开软土及液化土层地带。

（2）城市布局采用组团式，组织楔形绿地插入城中，可以提供避震疏散之用。

（3）安排疏散路线及疏散空间，居住区可就近疏散至公园、运动场地等处。

（4）疏散通道要有足够的宽度，即使两旁建筑物倒塌，也不至于阻断通行。

（四）防空系统与地下空间规划

1. 防空工程规划原则

（1）提高防空工程的数量与质量，使之合乎防护人口和防护等级要求。

（2）突出防空工程的防护重点，适当选择一批重点防护城市和重点防护目标，提高防护等级，保障重要目标城市与设施的安全。

（3）以就近分散掩蔽代替集中掩蔽，加强对常规武器直接命中的防护，以适应现代战争突发性打击、强打击精度高的特点。

（4）加强防空工事间的连通，使之更有利于对战争时的次生灾害的防御，并便于平战结合和防御其他灾害。

（5）综合利用城市地下设施，将城市各类地下空间纳入人防工程体系，研究平战功能转换的措施与方法。

2. 防空工程建设标准

（1）城市防空工程总面积的确定

预测城市人防工程总量首先需要确定城市战时留市人口数。一般战时留市人口约占城市总人口的 30%—40%，按人均 1.5 m^2 的人防工程面积标准，则可推算出城市所需的人防工程面积。

（2）城市地下空间与防空工程的转换

城市的其他地下空间，通过一定处理转换措施后，可以转换为防空；同样，防空工程在平时也可用作其他功能。

3. 地下空间规划

总体规划阶段地下空间规划内容包括：通过收集和调查基础资料，掌握城市地下空间开发利用的现状情况和发展条件，进行城市地下空间资源的可开发性和适建性评价，从而在城市地下空间总体规划阶段重点解决：地下空间的需求预测；地下空间的功能与规模；地下空间的形态布局；地下空间的近期建设安排等问题。在注重与城市总体规划布局、人防工程设施、市政工程设施、交通工程设施、仓储设施等专项规划衔接的同时，结合城市总体规划确定的社会经济发展目标及城市性质、人口规模、用地规模，进行了城市地下空间开发利用的功能与规模的需求预测，将城市地下空间资源的开发利用控制在一定范围内，与城市总体规划形成一个整体。

第9章　分期布局与行动规划

城市总体规划的远期规划和近期建设规划是不同阶段规划,是互为补充和互为调整的过程,是处理好近与远、整体与局部的辩证关系,两者都是必不可少的。

如果规划只关注规划期末时城市终极蓝图的合理,而对于从现状到规划期末城市的发展路径未做考虑,容易造成"空中楼阁"蓝图式的城市总体规划方案,从而使城市总体规划缺少实践的可能。即便规划实施了,也容易导致城市的不合理布局。规划应该是一个过程,而不是结果。在城市总体规划中,既注重建设行为的协调性,使城市发展由"点"式的瞬间合理变为"线"式的过程合理①。同时,更注重运用政策杠杆,关注近期的需要并强调灵活性,使规划成为改善城市的主动而具体的工具。

一、方案深化与延伸的渐进结构

分期是指一个编制完成的城市总体规划应该同城市的发展一样,体现出其发展变化过程,这个过程就像城市的历史演变可以用一系列连续图来表示一样,也可以用一系列连续的规划图表示。而所谓连续的,指的是每个分期与前一个分期都应有良好的衔接关系。规划应该体现出其生长过程,城市最终状态的规划图应是布局合理的,过程中每一个分期状态的规划图也应是布局合理的②。

(一)分期布局原则

城市作为一个系统,自身发展有其相应的时空边界,规划的落实也不是一蹴而就的,需要通过分时段逐一落实。为保证城市规划的顺利展开,分期规划开展需遵循以下原则:

(1)处理好近远期关系。处理好近期建设与长远发展、经济发展与资源环境条件的关系,注重生态环境与历史文化遗产的保护,实施可持续发展战略。

(2)注意分期规划衔接。注意远中近期规划相结合,重视中近期规划。远中近三个阶段的城市发展应是一个有机结合体。城市的发展是一个循序渐进的过程,而又受市场经济的波动性和众多不确定因素的影响,规划更有必要保持相当的灵活性并有发展选择的余地。因此,城市规划除了注意发展时序上的衔接外,还应注意使规划在上一实施阶段为下一实施阶段留有可调整和修正的余地。

(3)协调发展。不同时段的开发应尽量保证城市开发区域与城市整体结构的结合,体现历

---

① 参见王富海,孙施文,周剑云,等. 城市规划:从终极蓝图到动态规划——动态规划实践与理论[J]. 城市规划,2013,37(1):70-75,78.
② 参见黄明华,李莉,迟志武. 分期规划:体验与体现——以一次实践为例谈对城市总体规划的看法[J]. 规划师,2000,16(1):84-87.

史的延续性,又要与城市总体规划结构协调一致,保持开发区域与外围地区良好的结构关系。

（4）维护公共利益。公共利益为先,重在体现城乡规划的公共政策属性,完善城市综合服务功能,改善人居环境,引导城市健康有序发展。

（二）分期布局目标

城市总体规划是考虑较长时期(一般在 20 年或更长期限)城市的发展预测和设想,由于规划期限较长和含有许多不定因素,许多建设项目不可能预测得很准确和很具体,许多意想不到的事情出现在所难免,因此分期建设必不可少。从空间上来说,它表示城市从现状到经过分析论证后,规划在所能认定的最大规模(主要指城市发展的"合理规模")的状态下可能具有的发展阶段(即"分期")。分期数量可多可少,完全视每个具体城市的具体情况而定(但为了与目前的编制办法相协调,一般不少于现行要求的近期、远期和远景三期)。

远景规划目标主要是明确城市发展战略安排,指明在长久阶段内城市发展的整体方向。

远期规划的目标重点是确定城市发展的大轮廓和大控制性要素,不可能有过细的要求。

近期建设规划是在城市总体规划指导下的近期实施规划,它的规划期限较短,因此有可能较准确地预见到建设项目,可以做出较细的综合规划设计以指导近期建设。近期建设规划的基本任务是,明确近期内实施城市总体规划的发展重点和建设时序;确定城市近期发展方向、规模和空间布局、自然遗产与历史文化遗产保护措施;提出城市重要基础设施和公共设施、城市生态环境建设安排的意见。

（三）分期建设时序

建设时序是指按一定的先后次序对城市进行合理的分期建设开发,城市建设过程漫长而复杂,应该合理的分步实施,按时序建设,有效解决总体规划分阶段发展的问题。

分期建设中,分期数量视每个具体城市的具体情况而定,一般分为近期、远期和远景三期,每个分期都应有良好的衔接关系。与以往"非连续"和"非基本"系列的总体规划中近期建设规划不同,当今近期建设规划更强调建设的时序安排,强化整体性、系统性和调整性,形成"滚动规划""连续规划"的约束机制,保证阶段性的城市建设内容合理安排,总体规划目标逐步推进,对近期开发建设进行有效控制管理。

近期建设规划的规划期限为五年,原则上应与国民经济和社会发展规划的年限一致,并不得违背城市总体规划的强制性内容。

（四）分期布局要点

分期布局的基本前提是城市从用地规模上看具有较大的发展可能。这里的发展包括两个可能:一个是城市发展的可能,一个是用地发展的可能。分期布局中需要重点把握以下几点[①]:

（1）以现状为依据,以远景为目标,将城市在远景发展规模下的地域空间发展过程按照空间发展的相对性阶段,完整地划分为若干个阶段。这里的远景意味着在现时情况下能预测的城市的合理规模或终极规模;若干个阶段不是固定的,它应该根据未来城市发展

---

① 参见黄明华. 生长型规划布局——西北地区中小城市总体规划方法研究[M]. 北京:中国建筑工业出版社,2008。

的幅度、不同时期的发展重点、地域空间发展所具有的相对完整性等来确定。

（2）每个阶段的布局结构应保持合理、有机，使城市具有一个较高的运转效率。

（3）城市的布局形态应保持阶段性的完整，避免出现拼图式的规划布局，即在完成之后是一幅美丽图画，而在完成之前却残缺不全。

（4）每个阶段的布局结构、形态既具有相对的完整性，又具有良好的衔接关系。这是分期布局的重要环节，通过良好的衔接使城市发展合理、高效、可持续。

（5）分期布局需要遵循总体规划布局要点，但更强调结构性、原则性。

二、行动规划

面向实施、加强规划的行动维度是当前总体规划编制改革的重要方向。编制城市总体规划的实施行动计划，确定城乡近期建设内容，与国民经济社会发展五年规划做好衔接。

（一）行动规划编制目的

"行动规划"理念是将"静态规划"转变为"动态规划"，将规划编制与规划管理实施、城市建设行动相结合的"让规划行动起来"的理念，以期从目标到策略，从方案到实施，为城市政府提供一揽子的城市空间建设解决方案，并通过弹性的设置，寻求出最适宜城市发展的最优解也是最现实的路径，尤其对于决策者和开发组织者，可以提供完整的全程解决方案。

行动规划是"以解决问题和实施为导向的规划"①。行动规划从时间维度统筹推进规划实施，目的在于建立总体规划实施过程中的目标管理和过程控制机制，体现出对实施环节的重视。行动规划作为统筹规划、建设、管理的关键环节，有助于完善空间规划体系，有效推进"多规合一"。

如《行动规划大纲》作为《上海市城市总体规划（2016—2040年）》（以下简称"上海2040"）成果体系的重要组成部分，强调从时间维度推进总体规划的有序实施，基本定位为建立一套从时间维度推进"上海2040"滚动实施的行动机制。

（二）行动规划编制内容

行动规划需要明确近期建设和土地利用规划、年度实施计划及特定领域行动规划的编制要求和内容，强化行动规划制定和执行中的"多规合一"，突出行动规划与国民经济和社会发展中长期规划的衔接，最终需要形成"城市总体规划—近期建设和土地利用规划—年度实施计划"的滚动实施框架②。

1. 近期建设和土地利用规划

近期建设和土地利用规划每五年编制一次，针对该阶段的发展环境在时间维度上有重点地分解城市总体规划目标并落实实施途径，强调与国民经济和社会发展五年规划相衔接，共同组织、同步协同编制。在内容上应落实总体规划分阶段的目标，明确近期建设

---

① 参见罗勇. 行动规划编制和实施的有效路径探索[J]. 城市发展研究，2014，21(4)：8-11.
② 参见张尚武，王颖，王新哲，等. 构建城市总体规划面向实施的行动机制——上海2040年总体规划中《行动规划大纲》编制与思考[J]. 上海城市规划，2017(4)：33-37.

任务,识别近期重点发展区域,落实差异化约束要求,预测用地需求,落实阶段减量目标与留白用地启动计划,提出重要行动计划、重大项目安排和配套政策保障。在综合确定市级层面近期任务的基础上,加强对专项、分区层面的行动指导。突出阶段性任务重点,加强对特定行动领域计划及相关规划编制工作的指导。从资金、用地、实施主体、机制保障四个方面明确任务的实施保障。

2. 年度实施计划

年度实施计划是近期建设和土地利用规划分年度实施的主要途径。响应年度评估结果,确定年度行动目标、年度建设项目库,落实土地储备和供应安排、用地保障计划等。

重点内容。围绕项目实施,加强土地供应、建设管理与年度财政预算、年度重点工作、年度重点工程安排之间的协调和衔接。突出与近期建设和土地利用规划的分解落实和动态调整作用。信息采集是年度实施计划编制过程中的基础性工作,主要通过建设项目预选址和用地核查、建设项目用地预申报及其他项目信息采集三种形式获取。

3. 特定领域行动规划

特定领域行动规划作为近期建设和土地利用规划的有效补充,针对特定发展领域或目标,根据需要组织编制,如特定领域的专项行动规划、特定地区的行动计划等。特定领域行动规划应纳入近期建设和土地利用规划及年度实施计划统一实施。

三、近期建设

近期建设规划是实施城市总体规划的第一阶段工作。城市规划工作要贯彻城市建设远景与近期相结合、以近期为主的方针,因此,城市近期建设规划对安排城市各项近期建设项目、解决近期建设的实际问题、指导当前各项建设,具有很大的现实和经济意义。

（一）近期建设内容

近期建设规划需要依据城市总体规划要求,确定近期建设目标、内容和实施部署,并对城市近期内的发展布局和主要建设项目做出安排。其中近期建设规划必须具备的强制性内容包括:

（1）确定城市近期建设重点和发展规模。

（2）依据城市近期建设重点和发展规模,确定城市近期发展区域。对规划年限内的城市建设用地总量、空间分布和实施时序等进行具体安排,并制定控制和引导城市发展的规定。

（3）根据城市近期建设重点,提出对历史文化名城、历史文化保护区、风景名胜区等的相应保护措施。

近期建设规划必须具备的指导性内容包括:

（1）根据城市建设近期重点,提出机场、铁路、港口、高速公路等对外交通设施,城市主干道、轨道交通、大型停车场等城市交通设施,自来水厂、污水处理厂、变电站、垃圾处理厂以及相应的管网等市政公用设施的选址、规模和实施时序的意见。

（2）根据城市近期建设重点,提出文化、教育、体育等重要公共服务设施的选址和实施时序。

（3）提出城市河湖水系、城市绿化、城市广场等的治理和建设意见。

（4）提出近期城市环境综合治理措施。

城市人民政府可以根据本地区的实际,决定增加近期建设规划中的指导性内容①。

（二）近期建设思路

近期建设规划的特点往往是建设项目性质不一、规模有限,如按城市远期发展规划结构,则可能造成城市的架子拉大、布局过散,在近期内还难以形成一定的完整面貌。因此,城市近期建设规划的布局既要与远期规划的结构和布局结合,保持它的一致性,又要根据近期建设规划特点进行合理布局。我们将近期规划的布局特点,归纳为相对完整性、延续性和过渡性三个方面论述。

1. 相对完整性

城市的发展过程是按照远期规划的结构和布局分阶段地实现,但各个阶段又保持着自身的相对完整性,各阶段相对完整性与远期规划结构和布局完整性的一致性,就是城市发展过程的辩证关系。

在近期建设规划的布局中,一般情况是在现状基础上由内向外、由近及远的发展步骤。这样的城市结构布局集中而紧凑,容易取得相对的完整性。

图 9-1 是在旧城基础上集中于河流一侧发展。它将根据发展用地的不同性质和要求组成 1—2 个组团,组团内生产、生活用地综合配套布置。这种布局方式既考虑发展用地的不同性质要求,又能集中紧凑的发展,同时也保持了城市结构和布局的相对完整性。

2. 延续性

城市不是一蹴而就形成的,而是有一个较长时期的发展过程。城市在每一个发展阶段,既要保持相对完整性,又要考虑今后发展的需求,保证城市结构布局在不同发展阶段承上启下的延续性。

图 9-2 是在图 9-1 的基础上,再广延下去在河流另一侧又发展了两个组团,组团内生产、生活用地综合配套布置。这种发展方式保证了城市在一定程度上紧凑发展和城市发展的延续性。

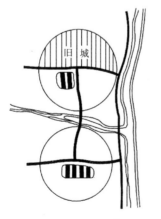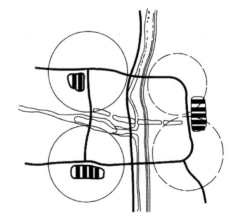

图 9-1　集中一侧发展　　　　图 9-2　呈组团式延续

资料来源:同济大学城市规划教研室. 小城市总体规划[M]. 北京:中国建筑工业出版社,1986.

---

① 引自 2002 年颁布的《近期建设规划工作暂行办法》。

延续性不仅体现在城市结构布局上,还体现在市政设施的配置上。以道路为例,城市道路既要考虑不同发展阶段纵向的延伸,也要注意在道路横断面上留有发展余地,道路横断面宽度要按规划红线尺寸一次留足,横断面形式可随不同时期的交通发展和投资情况逐步形成。其他像给排水等地下管网也有相同情况。

3. 过渡性

城市近期建设,由于受建设资金所限,或拆迁等因素的制约,而不能按远期规划意图实现,则需采取过渡性措施(图9-3)。如某城生活居住区内的有害工业在近期有一定规模的扩建任务,在这种情况下,扩建部分应按规划在生活居住区外的新工业区内建设,原厂址在条件具备时再逐步搬迁。也有的在生活居住区内的有害工业在近期限于资金不能搬迁,且扩建的规模不大,要求在原址就地建。在这种情况下,处理要慎重,一般仅允许在原址建简易厂房,作为过渡性处理,而不能建永久性厂房,否则会使其成为长期"钉子户"。

小城市的排水管网规划,常采取远期分流制、近期合流制的过渡方式。这是由于近期投资有限,不可能实现雨污分流系统,一般近期雨污合流排放,待远期再分别埋设管道,做到雨污分流排放。

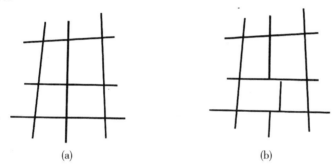

(a)   (b)

图9-3　道路系统的过渡性

注:(a)远期规划的道路;(b)近期过渡性措施。

(三) 近期建设任务

1. 制定近期建设目标

依据城市总体规划、社会经济发展计划和国家城市发展的方针政策,合理制定城市建设近期和远期目标。其中,近期目标是政府工作的行动纲领,同时也是评价近期规划实施情况最直接的依据。

在太仓市近期建设规划中,明确发展目标为促进产业结构优化升级,完善基础设施建设,做大港城,做优金仓湖组团,做强科教新城,整治旧城,推进新区东拓。将建设重点划分为重点发展地区、重点完善地区、重点生态培育地区,指导近期建设。

2. 预测近期发展规模

提出近期城市人口及建设用地发展规模。近期建设规划中的建设项目及规模一般较为具体,对增加的用地面积和人口能够得到相对确切的数字,对近期建设各项经济技术指标确定的依据也较充分。因此近期建设规划的人口规模推算和用地规模估算要远比远期规划具体。

《太仓市城市总体规划(2010—2030)》中,确定近期发展规模为市域总人口达到103

万人,城镇人口82万人,城镇建设用地达到105 km²。其中,中心城区城镇人口达到57万人,建设用地达到80 km²左右。

3. 调整和优化用地结构

调整和优化用地结构,确定城市建设用地的发展方向,以及空间布局和功能分区。

(1)提出近期内城市和各功能分区用地结构调整重点,将城市用地结构调整与经济结构调整升级结合起来,合理安排各类城市建设用地。

(2)结合远期规划、综合部署规划确定的各类项目用地,重点安排城市基础设施、公共服务设施、经济适用房、危旧房改造等公益性用地。

4. 确定近期建设重点及建设时序

依据城市建设近期目标,进一步确定近期城市建设重点发展区域及建设时序。对建设开发时序的调控主要是对土地资源、基础设施及服务条件的充分分析,结合本地区的经济发展预测,在总体规划的框架内划定各阶段城市开发建设的范围。

5. 提出重要设施的建设安排

由于近期建设项目建立在需要和可能的基础上,从而保证了整个城市建设的协调发展。明确了近期奋斗方向,近期建设的主要项目也就容易确定了。

根据城市建设近期目标,确定近期建设的大中型重要市政基础设施和公共服务设施项目选址、规模等主要内容,同时提出投资估算与实施时序。

(1)确定近期内将形成的对外交通系统布局以及将开工建设的车站、铁路枢纽、港口、机场等主要交通设施的规模、位置。

(2)确定近期内将形成的城市道路交通综合网络以及将开工建设的城市主次干道的走向、断面,主要交叉口形式,主要广场、停车场的位置、容量。

(3)综合协调并确定近期城市供水、排水、防洪、供电、通信、燃气、供热、消防、环卫等设施的发展目标和总体布局,确定将开工建设的重要设施的位置和用地范围。

(4)确定近期将建设的公益性文化、教育、体育等公共服务设施等。

6. 制定近期建设项目投资计划和投资估算

在分期规划及实施中,对建设项目进行投资估算便于统筹安排项目建设实施。近期建设项目包括生产性建设项目和非生产性建设项目。生产性项目包括工业、仓储、对外交通等,非生产性建设项目包括居住、公共建筑、绿化、管网等。投资估算可以为生产性投资及非生产性投资比例的确定提供依据,避免资金分配紧张、缺口过大的问题。

近期建设规划应与城市经济能力、财力等实际情况相结合,合理制定建设规模、速度及总投入,及时解决关系到广大市民生产生活的热点问题,努力提高城市建设投资的社会效益。

第10章 成果表达

　　城市总体规划的成果包括文件及图纸两部分,应当以书面和电子文件两种方式表达。总体规划文件包括规划文本和附件。

　　规划文本是对规划的各项目标和内容提出规定性要求的文件,采用条文形式写成,应当明确表述规划的强制性内容。文本格式和文字应规范、准确、肯定,利于具体操作。

　　规划附件包括规划说明及基础资料汇编、专题研究报告等。规划说明是对规划文本的具体解释,内容包括分析现状、论证规划意图、解释规划文本。

一、总体规划文件

(一)规划文本

1. 文本内容

规划文本主要包括以下内容:

　　(1)总则。编制背景、基本依据、规划原则、技术方法、修编重点、规划期限、城市规划区等。

　　(2)发展目标与发展战略。社会经济发展目标、城市规划基本对策。

　　(3)区域协调与城乡统筹。区域协调发展的总体战略,城乡一体化发展的总体思路和具体措施。

　　(4)市(县)域城镇体系规划。区域城镇发展战略及总体目标;预测城市化水平;城镇职能分工、发展规模等级、空间布局、重点发展;区域性交通设施、基础设施、环境保护、风景旅游区的总体布局;有关城镇发展的技术政策。

　　(5)城市性质与规模。功能定位、城市性质;人口规模和用地规模等。

　　(6)"四区"划定与空间管制。禁建区、限建区、适建区、已建区的划定原则,分区管制政策。

　　(7)空间结构与用地布局。总体空间结构和各项用地布局,确定人均用地和其他有关技术经济指标,注明现状建成区面积,确定规划建设用地范围和面积,列出用地平衡表。

　　(8)综合交通规划。对外交通系统规划、交通发展战略、城市道路系统规划、道路设施规划(停车场、广场)等。

　　(9)绿地景观系统规划。绿地系统规划目标、结构,城市绿线划定与管理;水系规划,城市蓝线划定与管理;景观系统规划目标,城市景观风貌和特色(重要地段的高度控制,文物古迹、风景名胜保护控制范围)。

　　(10)生态环境保护与可持续发展。生态环境保护和城市环境质量目标,环境功能区划,环境综合整治规划,改善或保护环境的措施;土地、水等资源的节约、保护与利用。

　　(11)市政基础设施规划。给排水工程、电力电信工程、燃气和热力工程规划,环卫工程规划,城市黄线划定与管理。

(12) 综合防灾规划。防洪工程、消防工程、人防工程、抗震减灾工程和地下空间的开发利用规划。

(13) 近期建设规划。分期建设与开发时序引导;近期建设重点和发展方向(近期人口、用地规模、土地开发投放量)等。

(14) 规划实施措施与机制。

2. 文本表述

城市规划文本的内容涉及许多方面,在编制过程中所运用的处理方法又不尽相同,在具体文本写作时,可根据需要增加、合并或删节。条文形式按章、节、条顺序排列。作为一种法规性文件,规划文本的表达应当满足一些基本的要求,作为共性来规范规划文本的基本内容。

(1) 准确。指语言表达的内容与客观事实相符合,并且所有的表达都要符合逻辑准则,用词、句子表述、结论及前提等均要准确,使读者有一种明白、合理、确切的意念。

(2) 严谨。指表达严密谨慎,没有歧义,不出漏洞。规划文本是作为法规性文件而得到执行的,是办理公务的工具,语言表达必须科学严谨,否则,执行中出漏洞会给工作造成损失。语言严谨,首先是思想认识问题,思维严谨才能保证表达的严谨;其次还表现在用词上,对词语要做恰当的限制,注意对关键词语和专业术语正确地下定义,同时,规划文本中有关内容的表述,应当用精确词语,不能含糊。

(3) 庄重。指语言要庄严凝重,不追求幽默诙谐,运用现代书面语,不用口语,使读者有一种严肃、古朴、必须认真执行的内在感觉,也可恰当地选用至今仍有生命力的文言词语。

(4) 精练。指用较少的文字,表达较丰富的内容,使读者在最短的时间内能把握文件的精神实质。注意选用专用词语和有生命力的文言词语;注意运用短句、省略句;注意运用文体格式,使用条款式直述内容;同时还要做到删繁就简,力避重复。

(5) 平实。指语言表达平直朴实,使读者有一种扎实、稳妥、一读就懂的直观感觉。做到多说实事,少说空话;直接表述,不需蕴含;少用形容词、修饰语;不滥用修辞方式等。

(6) 规范。指语言表达具有标准性、规定性和统一性。文本表达应做到:运用规范的现代书面语体;用语规范,经常运用有特定含义的专用词语;文字规范,标点符号运用正确。

(二) 规划说明

规划说明应包括:
(1) 城市基本情况,包括城市简史和城市规划简史。
(2) 总体规划实施评估报告。
(3) 编制背景、依据、指导思想、主要技术方法。
(4) 区域社会经济发展背景分析,包括对发展的优劣势条件分析,社会经济发展战略、发展目标的确定。
(5) 区域协调与城乡统筹。区域协调发展的总体战略,城乡一体化发展的总体思路和具体措施。
(6) 市域城镇体系规划。分析市域城镇发展条件,提出市域城镇发展战略、发展目标,进行市域城镇化水平预测、主要城镇职能分工,市域城镇等级、规模、空间布局的确定,提出市域内区域性基础设施、环境保护、风景旅游、土地开发等发展目标与布局。

（7）城市发展目标。定性描述和定量指标相结合。

（8）城市性质。根据社会经济发展规划、区域规划及城镇体系规划的要求，综合分析城市的现状条件和未来发展的机遇和可能，在归纳城市所负担的主要职能的基础上，明确城市的性质，作为城市未来发展的目标和方向。

（9）城市人口规模。城市人口规模的确定应在城市人口现状年龄性别构成、历年人口变动情况以及城市发展特点等调查分析的基础上进行。根据社会经济发展的目标，并分析城市建设用地、用水、能源、交通等发展条件的可能性，分析城市人口的自然增长、机械增长以及暂住人口的变化，采用多种方法进行测算，并相互校核，最后确定规划期内的城市人口规模。

（10）城市用地规模。在分析城市现状用地水平基础上，根据城市用地条件及社会经济发展的可能性，提出规划的人均城市建设用地指标，规划人均单项建设用地指标和城市建设用地的总规模。

（11）"四区"划定与空间管制。用地适宜性评价，禁建区、限建区、适建区、已建区的划定原则，分区管制规划。

（12）城市总体布局。包括界定城市规划区范围，进行工程地质评价，对城市发展用地选择进行说明，提出规划布局结构、功能分区和各类用地技术经济指标，以及对城市总体规划用地范围内的居住用地、公共设施用地、工业用地、仓储用地、对外交通用地、道路广场用地、市政公用设施用地、绿地和特殊用地九大类用地的现状特点、问题和规划主要原则做说明，布局结构形态选择应有多方案、评价说明、编制"城市建设用地平衡表"。

（13）综合交通规划。对外交通规划（包括港口、铁路、机场、公路、管道）；客运与货运规划（公共交通、自行车交通、客运换乘枢纽、货运）；道路系统规划；静态交通设施规划。

（14）绿地景观系统规划。

（15）生态环境保护和可持续发展规划。

（16）市政基础设施规划。

（17）综合防灾规划。

（18）近期建设规划。

（19）远景发展构想（研究城市发展门槛及合理布局结构）。

（20）实施规划的措施及政策建议（包括遗留的未解决问题）。

规划说明可包括"现状概况""问题分析""规划原则""对策措施"四部分，可根据需要合并或简化。

（三）基础资料汇编

编制城市总体规划应收集齐备有关城市和区域的勘察、测量、经济、社会、自然环境、资源条件、历史、现状和规划情况等基础资料，并做分析。具体见本书第2章内容。

基础资料可视所在城市的特点及实际需要增加或简化，并进行分析汇编。基础资料数据必须准确。

（四）规划专题研究

城市总体规划专题研究是将城市研究引入城市规划设计的一个新举措，对城市的一些重大问题,如城市性质与规模的确定、城市用地发展方向、城市重大基础设施、城市对外交通、城市规划新理论与新技术、新政策与新理论对城市总体规划的影响(如可持续发展、山水城市、市场经济、保护耕地等)、城市特色(如历史文化名城、旅游城市等)、影响城市发展的重大问题、资源与经济等等。在城市总体规划中都必须做专题研究。

这些研究报告是规划编制的重要参考依据,规划采用的许多结论都来源于这些研究报告。

二、总体规划图纸

(一) 图纸目录

根据 2015 年修正颁布的《城乡规划法》规定,承担城市总体规划编制任务的规划设计单位应当提供城市现状图、市域城镇体系规划图、城市总体规划图、道路交通规划图、各项专业规划图及近期建设图,各图纸的比例、主要内容和适用范围应满足表 10-1 中的要求。

表 10-1 城市总体规划图纸目录

序号	图名	比例	应表示的主要内容	特大城市	大中城市	小城市县城	建制镇	备注
				适用范围				
01	城市地理位置图	1/100 万—1/20 万	城市位置、周围城市位置、主要交通线、城市规划区界线	▲	▲	▲	▲	
02	市域城镇分布现状图	1/20 万—1/5 万	行政区划、城镇分布、城镇规模、交通网络、重要基础设施、主要风景旅游资源、主要矿产资源、城市规划界线	▲	▲	▲		
03	市域城镇职能结构规划图	1/20 万—1/5 万	行政区划、城镇职能分工	▲	▲	▲		
04	市域城镇等级规模结构规划图	1/20 万—1/5 万	行政区划、城市等级、城镇规模	▲	▲	▲		可合一为市域城镇体系规划图
05	市域城镇空间布局结构规划图	1/20 万—1/5 万	行政区划、城镇分布、主要发展轴(带)和发展方向	▲	▲	▲		
06	市域基础设施规划图	1/20 万—1/5 万	行政区划、交通网络、基础设施分布等级,主要文物古迹、风景名胜、旅游区布局、风景旅游,环境保护,重要资源分布	▲	△	△		

序号	图名	比例	应表示的主要内容	适用范围				备注
				特大城市	大中城市	小城市县城	建制镇	
07	城市用地现状图	1/2.5万—1/5千	用地性质、用地范围、各类开发区界线、主要地名和街道名	▲	▲	▲	▲	
08	城市用地工程地质评价图	1/2.5万—1/5千	建设用地工程地质分类和适用性评价、地质构造界限、洪水淹没范围、地下矿藏、地下文物埋藏范围、地面坡度的范围、潜在地质灾害空间分布、活动性地下断裂带位置、地震烈度及灾害异常区	▲	▲	▲	△	
09	空间管制图	1/2.5万—1/5千	禁建区、限建区、适建区和已建区的用地范围	▲	▲	▲	▲	
10	城市历史沿革图	1/2.5万—1/5千	不同时期城市发展的用地范围界线	△	△	△	△	
11	城市规划区范围界定图	1/10万—1/2.5万	城市规划区界线	▲	▲	▲	△	
12	城市总体规划图	1/2.5万—1/5千	用地性质、用地范围、主要地名、主要方向、街道名、标注中心区、风景名胜、文物古迹、历史地段范围	▲	▲	▲	▲	
13	居住用地规划图	1/2.5万—1/5千	建成居住用地、规划居住用地、居住用地结构、配套设施(中小学)、人口容量(居住人数)、居住用地面积、居住用地分类	▲	▲	▲		小学只定配置数;中学可定位
14	公用设施用地规划图	1/2.5万—1/5千	公用设施位置、级别(供应、环境、安全等设施用地)	▲	△	△	△	当总图用地分类以大类为主时画此图
15	道路与交通设施规划图	1/2.5万—1/5千	各类对外交通设施的位置、范围、街道名、道路走向、性质、级别、断面形式、红线宽度、广场、站场、加油站、停车场位置范围、重要交叉口形式(灯控、渠化、立交)、各类交通枢纽点(换乘点)	▲	▲	▲	▲	

序号	图名	比例	应表示的主要内容	适用范围				备注
				特大城市	大中城市	小城市县城	建制镇	
16	公共交通规划图	1/2.5 万—1/5 千	公交线路、站场、起讫点	▲	△	△		
17	绿地与广场系统规划图	1/2.5 万—1/5 千	绿地性质、范围、市区级公共绿地、苗圃、专业植物、防护林带、林地范围、河湖水系范围、市区内风景名胜区范围及广场等公共开放空间	▲	▲	▲	△	
18	景观（风貌）规划图	1/2.5 万—1/5 千	城市出入口、标志性建筑、景观点（带、走廊、区）、景观保护区、建筑高度	△	△	△	△	可合并
19	文物古迹、历史地段、风景名胜分布图	1/2.5 万—1/5 千	名称、范围（位置）、级别	△	△	△		可并入绿地系统规划图
20	历史文化名城保护规划图	1/2.5 万—1/5 千	保护区、影响区、控制区范围、保护单位位置范围、建筑高度控制、景观视线保护、保护整修项目的位置	▲	▲	▲	△	国家级和省级历史文化名城
21	旧区改建规划图	1/2.5 万—1/2 千	改建范围、重点处理地段性质、改造分区、打通或拓宽道路、交通控制	△	△	△		
22	岸线规划图	1/2.5 万—1/5 千	岸线性质、航线、主航道、锚地、回船区、陆域范围疏运通道	▲	▲	▲	△	沿江沿海城市
23	土地分等定级评价图	1/2.5 万—1/5 千	土地的分等与定级	△	△	△		可合并
24	环境质量现状评价图	1/2.5 万—1/5 千	污染源分布、污染物扩散范围、污染物排放单位名称、排放浓度、有害物质指数	▲	▲	△		由甲方提供资料
25	环境保护规划图	1/2.5 万—1/5 千	大气水体的环境质量控制范围与指标（规划环境标准、环境分区）、治理污染的重要措施	▲	▲	▲	△	

序号	图名	比例	应表示的主要内容	适用范围				备注
				特大城市	大中城市	小城市县城	建制镇	
26	环境卫生规划图	1/2.5万—1/5千	环境卫生设施的位置、范围、性质(垃圾中转站、处理场、环境卫生车场)	▲	▲	△	△	可与环境保护规划图合并
27	给水工程规划图	1/2.5万—1/5千	水源地、水厂、泵站、储水站的位置、供水能力、给水范围、给水分区、供水量、输配水干管走向、加压泵、高位水池规模及位置	▲	▲	▲	▲	
28	排水工程规划图	1/2.5万—1/5千	排水分区界线、汇水总面积、规划排放总量、污水管、雨水管走向、位置、出水口位置、污水处理厂、排水泵站的位置范围	▲	▲	▲	▲	雨水、污水两张图可合画
29	供电工程规划图	1/2.5万—1/5千	电源(电厂)、供电能力、变电站位置等级、供电高压线路走向、等级、敷设方式、高压走廊范围	▲	▲	▲	▲	
30	电信工程规划图	1/2.5万—1/5千	电信总局、市话分局、邮政处理中心、转运站、微波站位置、线路走向、敷设方式,微波通道走向保护范围、收信区、发信区范围	▲	▲	▲	▲	
31	燃气工程规划图	1/2.5万—1/5千	气源位置、供气能力、储气站位置、容量、输气干管走向压力、调压站、储存站位置、容量	▲	▲	△		
32	供热工程规划图	1/2.5万—1/5千	热源位置、供热分区、管线走向、敷设方式、供热量、热负荷	▲	▲	△		
33	防灾规划图	1/2.5万—1/5千	设防地区范围、洪水流向、防洪堤围、防潮闸、泵站、防护分区、抗震疏散场地通道、重点防护目标、消防站、人防干道、救护医院、储备设施、地下空间开发利用位置及规模	▲	▲	▲		

序号	图名	比例	应表示的主要内容	适用范围				备注
				特大城市	大中城市	小城市县城	建制镇	
34	郊区规划图	1/10万—1/2.5万	城市规划区界线、城镇用地范围（村镇居民点、公共服务设施、乡镇企业）、城市对外交通设施、市政公用设施（水源地、危险品库、火葬场、墓地、垃圾处理消纳地）、农副产品基地、禁止建设的绿色空间的控制范围、风景区、水库、河流、重要基础设施	▲	▲	△		
35	近期建设规划图	1/2.5万—1/5千	用地范围、用地性质	▲	▲	▲	▲	
36	远景发展构想图	1/5万—1/5千	远景发展界线、用地形态、布局结构、主要功能分区、路网结构、相应的大型基础设施位置	▲	▲	▲	△	

注：▲为必须具备的图纸内容；△为建议完成的图纸内容。

资料来源：中国城市规划设计研究院城市总体规划统一技术措施，参见百度文库.

（二）深度要求

1. 表达内容一致

城市总体规划图纸应根据不同规模城市的具体要求而定。为增加图纸的信息量，在不减弱其表现深度的前提下，部分相近内容的图纸可合并在一张上表示，规划图纸所表达的内容与要求应与规划文本一致。

2. 表达方法一致

"城市用地现状图"和"城市总体规划图"两张图的表现方法和深度应当统一。其中对各项用地进行规划时，应执行《城市用地分类与规划建设用地标准》（GB 50137—2011）。规划表达可分为两种深度进行：第一种深度的表达以大类为主，部分做到中小类（大城市、特大城市，比例尺为1/2.5万至1/1万）。第二种深度的表达以中类为主，部分做到小类（中小城市，比例尺为1/1万至1/5千）（表10-2）。按哪一种深度进行规划，应视城市的规模、图纸比例、对规划的要求及各种具体条件确定。"近期建设规划图"与"城市总体规划图"的表现方式应基本一致。

表 10-2 城市总体规划图深度要求

序号	用地类别	代号	第一种深度			第二种深度		
			大类	中类	小类	大类	中类	小类
01	居住用地	R	▲				▲	△
02	公共管理与公共服务用地	A	▲	△			▲	△

序号	用地类别	代号	第一种深度			第二种深度		
			大类	中类	小类	大类	中类	小类
03	商业服务业设施用地	B	▲			▲	△	
04	工业用地	M	▲	△			▲	
05	道路与交通设施用地	S	▲	▲			▲	
06	公用设施用地	U	▲		△		▲	△
07	绿地与广场用地	G		▲			▲	△

注:▲为全部采用;△为部分采用。

资料来源:中国城市规划设计研究院城市总体规划统一技术措施,参见百度文库.

3. 适当增加分析图

为充分表达规划设计意图或为了满足城市特殊需要,可增加编制各种分析图、评定图、示意图、方案图等,也可利用一些手工绘制的分析图。

(三)图纸绘制

城市总体规划总图(以下简称规划总图)是城市总体规划图纸成果中最重要的一张图纸,它表现规划建设用地范围内的各项规划内容,体现规划建设用地范围内主要的路网结构和用地布局,也是绘制各类专项规划图的基础。本章将着重介绍规划总图的绘制过程及相关要点①。

1. 规划要素表达

城市总体规划图通常包括特定的专题要素和一般要素。前者根据专题特征的不同而有所不同,而后者通常包括标题、指北针、风玫瑰、比例尺、图例、落款、编制日期等。就规划总图而言,其专题要素通常包括规划用地要素、道路交通设施要素、市政设施要素。规划总图各类要素符号的绘制应参照《城市用地分类与规划建设用地标准》以及《城市规划制图标准》等相关要求。

(1)专题要素

① 规划用地要素。在城市总体规划层面,城市用地分类一般采用大类,其用地代码采用大写英文字母。部分用地类型如公共设施用地可细分到中类,其用地代码采用大写英文字母加数字,具体见城市用地大类、中类分类表。

② 道路交通设施要素。在规划总图中需要表述的道路交通设施要素包括:铁路及站场、公路、公路客运站、广场、公共停车场、公交车站与换乘枢纽等。对于小城镇,还可以标示占地较少的加油站等设施。

③ 市政设施要素。市政设施要素主要包括电源厂、变电站、高压走廊、水厂、给水泵站、污水处理厂等。

---

① 本部分内容根据陈秋晓,孙宁,陈伟峰,等. 城市规划 CAD[M]. 杭州:浙江大学出版社,2009 第 116—122 页第 5 章内容"城市总体规划图绘制"整理。

（2）一般要素

在城市总体规划系列图则中，各图件所共有的元素被称为一般要素。一般要素包括以下几个方面：基础地理要素如地形要素、河流水体要素，以及标题（包含规划起止年限）、指北针、风玫瑰、比例尺、图例、图签、编制日期等。其中，风玫瑰、图签等要素是规划图所具有的区别于一般地图的独特要素。

① 风玫瑰。风玫瑰表示风向和风向频率。风向频率是在一定时间内各种风向出现的次数占所有观察次数的百分比。根据各方向风的出现频率，以相应的比例长度，按风向从外向中心吹，描在用8个或16个方位所表示的图上，然后将各相邻方向的端点用直线连接起来，绘成一个形式宛如玫瑰的闭合折线，这就是风玫瑰图。风玫瑰所表示的风的吹向（即风的来向），是指从外部吹向地区中心的方向。图中风玫瑰边界是各点到中心的线段最长者，其所对应的风向为当地主导风向；反之，则为当地最小风频。

② 比例尺。数字比例尺：数字比例尺表现图纸上单位长度与实际单位长度的比例关系，并用阿拉伯数字表示。通常称 1：1 000 000、1：500 000、1：200 000 为小比例尺地形图；1：100 000、1：50 000 和 1：25 000 为中比例尺地形图；1：10 000、1：5 000、1：2 000、1：1 000 和 1：500 为大比例尺地形图。城市规划学科通常使用大比例尺地形图。按照地形图图式规定，比例尺书写在图幅下方正中处。形象比例尺：由于存在规定的数字比例无法满足图面效果的情况，需要加绘形象比例尺，即比例尺以图形形式表现（图10-1），通常绘制在风玫瑰图的下方或图例下方。

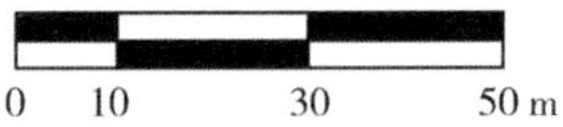

图 10-1　形象比例尺

③ 相关界线要素。相关界线包括各类行政边界、规划用地界线、城市中心区范围等，各类界线都有其特定的表示符号和适用情形（表 10-3）。

表 10-3　各类界线符号及适用情形

图示	名称	说明
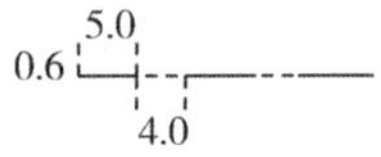	省界	也适用于直辖市、自治区界
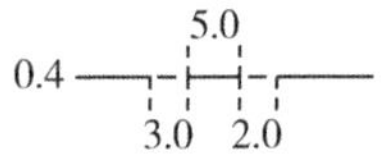	地区界	也适用于地级市、盟、州界
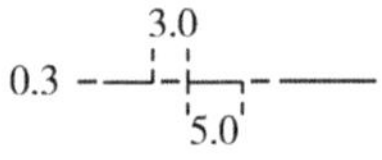	县界	也适用于县及市、花旗、自治县界
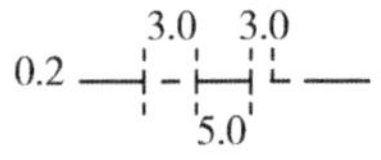	镇界	也使用于乡界、工矿区界
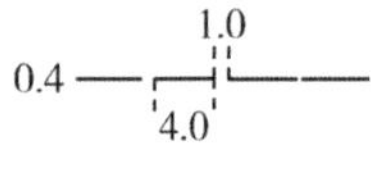	通用界线（1）	适用于城市规划区界、规划用地界、地块界、开发区界、文物古迹用地界、历史地段界、城市中心区范围等等
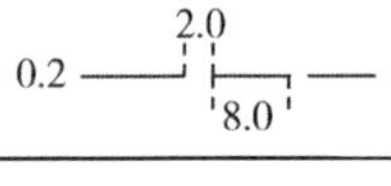	通用界线（2）	适用于风景名胜区、风景旅游地等，地名要写全称

2. 图幅设定和文字注记

（1）图幅设定

城市规划图的图幅规格可分规格幅面的规划图和特型幅面的规划图两类。直接使用0号、1号、2号、3号、4号规格幅面绘制的图纸为规格幅面图纸；不直接使用0号、1号、2号、3号、4号规格幅面绘制的图纸为特型幅面图纸。

（2）文字注记

城市规划图上的文字、数字、代码均应笔画清晰、文字规范、字体易认、编排整齐、书写端正。文字高度以字迹容易辨认为标准。中文注记应使用宋体、仿宋体、楷体、黑体等，不得使用篆体和美术体。外文应使用印刷体、书写体等，不得使用美术体等字体。数字注记应使用标准体、书写体。

3. 总图绘制流程

（1）新建总图文件

新建CAD文件，并将其保存命名为"规划总图.dwg"。

（2）图层设置

在新建的CAD文件添加一些新图层，以便于规划设计时对图形按特征进行统一管理。应添加的新图层一般包括地形层、道路层、各类用地边界层、各类用地填充层、文字标注层、标题标签层等。图层的颜色宜按照用地色彩要求来设置。

（3）底图引入

在规划总图绘制前，应引入规划地形图，矢量图可"用外部参照"（Xref）命令或插入块文件（Insert）方式引入，而光栅图用插入光栅图像的方式（使用Imageattach命令）引入。若采用后一种方式引入底图，插入时应设置合适的比例，比例设置以规划图一个绘图单位的实际距离是1m为宜。对于矢量地形图，一个绘图单位一般为1m，比例无需调整。

（4）规划范围界限划定

在地形图或规划底图上确定规划范围界线，并绘制规划区范围。

（5）基础地理要素的绘制

基础地理要素的绘制主要有山体等高线以及河流边界的提取或勾绘。对于矢量地形图，一般山体等高线以及河流边界在现状图中已有绘制，可以通过块插入或外部引用的方式将其导入后再按规划要求进行适当修改即可。

（6）风玫瑰、指北针、比例尺绘制

如果采用的是矢量地形图，一般情况下此三项均已经存在。如果是光栅地形图，那么就需要进行相应要素的绘制。风玫瑰的绘制应按照当地的风向频率。指北针的绘制可参考一般地图的指北针样式。比例尺绘制可采用数字比例尺和形象比例尺两种方式，在绘制规划总图时，为保证图面效果往往采用绘制形象比例尺的方法。

（7）道路网绘制

根据规划设计方案在地形图上确定道路中心线、绘制城市道路骨架，并对道路交叉口进行修剪。

（8）地块分界线

在规划区域内完成道路网后，根据规划方案绘制区分不同用地类型地块的分割界线。

（9）创建各类用地

根据规划方案，分别在不同的用地边界层上，创建相应的公共设施用地、居住用地、工业用地、仓储用地、绿地、道路广场用地等规划建设用地的面域对象（Region）。

（10）计算各类用地面积并检查用地平衡情况

在不同的用地层上计算、统计各类用地面积，并计算人均用地指标。规划建设用地结构和人均单项建设用地应符合《城市用地分类与规划建设用地标准》。

（11）用地色块填充

规划内容确定后，应在相对应的色块用地层上进行色块填充，在设置填充层的时候，各层的颜色应参照相关的制图标准，如中国城市规划设计研究院总体规划标准色卡（部分）（图10-2）。

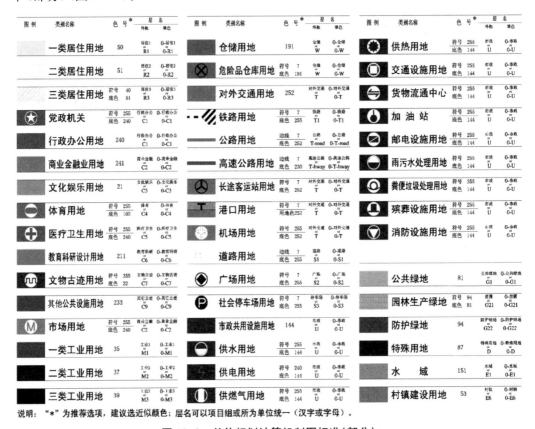

说明："*"为推荐选项，建议选近似颜色；层名可以项目组或所为单位统一（汉字或字母）。

图10-2　总体规划计算机制图标准（部分）

资料来源：中国城市规划设计研究院.

（12）地块文字标注

添加新的汉字字体，设置适宜的字体高度，选择合适的汉字输入方式，在地块文字标注层上进行地块文字标注。

（13）图例、图框、图签制作

图例是对规划总图所包含的图形符号的含义说明，以便读图者能正确理解规划总图所包含的信息。规划总图内应添加与主要图形符号相对应的图例，主要的图形符号包括建设用地符号、重要的基础设施符号、规划区范围界线符号等。

一般来说,各规划设计院均有自己的图鉴模板。规划总图绘制时可以直接引用图鉴模板。在图鉴中应当反映审核、审定、项目负责人、制图人员等信息。

4. 注意事项

(1) 地形图

地形图应有良好的现实性,能真实反映城市(城镇)建设用地现状,并且其比例尺与规划范围相适应。地形图可分为两类,一类是矢量地形图,通常由规划建设部门委托测绘部门测量成图;另一类是将纸质地形图通过扫描得到光栅图。矢量地形图所表达的内容较详尽、准确,地形要素能分类分层提取,因而以此来提取基础地理要素、城市道路、建设用地现状等信息较为方便。但是,矢量图形文件往往由多幅大比例尺地形图拼接而成,对于规划区范围内较大的城市,拼接而成的规划总图的矢量地形图数据量较大,数据处理的效率相对较低一些,对计算机的性能要求也更高一些。光栅地形图由于无法分层提取各类地形要素,一般仅作为背景,各类现状要素需要在该背景底图上重新勾勒,因而工作量明显增加。另外,由于增加了人工操作的环节,各类要素空间定位的准确性会有一定程度的影响。

当规划区范围较大时,通常需要拼接多张地形图。由于所涉区域的不同,这些地形图可能有不同的比例尺。例如,城市现状建成区范围内有 1∶500 的地形图,而城郊结合部往往只有 1∶2 000 的地形图。对于矢量格式的测绘地形图,不同比例尺地形图的拼接较为容易,以坐标原点作为插入基点依次进行块插入(或以外部引用的方式引入)即可。而不同比例尺的光栅图拼接时应事先根据比例尺对图像进行缩放。

需要注意的是,当拼接而成的矢量地形图由于分幅过多而影响操作时,一般将矢量地形图转换为一张或几张光栅地形图后,再将插入光栅图作为规划底图,以提高工作效率。转换方法一般采用光栅打印的方式,将矢量地形图打印成". pcx"格式(或其他图像格式)的光栅文件。采用". pcx"格式的好处在于其在 CAD 中可以进行透明设置。

(2) 绘图单位

规划总图的一个绘图单位一般是 1 m,因此在插入光栅地形图时需计算插入的比例,使得在 CAD 环境下量算地形图上目标物的长度为其真实尺寸(以米为单位),以便于规划设计时量算面积和测量长度。

(3) 图层设置

规划总图所包含的要素较多,因而规范地设置图层非常重要,宜分门别类按需设置图层。在具体的操作过程中应遵循:具有相同特征的要素对象放置在同一图层,不同特征的要素对象放置在不同图层上。通过对图层的操作实现对其所包含的所有图元的编辑和特性修改,将大大提高操作的便捷性。

图层的名字应与所包含的图元具有对应的逻辑关系,如以"B()—R"作为图层名来存储居住用地地块的边界,R 为 Residential(居住的)的首字母,B() 为 Botmdary(边界)的简写。

(4) 创建封闭地块

提取地块边界和进行色块填充均要求地块为封闭地块。因此,在绘制各类地块边界的分割线时,分割线之间或分割线与道路边界线必须相交,以便构成封闭地块。如果有些复杂地块无法创建面域或填充时,需要检查其是否封闭或重新勾绘边界。

（5）总图的修改

在总图绘制过程中，当规划用地无法平衡，即各类建设用地的比例和人均用地指标不符合国家标准时，应当调整用地，重复总图绘制流程中的步骤7至步骤9，并重新汇总统计，保证规划用地方案符合国家标准。规划方案完成后若需进一步调整、修改，则需按要求重复总图绘制流程中的步骤7至步骤12。

（6）注意及时保存

在绘图过程中，为避免某些不可控因素的出现而导致工作进程的丢失，需要养成良好的习惯，及时保存文件。用户可合理利用 AutoCAD 的自动保存功能，但需要注意：自动保存时间过长很容易错过了工作的关键点；自动保存时间过短，当图形文件比较大时，频繁进行磁盘写操作而带来的时间开销相对较大，不利于工作效率的提高。

附录1 中华人民共和国城乡规划法

(2007 年 10 月 28 日第十届全国人民代表大会常务委员会第三十次会议通过)

第一章 总则

第一条 为了加强城乡规划管理,协调城乡空间布局,改善人居环境,促进城乡经济社会全面协调可持续发展,制定本法。

第二条 制定和实施城乡规划,在规划区内进行建设活动,必须遵守本法。

本法所称城乡规划,包括城镇体系规划、城市规划、镇规划、乡规划和村庄规划。城市规划、镇规划分为总体规划和详细规划。详细规划分为控制性详细规划和修建性详细规划。

本法所称规划区,是指城市、镇和村庄的建成区以及因城乡建设和发展需要,必须实行规划控制的区域。规划区的具体范围由有关人民政府在组织编制的城市总体规划、镇总体规划、乡规划和村庄规划中,根据城乡经济社会发展水平和统筹城乡发展的需要划定。

第三条 城市和镇应当依照本法制定城市规划和镇规划。城市、镇规划区内的建设活动应当符合规划要求。

县级以上地方人民政府根据本地农村经济社会发展水平,按照因地制宜、切实可行的原则,确定应当制定乡规划、村庄规划的区域。在确定区域内的乡、村庄,应当依照本法制定规划,规划区内的乡、村庄建设应当符合规划要求。

县级以上地方人民政府鼓励、指导前款规定以外的区域的乡、村庄制定和实施乡规划、村庄规划。

第四条 制定和实施城乡规划,应当遵循城乡统筹、合理布局、节约土地、集约发展和先规划后建设的原则,改善生态环境,促进资源、能源节约和综合利用,保护耕地等自然资源和历史文化遗产,保持地方特色、民族特色和传统风貌,防止污染和其他公害,并符合区域人口发展、国防建设、防灾减灾和公共卫生、公共安全的需要。

在规划区内进行建设活动,应当遵守土地管理、自然资源和环境保护等法律、法规的规定。

县级以上地方人民政府应当根据当地经济社会发展的实际,在城市总体规划、镇总体规划中合理确定城市、镇的发展规模、步骤和建设标准。

第五条 城市总体规划、镇总体规划以及乡规划和村庄规划的编制,应当依据国民经济和社会发展规划,并与土地利用总体规划相衔接。

第六条 各级人民政府应当将城乡规划的编制和管理经费纳入本级财政预算。

第七条 经依法批准的城乡规划,是城乡建设和规划管理的依据,未经法定程序不得修改。

第八条 城乡规划组织编制机关应当及时公布经依法批准的城乡规划。但是,法律、行政法规规定不得公开的内容除外。

第九条 任何单位和个人都应当遵守经依法批准并公布的城乡规划,服从规划管理,并有权就涉及其利害关系的建设活动是否符合规划的要求向城乡规划主管部门查询。

任何单位和个人都有权向城乡规划主管部门或者其他有关部门举报或者控告违反城乡规划的行为。城乡规划主管部门或者其他有关部门对举报或者控告，应当及时受理并组织核查、处理。

第十条　国家鼓励采用先进的科学技术，增强城乡规划的科学性，提高城乡规划实施及监督管理的效能。

第十一条　国务院城乡规划主管部门负责全国的城乡规划管理工作。

县级以上地方人民政府城乡规划主管部门负责本行政区域内的城乡规划管理工作。

第二章　城乡规划的制定

第十二条　国务院城乡规划主管部门会同国务院有关部门组织编制全国城镇体系规划，用于指导省域城镇体系规划、城市总体规划的编制。

全国城镇体系规划由国务院城乡规划主管部门报国务院审批。

第十三条　省、自治区人民政府组织编制省域城镇体系规划，报国务院审批。

省域城镇体系规划的内容应当包括：城镇空间布局和规模控制，重大基础设施的布局，为保护生态环境、资源等需要严格控制的区域。

第十四条　城市人民政府组织编制城市总体规划。

直辖市的城市总体规划由直辖市人民政府报国务院审批。省、自治区人民政府所在地的城市以及国务院确定的城市的总体规划，由省、自治区人民政府审查同意后，报国务院审批。其他城市的总体规划，由城市人民政府报省、自治区人民政府审批。

第十五条　县人民政府组织编制县人民政府所在地镇的总体规划，报上一级人民政府审批。其他镇的总体规划由镇人民政府组织编制，报上一级人民政府审批。

第十六条　省、自治区人民政府组织编制的省域城镇体系规划，城市、县人民政府组织编制的总体规划，在报上一级人民政府审批前，应当先经本级人民代表大会常务委员会审议，常务委员会组成人员的审议意见交由本级人民政府研究处理。

镇人民政府组织编制的镇总体规划，在报上一级人民政府审批前，应当先经镇人民代表大会审议，代表的审议意见交由本级人民政府研究处理。

规划的组织编制机关报送审批省域城镇体系规划、城市总体规划或者镇总体规划，应当将本级人民代表大会常务委员会组成人员或者镇人民代表大会代表的审议意见和根据审议意见修改规划的情况一并报送。

第十七条　城市总体规划、镇总体规划的内容应当包括：城市、镇的发展布局，功能分区，用地布局，综合交通体系，禁止、限制和适宜建设的地域范围，各类专项规划等。

规划区范围、规划区内建设用地规模、基础设施和公共服务设施用地、水源地和水系、基本农田和绿化用地、环境保护、自然与历史文化遗产保护以及防灾减灾等内容，应当作为城市总体规划、镇总体规划的强制性内容。

城市总体规划、镇总体规划的规划期限一般为二十年。城市总体规划还应当对城市更长远的发展作出预测性安排。

第十八条　乡规划、村庄规划应当从农村实际出发，尊重村民意愿，体现地方和农村特色。

乡规划、村庄规划的内容应当包括：规划区范围，住宅、道路、供水、排水、供电、垃圾收集、畜禽养殖场所等农村生产、生活服务设施、公益事业等各项建设的用地布局、建设要求,以及对耕地等自然资源和历史文化遗产保护、防灾减灾等的具体安排。乡规划还应当包括本行政区域内的村庄发展布局。

第十九条　城市人民政府城乡规划主管部门根据城市总体规划的要求,组织编制城市的控制性详细规划,经本级人民政府批准后,报本级人民代表大会常务委员会和上一级人民政府备案。

第二十条　镇人民政府根据镇总体规划的要求,组织编制镇的控制性详细规划,报上一级人民政府审批。县人民政府所在地镇的控制性详细规划,由县人民政府城乡规划主管部门根据镇总体规划的要求组织编制,经县人民政府批准后,报本级人民代表大会常务委员会和上一级人民政府备案。

第二十一条　城市、县人民政府城乡规划主管部门和镇人民政府可以组织编制重要地块的修建性详细规划。修建性详细规划应当符合控制性详细规划。

第二十二条　乡、镇人民政府组织编制乡规划、村庄规划,报上一级人民政府审批。村庄规划在报送审批前,应当经村民会议或者村民代表会议讨论同意。

第二十三条　首都的总体规划、详细规划应当统筹考虑中央国家机关用地布局和空间安排的需要。

第二十四条　城乡规划组织编制机关应当委托具有相应资质等级的单位承担城乡规划的具体编制工作。

从事城乡规划编制工作应当具备下列条件,并经国务院城乡规划主管部门或者省、自治区、直辖市人民政府城乡规划主管部门依法审查合格,取得相应等级的资质证书后,方可在资质等级许可的范围内从事城乡规划编制工作:

(一)有法人资格;

(二)有规定数量的经国务院城乡规划主管部门注册的规划师;

(三)有规定数量的相关专业技术人员;

(四)有相应的技术装备;

(五)有健全的技术、质量、财务管理制度。

规划师执业资格管理办法,由国务院城乡规划主管部门会同国务院人事行政部门制定。

编制城乡规划必须遵守国家有关标准。

第二十五条　编制城乡规划,应当具备国家规定的勘察、测绘、气象、地震、水文、环境等基础资料。

县级以上地方人民政府有关主管部门应当根据编制城乡规划的需要,及时提供有关基础资料。

第二十六条　城乡规划报送审批前,组织编制机关应当依法将城乡规划草案予以公告,并采取论证会、听证会或者其他方式征求专家和公众的意见。公告的时间不得少于三十日。

组织编制机关应当充分考虑专家和公众的意见,并在报送审批的材料中附具意见采纳情况及理由。

第二十七条　省域城镇体系规划、城市总体规划、镇总体规划批准前,审批机关应当组织专家和有关部门进行审查。

第三章　城乡规划的实施

第二十八条　地方各级人民政府应当根据当地经济社会发展水平,量力而行,尊重群众意愿,有计划、分步骤地组织实施城乡规划。

第二十九条　城市的建设和发展,应当优先安排基础设施以及公共服务设施的建设,妥善处理新区开发与旧区改建的关系,统筹兼顾进城务工人员生活和周边农村经济社会发展、村民生产与生活的需要。

镇的建设和发展,应当结合农村经济社会发展和产业结构调整,优先安排供水、排水、供电、供气、道路、通信、广播电视等基础设施和学校、卫生院、文化站、幼儿园、福利院等公共服务设施的建设,为周边农村提供服务。

乡、村庄的建设和发展,应当因地制宜、节约用地,发挥村民自治组织的作用,引导村民合理进行建设,改善农村生产、生活条件。

第三十条　城市新区的开发和建设,应当合理确定建设规模和时序,充分利用现有市政基础设施和公共服务设施,严格保护自然资源和生态环境,体现地方特色。

在城市总体规划、镇总体规划确定的建设用地范围以外,不得设立各类开发区和城市新区。

第三十一条　旧城区的改建,应当保护历史文化遗产和传统风貌,合理确定拆迁和建设规模,有计划地对危房集中、基础设施落后等地段进行改建。

历史文化名城、名镇、名村的保护以及受保护建筑物的维护和使用,应当遵守有关法律、行政法规和国务院的规定。

第三十二条　城乡建设和发展,应当依法保护和合理利用风景名胜资源,统筹安排风景名胜区及周边乡、镇、村庄的建设。

风景名胜区的规划、建设和管理,应当遵守有关法律、行政法规和国务院的规定。

第三十三条　城市地下空间的开发和利用,应当与经济和技术发展水平相适应,遵循统筹安排、综合开发、合理利用的原则,充分考虑防灾减灾、人民防空和通信等需要,并符合城市规划,履行规划审批手续。

第三十四条　城市、县、镇人民政府应当根据城市总体规划、镇总体规划、土地利用总体规划和年度计划以及国民经济和社会发展规划,制定近期建设规划,报总体规划审批机关备案。

近期建设规划应当以重要基础设施、公共服务设施和中低收入居民住房建设以及生态环境保护为重点内容,明确近期建设的时序、发展方向和空间布局。近期建设规划的规划期限为五年。

第三十五条　城乡规划确定的铁路、公路、港口、机场、道路、绿地、输配电设施及输电线路走廊、通信设施、广播电视设施、管道设施、河道、水库、水源地、自然保护区、防汛通道、消防通道、核电站、垃圾填埋场及焚烧厂、污水处理厂和公共服务设施的用地以及其他需要依法保护的用地,禁止擅自改变用途。

第三十六条　按照国家规定需要有关部门批准或者核准的建设项目,以划拨方式提供国有土地使用权的,建设单位在报送有关部门批准或者核准前,应当向城乡规划主管部门申请核发选址意见书。

前款规定以外的建设项目不需要申请选址意见书。

第三十七条　在城市、镇规划区内以划拨方式提供国有土地使用权的建设项目,经有关部门批准、核准、备案后,建设单位应当向城市、县人民政府城乡规划主管部门提出建设用地规划许可申请,由城市、县人民政府城乡规划主管部门依据控制性详细规划核定建设用地的位置、面积、允许建设的范围，核发建设用地规划许可证。

建设单位在取得建设用地规划许可证后，方可向县级以上地方人民政府土地主管部门申请用地，经县级以上人民政府审批后，由土地主管部门划拨土地。

第三十八条　在城市、镇规划区内以出让方式提供国有土地使用权的，在国有土地使用权出让前，城市、县人民政府城乡规划主管部门应当依据控制性详细规划，提出出让地块的位置、使用性质、开发强度等规划条件，作为国有土地使用权出让合同的组成部分。未确定规划条件的地块，不得出让国有土地使用权。

以出让方式取得国有土地使用权的建设项目，在签订国有土地使用权出让合同后，建设单位应当持建设项目的批准、核准、备案文件和国有土地使用权出让合同，向城市、县人民政府城乡规划主管部门领取建设用地规划许可证。

城市、县人民政府城乡规划主管部门不得在建设用地规划许可证中，擅自改变作为国有土地使用权出让合同组成部分的规划条件。

第三十九条　规划条件未纳入国有土地使用权出让合同的，该国有土地使用权出让合同无效；对未取得建设用地规划许可证的建设单位批准用地的，由县级以上人民政府撤销有关批准文件；占用土地的，应当及时退回；给当事人造成损失的，应当依法给予赔偿。

第四十条　在城市、镇规划区内进行建筑物、构筑物、道路、管线和其他工程建设的，建设单位或者个人应当向城市、县人民政府城乡规划主管部门或者省、自治区、直辖市人民政府确定的镇人民政府申请办理建设工程规划许可证。

申请办理建设工程规划许可证，应当提交使用土地的有关证明文件、建设工程设计方案等材料。需要建设单位编制修建性详细规划的建设项目，还应当提交修建性详细规划。对符合控制性详细规划和规划条件的，由城市、县人民政府城乡规划主管部门或者省、自治区、直辖市人民政府确定的镇人民政府核发建设工程规划许可证。

城市、县人民政府城乡规划主管部门或者省、自治区、直辖市人民政府确定的镇人民政府应当依法将经审定的修建性详细规划、建设工程设计方案的总平面图予以公布。

第四十一条　在乡、村庄规划区内进行乡镇企业、乡村公共设施和公益事业建设的，建设单位或者个人应当向乡、镇人民政府提出申请，由乡、镇人民政府报城市、县人民政府城乡规划主管部门核发乡村建设规划许可证。

在乡、村庄规划区内使用原有宅基地进行农村村民住宅建设的规划管理办法，由省、自治区、直辖市制定。

在乡、村庄规划区内进行乡镇企业、乡村公共设施和公益事业建设以及农村村民住宅建设，不得占用农用地；确需占用农用地的，应当依照《中华人民共和国土地管理法》有关规定办理农用地转用审批手续后，由城市、县人民政府城乡规划主管部门核发乡村建设规划许可证。

建设单位或者个人在取得乡村建设规划许可证后，方可办理用地审批手续。

第四十二条　城乡规划主管部门不得在城乡规划确定的建设用地范围以外作出规划许可。

第四十三条　建设单位应当按照规划条件进行建设；确需变更的，必须向城市、县人民政府城乡规划主管部门提出申请。变更内容不符合控制性详细规划的，城乡规划主管部门不得批准。城市、县人民政府城乡规划主管部门应当及时将依法变更后的规划条件通报同级土地主管部门并公示。

建设单位应当及时将依法变更后的规划条件报有关人民政府土地主管部门备案。

第四十四条　在城市、镇规划区内进行临时建设的,应当经城市、县人民政府城乡规划主管部门批准。临时建设影响近期建设规划或者控制性详细规划的实施以及交通、市容、安全等的,不得批准。

临时建设应当在批准的使用期限内自行拆除。

临时建设和临时用地规划管理的具体办法,由省、自治区、直辖市人民政府制定。

第四十五条　县级以上地方人民政府城乡规划主管部门按照国务院规定对建设工程是否符合规划条件予以核实。未经核实或者经核实不符合规划条件的,建设单位不得组织竣工验收。

建设单位应当在竣工验收后六个月内向城乡规划主管部门报送有关竣工验收资料。

第四章　城乡规划的修改

第四十六条　省域城镇体系规划、城市总体规划、镇总体规划的组织编制机关,应当组织有关部门和专家定期对规划实施情况进行评估,并采取论证会、听证会或者其他方式征求公众意见。组织编制机关应当向本级人民代表大会常务委员会、镇人民代表大会和原审批机关提出评估报告并附具征求意见的情况。

第四十七条　有下列情形之一的,组织编制机关方可按照规定的权限和程序修改省域城镇体系规划、城市总体规划、镇总体规划:

(一)上级人民政府制定的城乡规划发生变更,提出修改规划要求的;

(二)行政区划调整确需修改规划的;

(三)因国务院批准重大建设工程确需修改规划的;

(四)经评估确需修改规划的;

(五)城乡规划的审批机关认为应当修改规划的其他情形。

修改省域城镇体系规划、城市总体规划、镇总体规划前,组织编制机关应当对原规划的实施情况进行总结,并向原审批机关报告;修改涉及城市总体规划、镇总体规划强制性内容的,应当先向原审批机关提出专题报告,经同意后,方可编制修改方案。

修改后的省域城镇体系规划、城市总体规划、镇总体规划,应当依照本法第十三条、第十四条、第十五条和第十六条规定的审批程序报批。

第四十八条　修改控制性详细规划的,组织编制机关应当对修改的必要性进行论证,征求规划地段内利害关系人的意见,并向原审批机关提出专题报告,经原审批机关同意后,方可编制修改方案。修改后的控制性详细规划,应当依照本法第十九条、第二十条规定的审批程序报批。控制性详细规划修改涉及城市总体规划、镇总体规划的强制性内容的,应当先修改总体规划。

修改乡规划、村庄规划的,应当依照本法第二十二条规定的审批程序报批。

第四十九条　城市、县、镇人民政府修改近期建设规划的,应当将修改后的近期建设规划报总体规划审批机关备案。

第五十条　在选址意见书、建设用地规划许可证、建设工程规划许可证或者乡村建设规划许可证发放后,因依法修改城乡规划给被许可人合法权益造成损失的,应当依法给予补偿。

经依法审定的修建性详细规划、建设工程设计方案的总平面图不得随意修改;确需修改的,城乡规划主管部门应当采取听证会等形式,听取利害关系人的意见;因修改给利害关系人合法权益造成损失的,应当依法给予补偿。

第五章　监督检查

第五十一条　县级以上人民政府及其城乡规划主管部门应当加强对城乡规划编制、审批、实施、修改的监督检查。

第五十二条　地方各级人民政府应当向本级人民代表大会常务委员会或者乡、镇人民代表大会报告城乡规划的实施情况，并接受监督。

第五十三条　县级以上人民政府城乡规划主管部门对城乡规划的实施情况进行监督检查，有权采取以下措施：

（一）要求有关单位和人员提供与监督事项有关的文件、资料，并进行复制；

（二）要求有关单位和人员就监督事项涉及的问题作出解释和说明，并根据需要进入现场进行勘测；

（三）责令有关单位和人员停止违反有关城乡规划的法律、法规的行为。

城乡规划主管部门的工作人员履行前款规定的监督检查职责，应当出示执法证件。被监督检查的单位和人员应当予以配合，不得妨碍和阻挠依法进行的监督检查活动。

第五十四条　监督检查情况和处理结果应当依法公开，供公众查阅和监督。

第五十五条　城乡规划主管部门在查处违反本法规定的行为时，发现国家机关工作人员依法应当给予行政处分的，应当向其任免机关或者监察机关提出处分建议。

第五十六条　依照本法规定应当给予行政处罚，而有关城乡规划主管部门不给予行政处罚的，上级人民政府城乡规划主管部门有权责令其作出行政处罚决定或者建议有关人民政府责令其给予行政处罚。

第五十七条　城乡规划主管部门违反本法规定作出行政许可的，上级人民政府城乡规划主管部门有权责令其撤销或者直接撤销该行政许可。因撤销行政许可给当事人合法权益造成损失的，应当依法给予赔偿。

第六章　法律责任

第五十八条　对依法应当编制城乡规划而未组织编制，或者未按法定程序编制、审批、修改城乡规划的，由上级人民政府责令改正，通报批评；对有关人民政府负责人和其他直接责任人员依法给予处分。

第五十九条　城乡规划组织编制机关委托不具有相应资质等级的单位编制城乡规划的，由上级人民政府责令改正，通报批评；对有关人民政府负责人和其他直接责任人员依法给予处分。

第六十条　镇人民政府或者县级以上人民政府城乡规划主管部门有下列行为之一的，由本级人民政府、上级人民政府城乡规划主管部门或者监察机关依据职权责令改正，通报批评；对直接负责的主管人员和其他直接责任人员依法给予处分：

（一）未依法组织编制城市的控制性详细规划、县人民政府所在地镇的控制性详细规划的；

（二）超越职权或者对不符合法定条件的申请人核发选址意见书、建设用地规划许可证、建设工程规划许可证、乡村建设规划许可证的；

（三）对符合法定条件的申请人未在法定期限内核发选址意见书、建设用地规划许可证、建设工程规划许可证、乡村建设规划许可证的；

（四）未依法对经审定的修建性详细规划、建设工程设计方案的总平面图予以公布的；

（五）同意修改修建性详细规划、建设工程设计方案的总平面图前未采取听证会等形式听取利害关系人的意见的；

（六）发现未依法取得规划许可或者违反规划许可的规定在规划区内进行建设的行为，而不予查处或者接到举报后不依法处理的。

第六十一条 县级以上人民政府有关部门有下列行为之一的，由本级人民政府或者上级人民政府有关部门责令改正，通报批评；对直接负责的主管人员和其他直接责任人员依法给予处分：

（一）对未依法取得选址意见书的建设项目核发建设项目批准文件的；

（二）未依法在国有土地使用权出让合同中确定规划条件或者改变国有土地使用权出让合同中依法确定的规划条件的；

（三）对未依法取得建设用地规划许可证的建设单位划拨国有土地使用权的。

第六十二条 城乡规划编制单位有下列行为之一的，由所在地城市、县人民政府城乡规划主管部门责令限期改正，处合同约定的规划编制费一倍以上二倍以下的罚款；情节严重的，责令停业整顿，由原发证机关降低资质等级或者吊销资质证书；造成损失的，依法承担赔偿责任：

（一）超越资质等级许可的范围承揽城乡规划编制工作的；

（二）违反国家有关标准编制城乡规划的。

未依法取得资质证书承揽城乡规划编制工作的，由县级以上地方人民政府城乡规划主管部门责令停止违法行为，依照前款规定处以罚款；造成损失的，依法承担赔偿责任。

以欺骗手段取得资质证书承揽城乡规划编制工作的，由原发证机关吊销资质证书，依照本条第一款规定处以罚款；造成损失的，依法承担赔偿责任。

第六十三条 城乡规划编制单位取得资质证书后，不再符合相应的资质条件的，由原发证机关责令限期改正；逾期不改正的，降低资质等级或者吊销资质证书。

第六十四条 未取得建设工程规划许可证或者未按照建设工程规划许可证的规定进行建设的，由县级以上地方人民政府城乡规划主管部门责令停止建设；尚可采取改正措施消除对规划实施的影响的，限期改正，处建设工程造价百分之五以上百分之十以下的罚款；无法采取改正措施消除影响的，限期拆除，不能拆除的，没收实物或者违法收入，可以并处建设工程造价百分之十以下的罚款。

第六十五条 在乡、村庄规划区内未依法取得乡村建设规划许可证或者未按照乡村建设规划许可证的规定进行建设的，由乡、镇人民政府责令停止建设、限期改正；逾期不改正的，可以拆除。

第六十六条 建设单位或者个人有下列行为之一的，由所在地城市、县人民政府城乡规划主管部门责令限期拆除，可以并处临时建设工程造价一倍以下的罚款：

（一）未经批准进行临时建设的；

（二）未按照批准内容进行临时建设的；

（三）临时建筑物、构筑物超过批准期限不拆除的。

第六十七条 建设单位未在建设工程竣工验收后六个月内向城乡规划主管部门报送有关竣工验收资料的，由所在地城市、县人民政府城乡规划主管部门责令限期补报；逾期不补报的，处一万元以上五万元以下的罚款。

第六十八条　城乡规划主管部门作出责令停止建设或者限期拆除的决定后,当事人不停止建设或者逾期不拆除的,建设工程所在地县级以上地方人民政府可以责成有关部门采取查封施工现场、强制拆除等措施。

第六十九条　违反本法规定,构成犯罪的,依法追究刑事责任。

第七章　附　则

第七十条　本法自 2008 年 1 月 1 日起施行。《中华人民共和国城市规划法》同时废止。

附录2 城市规划编制办法（建设部令第146号）

《城市规划编制办法》已于2005年10月28日经建设部第76次常务会议讨论通过，自2006年4月1日起施行。

第一章 总则

第一条 为了规范城市规划编制工作，提高城市规划的科学性和严肃性，根据国家有关法律法规的规定，制定本办法。

第二条 按国家行政建制设立的市，组织编制城市规划，应当遵守本办法。

第三条 城市规划是政府调控城市空间资源、指导城乡发展与建设、维护社会公平、保障公共安全和公众利益的重要公共政策之一。

第四条 编制城市规划，应当以科学发展观为指导，以构建社会主义和谐社会为基本目标，坚持五个统筹，坚持中国特色的城镇化道路，坚持节约和集约利用资源，保护生态环境，保护人文资源，尊重历史文化，坚持因地制宜确定城市发展目标与战略，促进城市全面协调可持续发展。

第五条 编制城市规划，应当考虑人民群众需要，改善人居环境，方便群众生活，充分关注中低收入人群，扶助弱势群体，维护社会稳定和公共安全。

第六条 编制城市规划，应当坚持政府组织、专家领衔、部门合作、公众参与、科学决策的原则。

第七条 城市规划分为总体规划和详细规划两个阶段。大、中城市根据需要，可以依法在总体规划的基础上组织编制分区规划。

城市详细规划分为控制性详细规划和修建性详细规划。

第八条 国务院建设主管部门组织编制的全国城镇体系规划和省、自治区人民政府组织编制的省域城镇体系规划，应当作为城市总体规划编制的依据。

第九条 编制城市规划，应当遵守国家有关标准和技术规范，采用符合国家有关规定的基础资料。

第十条 承担城市规划编制的单位，应当取得城市规划编制资质证书，并在资质等级许可的范围内从事城市规划编制工作。

第二章 城市规划编制组织

第十一条 城市人民政府负责组织编制城市总体规划和城市分区规划。具体工作由城市人民政府建设主管部门（城乡规划主管部门）承担。

城市人民政府应当依据城市总体规划，结合国民经济和社会发展规划以及土地利用总体规划，组织制定近期建设规划。

控制性详细规划由城市人民政府建设主管部门（城乡规划主管部门）依据已经批准的城市总体规划或者城市分区规划组织编制。

修建性详细规划可以由有关单位依据控制性详细规划及建设主管部门(城乡规划主管部门)提出的规划条件,委托城市规划编制单位编制。

第十二条　城市人民政府提出编制城市总体规划前,应当对现行城市总体规划以及各专项规划的实施情况进行总结,对基础设施的支撑能力和建设条件做出评价;针对存在问题和出现的新情况,从土地、水、能源和环境等城市长期的发展保障出发,依据全国城镇体系规划和省域城镇体系规划,着眼区域统筹和城乡统筹,对城市的定位、发展目标、城市功能和空间布局等战略问题进行前瞻性研究,作为城市总体规划编制的工作基础。

第十三条　城市总体规划应当按照以下程序组织编制:

(一)按照本办法第十二条规定组织前期研究,在此基础上,按规定提出进行编制工作的报告,经同意后方可组织编制。其中,组织编制直辖市、省会城市、国务院指定市的城市总体规划的,应当向国务院建设主管部门提出报告;组织编制其他市的城市总体规划的,应当向省、自治区建设主管部门提出报告。

(二)组织编制城市总体规划纲要,按规定提请审查。其中,组织编制直辖市、省会城市、国务院指定市的城市总体规划的,应当报请国务院建设主管部门组织审查;组织编制其他市的城市总体规划的,应当报请省、自治区建设主管部门组织审查。

(三)依据国务院建设主管部门或者省、自治区建设主管部门提出的审查意见,组织编制城市总体规划成果,按法定程序报请审查和批准。

第十四条　在城市总体规划的编制中,对于涉及资源与环境保护、区域统筹与城乡统筹、城市发展目标与空间布局、城市历史文化遗产保护等重大专题,应当在城市人民政府组织下,由相关领域的专家领衔进行研究。

第十五条　在城市总体规划的编制中,应当在城市人民政府组织下,充分吸取政府有关部门和军事机关的意见。

对于政府有关部门和军事机关提出意见的采纳结果,应当作为城市总体规划报送审批材料的专题组成部分。

组织编制城市详细规划,应当充分听取政府有关部门的意见,保证有关专业规划的空间落实。

第十六条　在城市总体规划报送审批前,城市人民政府应当依法采取有效措施,充分征求社会公众的意见。

在城市详细规划的编制中,应当采取公示、征询等方式,充分听取规划涉及的单位、公众的意见。对有关意见采纳结果应当公布。

第十七条　城市总体规划调整,应当按规定向规划审批机关提出调整报告,经认定后依照法律规定组织调整。

城市详细规划调整,应当取得规划批准机关的同意。规划调整方案,应当向社会公开,听取有关单位和公众的意见,并将有关意见的采纳结果公示。

第三章　城市规划编制要求

第十八条　编制城市规划,要妥善处理城乡关系,引导城镇化健康发展,体现布局合理、资源节约、环境友好的原则,保护自然与文化资源、体现城市特色,考虑城市安全和国防建设需要。

第十九条　编制城市规划,对涉及城市发展长期保障的资源利用和环境保护、区域协调发展、风景名胜资源管理、自然与文化遗产保护、公共安全和公众利益等方面的内容,应当确定为必须严格执行的强制性内容。

第二十条 城市总体规划包括市域城镇体系规划和中心城区规划。

编制城市总体规划,应当先组织编制总体规划纲要,研究确定总体规划中的重大问题,作为编制规划成果的依据。

第二十一条 编制城市总体规划,应当以全国城镇体系规划、省域城镇体系规划以及其他上层次法定规划为依据,从区域经济社会发展的角度研究城市定位和发展战略,按照人口与产业、就业岗位的协调发展要求,控制人口规模、提高人口素质,按照有效配置公共资源、改善人居环境的要求,充分发挥中心城市的区域辐射和带动作用,合理确定城乡空间布局,促进区域经济社会全面、协调和可持续发展。

第二十二条 编制城市近期建设规划,应当依据已经依法批准的城市总体规划,明确近期内实施城市总体规划的重点和发展时序,确定城市近期发展方向、规模、空间布局、重要基础设施和公共服务设施选址安排,提出自然遗产与历史文化遗产的保护、城市生态环境建设与治理的措施。

第二十三条 编制城市分区规划,应当依据已经依法批准的城市总体规划,对城市土地利用、人口分布和公共服务设施、基础设施的配置做出进一步的安排,对控制性详细规划的编制提出指导性要求。

第二十四条 编制城市控制性详细规划,应当依据已经依法批准的城市总体规划或分区规划,考虑相关专项规划的要求,对具体地块的土地利用和建设提出控制指标,作为建设主管部门(城乡规划主管部门)做出建设项目规划许可的依据。

编制城市修建性详细规划,应当依据已经依法批准的控制性详细规划,对所在地块的建设提出具体的安排和设计。

第二十五条 历史文化名城的城市总体规划,应当包括专门的历史文化名城保护规划。

历史文化街区应当编制专门的保护性详细规划。

第二十六条 城市规划成果的表达应当清晰、规范,成果文件、图件与附件中说明、专题研究、分析图纸等表达应有区分。

城市规划成果文件应当以书面和电子文件两种方式表达。

第二十七条 城市规划编制单位应当严格依据法律、法规的规定编制城市规划,提交的规划成果应当符合本办法和国家有关标准。

第四章 城市规划编制内容

第一节 城市总体规划

第二十八条 城市总体规划的期限一般为二十年,同时可以对城市远景发展的空间布局提出设想。

确定城市总体规划具体期限,应当符合国家有关政策的要求。

第二十九条 总体规划纲要应当包括下列内容:

(一)市域城镇体系规划纲要,内容包括:提出市域城乡统筹发展战略;确定生态环境、土地和水资源、能源、自然和历史文化遗产保护等方面的综合目标和保护要求,提出空间管制原则;预测市域总人口及城镇化水平,确定各城镇人口规模、职能分工、空间布局方案和建设标准;原则确定市域交通发展策略。

（二）提出城市规划区范围。

（三）分析城市职能、提出城市性质和发展目标。

（四）提出禁建区、限建区、适建区范围。

（五）预测城市人口规模。

（六）研究中心城区空间增长边界，提出建设用地规模和建设用地范围；

（七）提出交通发展战略及主要对外交通设施布局原则。

（八）提出重大基础设施和公共服务设施的发展目标。

（九）提出建立综合防灾体系的原则和建设方针。

第三十条　市域城镇体系规划应当包括下列内容：

（一）提出市域城乡统筹的发展战略。其中位于人口、经济、建设高度聚集的城镇密集地区的中心城市，应当根据需要，提出与相邻行政区域在空间发展布局、重大基础设施和公共服务设施建设、生态环境保护、城乡统筹发展等方面进行协调的建议。

（二）确定生态环境、土地和水资源、能源、自然和历史文化遗产等方面的保护与利用的综合目标和要求，提出空间管制原则和措施。

（三）预测市域总人口及城镇化水平，确定各城镇人口规模、职能分工、空间布局和建设标准。

（四）提出重点城镇的发展定位、用地规模和建设用地控制范围。

（五）确定市域交通发展策略；原则确定市域交通、通讯、能源、供水、排水、防洪、垃圾处理等重大基础设施，重要社会服务设施，危险品生产储存设施的布局。

（六）根据城市建设、发展和资源管理的需要划定城市规划区。城市规划区的范围应当位于城市的行政管辖范围内。

（七）提出实施规划的措施和有关建议。

第三十一条　中心城区规划应当包括下列内容：

（一）分析确定城市性质、职能和发展目标。

（二）预测城市人口规模。

（三）划定禁建区、限建区、适建区和已建区，并制定空间管制措施。

（四）确定村镇发展与控制的原则和措施；确定需要发展、限制发展和不再保留的村庄，提出村镇建设控制标准。

（五）安排建设用地、农业用地、生态用地和其他用地。

（六）研究中心城区空间增长边界，确定建设用地规模，划定建设用地范围。

（七）确定建设用地的空间布局，提出土地使用强度管制区划和相应的控制指标（建筑密度、建筑高度、容积率、人口容量等）。

（八）确定市级和区级中心的位置和规模，提出主要的公共服务设施的布局。

（九）确定交通发展战略和城市公共交通的总体布局，落实公交优先政策，确定主要对外交通设施和主要道路交通设施布局。

（十）确定绿地系统的发展目标及总体布局，划定各种功能绿地的保护范围（绿线），划定河湖水面的保护范围（蓝线），确定岸线使用原则。

（十一）确定历史文化保护及地方传统特色保护的内容和要求，划定历史文化街区、历史建筑保护范围（紫线），确定各级文物保护单位的范围；研究确定特色风貌保护重点区域及保护措施。

（十二）研究住房需求，确定住房政策、建设标准和居住用地布局；重点确定经济适用房、普通商品住房等满足中低收入人群住房需求的居住用地布局及标准。

（十三）确定电信、供水、排水、供电、燃气、供热、环卫发展目标及重大设施总体布局。

（十四）确定生态环境保护与建设目标，提出污染控制与治理措施。

（十五）确定综合防灾与公共安全保障体系，提出防洪、消防、人防、抗震、地质灾害防护等规划原则和建设方针。

（十六）划定旧区范围，确定旧区有机更新的原则和方法，提出改善旧区生产、生活环境的标准和要求。

（十七）提出地下空间开发利用的原则和建设方针。

（十八）确定空间发展时序，提出规划实施步骤、措施和政策建议。

第三十二条　城市总体规划的强制性内容包括：

（一）城市规划区范围。

（二）市域内应当控制开发的地域。包括：基本农田保护区，风景名胜区，湿地、水源保护区等生态敏感区，地下矿产资源分布地区。

（三）城市建设用地。包括：规划期限内城市建设用地的发展规模，土地使用强度管制区划和相应的控制指标（建设用地面积、容积率、人口容量等）；城市各类绿地的具体布局；城市地下空间开发布局。

（四）城市基础设施和公共服务设施。包括：城市干道系统网络、城市轨道交通网络、交通枢纽布局；城市水源地及其保护区范围和其他重大市政基础设施；文化、教育、卫生、体育等方面主要公共服务设施的布局。

（五）城市历史文化遗产保护。包括：历史文化保护的具体控制指标和规定；历史文化街区、历史建筑、重要地下文物埋藏区的具体位置和界线。

（六）生态环境保护与建设目标，污染控制与治理措施。

（七）城市防灾工程。包括：城市防洪标准、防洪堤走向；城市抗震与消防疏散通道；城市人防设施布局；地质灾害防护规定。

第三十三条　总体规划纲要成果包括纲要文本、说明、相应的图纸和研究报告。

城市总体规划的成果应当包括规划文本、图纸及附件（说明、研究报告和基础资料等）。在规划文本中应当明确表述规划的强制性内容。

第三十四条　城市总体规划应当明确综合交通、环境保护、商业网点、医疗卫生、绿地系统、河湖水系、历史文化名城保护、地下空间、基础设施、综合防灾等专项规划的原则。

编制各类专项规划，应当依据城市总体规划。

第二节　城市近期建设规划

第三十五条　近期建设规划的期限原则上应当与城市国民经济和社会发展规划的年限一致，并不得违背城市总体规划的强制性内容。

近期建设规划到期时，应当依据城市总体规划组织编制新的近期建设规划。

第三十六条　近期建设规划的内容应当包括：

（一）确定近期人口和建设用地规模，确定近期建设用地范围和布局。

（二）确定近期交通发展策略，确定主要对外交通设施和主要道路交通设施布局；

（三）确定各项基础设施、公共服务和公益设施的建设规模和选址。

（四）确定近期居住用地安排和布局；

（五）确定历史文化名城、历史文化街区、风景名胜区等的保护措施，城市河湖水系、绿化、环境等保护、整治和建设措施。

（六）确定控制和引导城市近期发展的原则和措施。

第三十七条　近期建设规划的成果应当包括规划文本、图纸，以及包括相应说明的附件。在规划文本中应当明确表达规划的强制性内容。

第三节　城市分区规划

第三十八条　编制分区规划，应当综合考虑城市总体规划确定的城市布局、片区特征、河流道路等自然和人工界限，结合城市行政区划，划定分区的范围界限。

第三十九条　分区规划应当包括下列内容：

（一）确定分区的空间布局、功能分区、土地使用性质和居住人口分布。

（二）确定绿地系统、河湖水面、供电高压线走廊、对外交通设施用地界线和风景名胜区、文物古迹、历史文化街区的保护范围，提出空间形态的保护要求。

（三）确定市、区、居住区级公共服务设施的分布、用地范围和控制原则；

（四）确定主要市政公用设施的位置、控制范围和工程干管的线路位置、管径，进行管线综合；

（五）确定城市干道的红线位置、断面、控制点坐标和标高，确定支路的走向、宽度，确定主要交叉口、广场、公交站场、交通枢纽等交通设施的位置和规模，确定轨道交通线路走向及控制范围，确定主要停车场规模与布局。

第四十条　分区规划的成果应当包括规划文本、图件，以及包括相应说明的附件。

第四节　详细规划

第四十一条　控制性详细规划应当包括下列内容：

（一）确定规划范围内不同性质用地的界线，确定各类用地内适建、不适建或者有条件地允许建设的建筑类型。

（二）确定各地块建筑高度、建筑密度、容积率、绿地率等控制指标；确定公共设施配套要求、交通出入口方位、停车泊位、建筑后退红线距离等要求。

（三）提出各地块的建筑体量、体型、色彩等城市设计指导原则；

（四）根据交通需求分析，确定地块出入口位置、停车泊位、公共交通场站用地范围和站点位置、步行交通以及其他交通设施。规定各级道路的红线、断面、交叉口形式及渠化措施、控制点坐标和标高。

（五）根据规划建设容量，确定市政工程管线位置、管径和工程设施的用地界线，进行管线综合。确定地下空间开发利用具体要求。

（六）制定相应的土地使用与建筑管理规定。

第四十二条　控制性详细规划确定的各地块的主要用途、建筑密度、建筑高度、容积率、绿地率、基础设施和公共服务设施配套规定应当作为强制性内容。

第四十三条　修建性详细规划应当包括下列内容：

（一）建设条件分析及综合技术经济论证。

（二）建筑、道路和绿地等的空间布局和景观规划设计，布置总平面图。

（三）对住宅、医院、学校和托幼等建筑进行日照分析。

（四）根据交通影响分析，提出交通组织方案和设计。

（五）市政工程管线规划设计和管线综合。

（六）竖向规划设计。

（七）估算工程量、拆迁量和总造价，分析投资效益。

第四十四条　控制性详细规划成果应当包括规划文本、图件和附件。图件由图纸和图则两部分组成，规划说明、基础资料和研究报告收入附件。

修建性详细规划成果应当包括规划说明书、图纸。

第五章　附则

第四十五条　县人民政府所在地镇的城市规划编制，参照本办法执行。

第四十六条　对城市规划文本、图纸、说明、基础资料等的具体内容、深度要求和规格等，由国务院建设主管部门另行规定。

第四十七条　本办法自 2006 年 4 月 1 日起施行。1991 年 9 月 3 日建设部颁布的《城市规划编制办法》同时废止。

附录 3　城市用地分类与规划建设用地标准(GB 50137—2011)

1　总则

1.0.1　依据《中华人民共和国城乡规划法》,为统筹城乡发展,集约节约、科学合理地利用土地资源,制定本标准。

1.0.2　本标准适用于城市、县人民政府所在地镇和其他具备条件的镇的总体规划和控制性详细规划的编制、用地统计和用地管理工作。

1.0.3　编制城市(镇)总体规划和控制性详细规划除应符合本标准外,尚应符合国家现行有关标准的规定。

2　术语

2.0.1　城乡用地 town and country land

指市(县、镇)域范围内所有土地,包括建设用地(development land)与非建设用地(non-development land)。建设用地包括城乡居民点建设用地、区域交通设施用地、区域公用设施用地、特殊用地、采矿用地以及其他建设用地,非建设用地包括水域、农林用地以及其他非建设用地。城乡用地内各类用地的术语见本标准表 3.2.2。

2.0.2　城市建设用地 urban development land

指城市(镇)内居住用地(residential)、公共管理与公共服务设施用地(administration and public services)、商业服务业设施用地(commercial and business facilities)、工业用地(industrial, manufacturing)、物流仓储用地(logistics and warehouse)、道路与交通设施用地(road, street and transportation)、公用设施用地(public utilities)、绿地与广场用地(green space and square)的统称。城市建设用地内各类用地的术语见本标准表 3.3.2。城市建设用地规模指上述用地之和,单位为 hm^2。

2.0.3　人口规模 population

人口规模分为现状人口规模与规划人口规模,人口规模应按常住人口进行统计。常住人口指户籍人口数量与半年以上的暂住人口数量之和,单位为万人。

2.0.4　人均城市建设用地面积 urban development land area per capita

指城市(镇)内的城市建设用地面积除以该范围内的常住人口数量,单位为 $m^2/$人。

2.0.5　人均单项城市建设用地面积 single-category urban development land area per capita

指城市(镇)内的居住用地、公共管理与公共服务设施用地、道路与交通设施用地以及绿地与广场用地等单项用地面积除以城市建设用地范围内的常住人口数量,单位为 $m^2/$人。

2.0.6　人均居住用地面积 residential land area per capita

指城市(镇)内的居住用地面积除以城市建设用地内的常住人口数量,单位为 $m^2/$人。

2.0.7 人均公共管理与公共服务设施用地面积 administration and public services land area per capita

指城市(镇)内的公共管理与公共服务设施用地面积除以城市建设用地范围内的常住人口数量,单位为 m²/人。

2.0.8 人均道路与交通设施用地面积 road, street and transportation land area per capita

指城市(镇)内的道路与交通设施用地面积除以城市建设用地范围内的常住人口数量,单位为 m²/人。

2.0.9 人均绿地与广场用地面积 green space and square area per capita

指城市(镇)内的绿地与广场用地面积除以城市建设用地范围内的常住人口数量,单位为 m²/人。

2.0.10 人均公园绿地面积 park land area per capita

指城市(镇)内的公园绿地面积除以城市建设用地范围内的常住人口数量,单位为 m²/人。

2.0.11 城市建设用地结构 composition of urban development land

指城市(镇)内的居住用地、公共管理与公共服务设施用地、工业用地、道路与交通设施用地以及绿地与广场用地等单项用地面积除以城市建设用地面积得出的比重,单位为%。

2.0.12 气候区 climate zone

指根据《建筑气候区划标准》(GB 50178—93),以 1 月平均气温、7 月平均气温、7 月平均相对湿度为主要指标,以年降水量、年日平均气温低于或等于 5℃的日数和年日平均气温高于或等于 25℃的日数为辅助指标而划分的七个一级区。

3 用地分类

3.1 一般规定

3.1.1 用地分类包括城乡用地分类、城市建设用地分类两部分,应按土地使用的主要性质进行划分。

3.1.2 用地分类采用大类、中类和小类 3 级分类体系。大类应采用英文字母表示,中类和小类应采用英文字母和阿拉伯数字组合表示。

3.1.3 使用本分类时,可根据工作性质、工作内容及工作深度的不同要求,采用本分类的全部或部分类别。

3.2 城乡用地分类

3.2.1 城乡用地共分为 2 大类、9 中类、14 小类。

3.2.2 城乡用地分类和代码应符合表 3.2.2 的规定。

3.3 城市建设用地分类

3.3.1 城市建设用地共分为 8 大类、35 中类、42 小类。

3.3.2 城市建设用地分类和代码应符合表 3.3.2 的规定。

4 规划建设用地标准

4.1 一般规定

4.1.1 用地面积应按平面投影计算。每块用地只可计算一次,不得重复。

4.1.2 城市(镇)总体规划宜采用 1/10 000 或 1/5 000 比例尺的图纸进行建设用地分类计算,控制性详细规划宜采用 1/2 000 或 1/1 000 比例尺的图纸进行用地分类计算。现状和规划的用地分类计算应采用同一比例尺。

表 3.2.2 城乡用地分类和代码

类别代码			类别名称	内容
大类	中类	小类		
H			建设用地	包括城乡居民点建设用地、区域交通设施用地、区域公用设施用地、特殊用地、采矿用地及其他建设用地等
	H1		城乡居民点建设用地	城市、镇、乡、村庄建设用地
		H11	城市建设用地	城市内的居住用地、公共管理与公共服务设施用地、商业服务业设施用地、工业用地、物流仓储用地、道路与交通设施用地、公用设施用地、绿地与广场用地
		H12	镇建设用地	镇人民政府驻地的建设用地
		H13	乡建设用地	乡人民政府驻地的建设用地
		H14	村庄建设用地	农村居民点的建设用地
	H2		区域交通设施用地	铁路、公路、港口、机场和管道运输等区域交通运输及其附属设施用地,不包括城市建设用地范围内的铁路客货运站、公路长途客货运站以及港口客运码头
		H21	铁路用地	铁路编组站、线路等用地
		H22	公路用地	国道、省道、县道和乡道用地及附属设施用地
		H23	港口用地	海港和河港的陆域部分,包括码头作业区、辅助生产区等用地
		H24	机场用地	民用及军民合用的机场用地,包括飞行区、航站区等用地,不包括净空控制范围用地
		H25	管道运输用地	运输煤炭、石油和天然气等地面管道运输用地,地下管道运输规定的地面控制范围内的用地应按其地面实际用途归类
	H3		区域公用设施用地	为区域服务的公用设施用地,包括区域性能源设施、水工设施、通信设施、广播电视设施、殡葬设施、环卫设施、排水设施等用地
	H4		特殊用地	特殊性质的用地
		H41	军事用地	专门用于军事目的的设施用地,不包括部队家属生活区和军民共用设施等用地
		H42	安保用地	监狱、拘留所、劳改场所和安全保卫设施等用地,不包括公安局用地
	H5		采矿用地	采矿、采石、采沙、盐田、砖瓦窑等地面生产用地及尾矿堆放地
	H9		其他建设用地	除以上之外的建设用地,包括边境口岸和风景名胜区、森林公园等的管理及服务设施等用地

类别代码			类别名称	内容
大类	中类	小类		
E			非建设用地	水域、农林用地及其他非建设用地等
	E1		水域	河流、湖泊、水库、坑塘、沟渠、滩涂、冰川及永久积雪
		E11	自然水域	河流、湖泊、滩涂、冰川及永久积雪
		E12	水库	人工拦截汇集而成的总库容不小于 10 万 m^3 的水库正常蓄水位岸线所围成的水面
		E13	坑塘沟渠	蓄水量小于 10 万 m^3 的坑塘水面和人工修建用于引、排、灌的渠道
	E2		农林用地	耕地、园地、林地、牧草地、设施农用地、田坎、农村道路等用地
	E9		其他非建设用地	空闲地、盐碱地、沼泽地、沙地、裸地、不用于畜牧业的草地等用地

表 3.3.2　城市建设用地分类和代码

类别代码			类别名称	内容
大类	中类	小类		
R			居住用地	住宅和相应服务设施的用地
	R1		一类居住用地	设施齐全、环境良好，以低层住宅为主的用地
		R11	住宅用地	住宅建筑用地及其附属道路、停车场、小游园等用地
		R12	服务设施用地	居住小区及小区级以下的幼托、文化、体育、商业、卫生服务、养老助残、公用设施等用地，不包括中小学用地
	R2		二类居住用地	设施较齐全、环境良好，以多、中、高层住宅为主的用地
		R21	住宅用地	住宅建筑用地（含保障性住宅用地）及其附属道路、停车场、小游园等用地
		R22	服务设施用地	居住小区及小区级以下的幼托、文化、体育、商业、卫生服务、养老助残、公用设施等用地，不包括中小学用地
	R3		三类居住用地	设施较欠缺、环境较差，以需要加以改造的简陋住宅为主的用地，包括危房、棚户区、临时住宅等用地
		R31	住宅用地	住宅建筑用地及其附属道路、停车场、小游园等用地
		R32	服务设施用地	居住小区及小区级以下的幼托、文化、体育、商业、卫生服务、养老助残、公用设施等用地，不包括中小学用地

类别代码			类别名称	内容
大类	中类	小类		
A			公共管理与公共服务设施用地	行政、文化、教育、体育、卫生等机构和设施的用地,不包括居住用地中的服务设施用地
	A1		行政办公用地	党政机关、社会团体、事业单位等办公机构及其相关设施用地
	A2		文化设施用地	图书、展览等公共文化活动设施用地
		A21	图书展览用地	公共图书馆、博物馆、档案馆、科技馆、纪念馆、美术馆和展览馆、会展中心等设施用地
		A22	文化活动用地	综合文化活动中心、文化馆、青少年宫、儿童活动中心、老年活动中心等设施用地
	A3		教育科研用地	高等院校、中等专业学校、中学、小学、科研事业单位及其附属设施用地,包括为学校配建的独立地段的学生生活用地
		A31	高等院校用地	大学、学院、专科学校、研究生院、电视大学、党校、干部学校及其附属设施用地,包括军事院校用地
		A32	中等专业学校用地	中等专业学校、技工学校、职业学校等用地,不包括附属于普通中学内的职业高中用地
		A33	中小学用地	中学、小学用地
		A34	特殊教育用地	聋、哑、盲人学校及工读学校等用地
		A35	科研用地	科研事业单位用地
	A4		体育用地	体育场馆和体育训练基地等用地,不包括学校等机构专用的体育设施用地
		A41	体育场馆用地	室内外体育运动用地,包括体育场馆、游泳场馆、各类球场及其附属的业余体校等用地
		A42	体育训练用地	为体育运动专设的训练基地用地
	A5		医疗卫生用地	医疗、保健、卫生、防疫、康复和急救设施等用地
		A51	医院用地	综合医院、专科医院、社区卫生服务中心等用地
		A52	卫生防疫用地	卫生防疫站、专科防治所、检验中心和动物检疫站等用地
		A53	特殊医疗用地	对环境有特殊要求的传染病、精神病等专科医院用地
		A59	其他医疗卫生用地	急救中心、血库等用地
	A6		社会福利用地	为社会提供福利和慈善服务的设施及其附属设施用地,包括福利院、养老院、孤儿院等用地
	A7		文物古迹用地	具有保护价值的古遗址、古墓葬、古建筑、石窟寺、近代代表性建筑、革命纪念建筑等用地。不包括已做其他用途的文物古迹用地
	A8		外事用地	外国驻华使馆、领事馆、国际机构及其生活设施等用地
	A9		宗教用地	宗教活动场所用地

类别代码			类别名称	内容
大类	中类	小类		
B			商业服务业设施用地	商业、商务、娱乐康体等设施用地,不包括居住用地中的服务设施用地
	B1		商业用地	商业及餐饮、旅馆等服务业用地
		B11	零售商业用地	以零售功能为主的商铺、商场、超市、市场等用地
		B12	批发市场用地	以批发功能为主的市场用地
		B13	餐饮用地	饭店、餐厅、酒吧等用地
		B14	旅馆用地	宾馆、旅馆、招待所、服务型公寓、度假村等用地
	B2		商务用地	金融保险、艺术传媒、技术服务等综合性办公用地
		B21	金融保险用地	银行、证券期货交易所、保险公司等用地
		B22	艺术传媒用地	文艺团体、影视制作、广告传媒等用地
		B29	其他商务用地	贸易、设计、咨询等技术服务办公用地
	B3		娱乐康体用地	娱乐、康体等设施用地
		B31	娱乐用地	剧院、音乐厅、电影院、歌舞厅、网吧以及绿地率小于65%的大型游乐等设施用地
		B32	康体用地	赛马场、高尔夫、溜冰场、跳伞场、摩托车场、射击场,以及通用航空、水上运动的陆域部分等用地
	B4		公用设施营业网点用地	零售加油、加气、电信、邮政等公用设施营业网点用地
		B41	加油加气站用地	零售加油、加气、充电站等用地
		B49	其他公用设施营业网点用地	独立地段的电信、邮政、供水、燃气、供电、供热等其他公用设施营业网点用地
	B9		其他服务设施用地	业余学校、民营培训机构、私人诊所、殡葬、宠物医院、汽车维修站等其他服务设施用地
M			工业用地	工矿企业的生产车间、库房及其附属设施用地,包括专用铁路、码头和附属道路、停车场等用地,不包括露天矿用地
	M1		一类工业用地	对居住和公共环境基本无干扰、污染和安全隐患的工业用地
	M2		二类工业用地	对居住和公共环境有一定干扰、污染和安全隐患的工业用地
	M3		三类工业用地	对居住和公共环境有严重干扰、污染和安全隐患的工业用地

类别代码			类别名称	内容
大类	中类	小类		
W			物流仓储用地	物资储备、中转、配送等用地,包括附属道路、停车场以及货运公司车队的站场等用地
	W1		一类物流仓储用地	对居住和公共环境基本无干扰、污染和安全隐患的物流仓储用地
	W2		二类物流仓储用地	对居住和公共环境有一定干扰、污染和安全隐患的物流仓储用地
	W3		三类物流仓储用地	易燃、易爆和剧毒等危险品的专用物流仓储用地
S			道路与交通设施用地	城市道路、交通设施等用地,不包括居住用地、工业用地等内部的道路、停车场等用地
	S1		城市道路用地	快速路、主干路、次干路和支路等用地,包括其交叉口用地
	S2		城市轨道交通用地	独立地段的城市轨道交通地面以上部分的线路、站点用地
	S3		交通枢纽用地	铁路客货运站、公路长途客运站、港口客运码头、公交枢纽及其附属设施用地
	S4		交通场站用地	交通服务设施用地,不包括交通指挥中心、交通队用地
		S41	公共交通场站用地	城市轨道交通车辆基地及附属设施,公共汽(电)车首末站、停车场(库)、保养场,出租汽车场站设施等用地,以及轮渡、缆车、索道等的地面部分及其附属设施用地
		S42	社会停车场用地	独立地段的公共停车场和停车库用地,不包括其他各类用地配建的停车场和停车库用地
	S9		其他交通设施用地	除以上之外的交通设施用地,包括教练场等用地

类别代码			类别名称	内容
大类	中类	小类		
U			公用设施用地	供应、环境、安全等设施用地
	U1		供应设施用地	供水、供电、供燃气和供热等设施用地
		U11	供水用地	城市取水设施、自来水厂、再生水厂、加压泵站、高位水池等设施用地
		U12	供电用地	变电站、开闭所、变配电所等设施用地,不包括电厂用地。高压走廊下规定的控制范围内的用地应按其地面实际用途归类
		U13	供燃气用地	分输站、门站、储气站、加气母站、液化石油气储配站、灌瓶站和地面输气管廊等设施用地,不包括制气厂用地
		U14	供热用地	集中供热锅炉房、热力站、换热站和地面输热管廊等设施用地
		U15	通信用地	邮政中心局、邮政支局、邮件处理中心、电信局、移动基站、微波站等设施用地
		U16	广播电视用地	广播电视的发射、传输和监测设施用地,包括无线电收信区、发信区以及广播电视发射台、转播台、差转台、监测站等设施用地
	U2		环境设施用地	雨水、污水、固体废物处理等环境保护设施及其附属设施用地
		U21	排水用地	雨水泵站、污水泵站、污水处理、污泥处理厂等设施及其附属的构筑物用地,不包括排水河渠用地
		U22	环卫用地	生活垃圾、医疗垃圾、危险废物处理(置),以及垃圾转运、公厕、车辆清洗、环卫车辆停放修理等设施用地
	U3		安全设施用地	消防、防洪等保卫城市安全的公用设施及其附属设施用地
		U31	消防用地	消防站、消防通信及指挥训练中心等设施用地
		U32	防洪用地	防洪堤、防洪枢纽、排洪沟渠等设施用地
	U9		其他公用设施用地	除以上之外的公用设施用地,包括施工、养护、维修等设施用地
G			绿地与广场用地	公园绿地、防护绿地、广场等公共开放空间用地
	G1		公园绿地	向公众开放,以游憩为主要功能,兼具生态、美化、防灾等作用的绿地
	G2		防护绿地	具有卫生、隔离和安全防护功能的绿地
	G3		广场用地	以游憩、纪念、集会和避险等功能为主的城市公共活动场地

4.1.3　用地的计量单位应为万平方米(公顷),代码为"hm²"。数字统计精度应根据图纸比例尺确定,1/10 000图纸应精确至个位,1/5 000图纸应精确至小数点后一位,1/2 000和1/1 000图纸应精确至小数点后两位。

4.1.4　城市建设用地统计范围与人口统计范围必须一致,人口规模应按常住人口进行统计。

4.1.5　城市(镇)总体规划应统一按附录A附表的格式进行用地汇总。

4.1.6　规划建设用地标准应包括规划人均城市建设用地面积标准、规划人均单项城市建设用地面积标准和规划城市建设用地结构三部分。

4.2　规划人均城市建设用地面积标准

4.2.1　规划人均城市建设用地面积指标应根据现状人均城市建设用地面积指标、城市(镇)所在的气候区以及规划人口规模,按表4.2.1的规定综合确定,并应同时符合表中允许采用的规划人均城市建设用地面积指标和允许调整幅度双因子的限制要求。

表4.2.1　规划人均城市建设用地面积指标　　　　单位：m²/人

气候区	现状人均城市建设用地面积指标	允许采用的规划人均城市建设用地面积指标	允许调整幅度		
			规划人口规模≤20.0万人	规划人口规模20.1—50.0万人	规划人口规模>50.0万人
I II VI VII	≤65.0	65.0—85.0	>0.0	>0.0	>0.0
	65.1—75.0	65.0—95.0	+0.1—+20.0	+0.1—+20.0	+0.1—+20.0
	75.1—85.0	75.0—105.0	+0.1—+20.0	+0.1—+20.0	+0.1—+15.0
	85.1—95.0	80.0—110.0	+0.1—+20.0	−5.0—+20.0	−5.0—+15.0
	95.1—105.0	90.0—110.0	−5.0—+15.0	−10.0—+15.0	−10.0—+10.0
	105.1—115.0	95.0—115.0	−10.0——0.1	−15.0——0.1	−20.0——0.1
	>115.0	≤115.0	<0.0	<0.0	<0.0
III IV V	≤65.0	65.0—85.0	>0.0	>0.0	>0.0
	65.1—75.0	65.0—95.0	+0.1—+20.0	+0.1—20.0	+0.1—+20.0
	75.1—85.0	75.0—100.0	−5.0—+20.0	−5.0—+20.0	−5.0—+15.0
	85.1—95.0	80.0—105.0	−10.0—+15.0	−10.0—+15.0	−10.0—+10.0
	95.1—105.0	85.0—105.0	−15.0—+10.0	−15.0—+10.0	−15.0—+5.0
	105.1—115.0	90.0—110.0	−20.0——0.1	−20.0——0.1	−25.0——5.0
	>115.0	≤110.0	<0.0	<0.0	<0.0

注：(1) 气候区应符合《建筑气候区划标准》(GB 50178—93)的规定,具体应按本标准附录B图B执行。(2) 新建城市(镇)、首都的规划人均城市建设用地面积指标不适用本条文。

4.2.2 新建城市(镇)的规划人均城市建设用地面积指标应在 85.1—105.0 m²/人内确定。

4.2.3 首都的规划人均城市建设用地面积指标应在 105.1—115.0 m²/人内确定。

4.2.4 边远地区、少数民族地区城市(镇),以及部分山地城市(镇)、人口较少的工矿业城市(镇)、风景旅游城市(镇)等,不符合表 4.2.1 规定时,应专门论证确定规划人均城市建设用地面积指标,且上限不得大于 150.0 m²/人。

4.2.5 编制和修订城市(镇)总体规划应以本标准作为规划城市建设用地的远期控制标准。

4.3 规划人均单项城市建设用地面积标准

4.3.1 规划人均居住用地指标应符合表 4.3.1 的规定。

表 4.3.1　人均居住用地面积指标　　　　　　　　　　单位:m²/人

建筑气候区划	Ⅰ、Ⅱ、Ⅳ、Ⅶ气候区	Ⅲ、Ⅳ、Ⅴ气候区
人均居住用地面积	28.0—38.0	23.0—36.0

4.3.2 规划人均公共管理与公共服务设施用地面积不应小于 5.5 m²/人。

4.3.3 规划人均道路与交通设施用地面积不应小于 12.0 m²/人。

4.3.4 规划人均绿地与广场用地面积不应小于 10.0 m²/人,其中人均公园绿地面积不应小于 8.0 m²/人。

4.3.5 编制和修订城市(镇)总体规划应以本标准作为规划单项城市建设用地的远期控制标准。

4.4 规划城市建设用地结构

4.4.1 居住用地、公共管理与公共服务设施用地、工业用地、道路与交通设施用地和绿地与广场用地五大类主要用地规划占城市建设用地的比例宜符合表 4.4.1 的规定。

表 4.4.1　规划城市建设用地结构

用地名称	占城市建设用地比例(%)
居住用地	25.0—40.0
公共管理与公共服务设施用地	5.0—8.0
工业用地	15.0—30.0
道路与交通设施用地	10.0—25.0
绿地与广场用地	10.0—15.0

4.4.2 工矿城市(镇)、风景旅游城市(镇)以及其他具有特殊情况的城市(镇),其规划城市建设用地结构可根据实际情况具体确定。

附录 A　城市总体规划用地统计表统一格式

A.0.1 城市(镇)总体规划城乡用地应按表 A.0.1 进行汇总。

表 A.0.1　城乡用地汇总表

用地代码	用地名称		用地面积(hm²)		占城乡用地比例(%)	
			现状	规划	现状	规划
H	建设用地					
	其中	城乡居民点建设用地				
		区域交通设施用地				
		区域公用设施用地				
		特殊用地				
		采矿用地				
		其他建设用地				
E	非建设用地					
	其中	水域				
		农林用地				
		其他非建设用地				
	城乡用地				100	100

A.0.2　城市(镇)总体规划城市建设用地应按表 A.0.2 进行平衡。

表 A.0.2　城市建设用地平衡表

用地代码	用地名称		用地面积(hm²)		占城市建设用地比例(%)		人均城市建设用地面积(m²/人)	
			现状	规划	现状	规划	现状	规划
R	居住用地							
A	公共管理与公共服务设施用地							
	其中	行政办公用地						
		文化设施用地						
		教育科研用地						
		体育用地						
		医疗卫生用地						
		社会福利用地						
		…						
B	商业服务业设施用地							
M	工业用地							
W	物流仓储用地							
S	道路与交通设施用地							
	其中:城市道路用地							

用地代码	用地名称	用地面积（hm²）		占城市建设用地比例(%)		人均城市建设用地面积(m²/人)	
		现状	规划	现状	规划	现状	规划
U	公用设施用地						
G	绿地与广场用地						
	其中:公园绿地						
H	城市建设用地			100	100		

注:_____年现状常住人口_____万人;_____年规划常住人口_____万人。

附录 B 中国建筑气候区划图

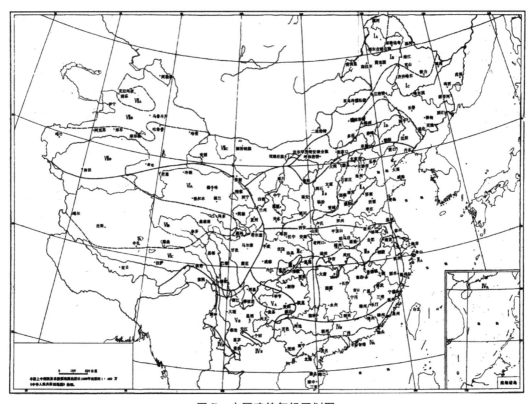

图 B 中国建筑气候区划图

资料来源:《建筑气候区划标准》(GB 50178—93).

本标准用词说明

1 为便于在执行本标准条文时区别对待,对要求严格程度不同的用词说明如下:

(1) 表示很严格,非这样做不可的用词:

正面词采用"必须",反面词采用"严禁"。

(2) 表示严格,在正常情况均应这样做的用词:

正面词采用"应",反面词采用"不应"或"不得"。

（3）表示允许稍有选择,在条件许可时首先应这样做的用词:

正面词采用"宜",反面词采用"不宜"。

（4）表示有选择,在一定条件下可以这样做的用词,采用"可"。

2　条文中指明应按其他有关标准、规范执行的写法为:"应符合……的规定"或"应按……执行"。

引用标准名录

《建筑气候区划标准》(GB 50178—93)

附录 4 镇规划标准(GB 50188—2007)

《镇规划标准》GB 50188—2007 经建设部 2007 年 1 月 16 日以第 553 号公告批准发布。

1 总则

1.0.1 为了科学地编制镇规划,加强规划建设和组织管理,创造良好的劳动和生活条件,促进城乡经济、社会和环境的协调发展,制定本标准。

1.0.2 本标准适用于全国县级人民政府驻地以外的镇规划,乡规划可按本标准执行。

1.0.3 编制镇规划,除应符合本标准外,尚应符合国家现行有关标准的规定。

2 术语

2.0.1 镇 town
经省级人民政府批准设置的镇。

2.0.2 镇域 administrative region of town
镇人民政府行政的地域。

2.0.3 镇区 seat of government of town
镇人民政府驻地的建成区和规划建设发展区。

2.0.4 村庄 village
农村居民生活和生产的聚居点。

2.0.5 县域城镇体系 county seat town and township system of county
县级人民政府行政地域内,在经济、社会和空间发展中有机联系的城、镇(乡)群体。

2.0.6 镇域镇村体系 town and village system of town
镇人民政府行政地域内,在经济、社会和空间中有机联系的镇区和村庄群体。

2.0.7 中心镇 key town
县域城镇体系规划中的各分区内,在经济、社会和空间发展中发挥中心作用的镇。

2.0.8 一般镇 common town
县域城镇体系规划中,中心镇以外的镇。

2.0.9 中心村 key village
镇域镇村体系规划中,设有兼为周围村服务的公共设施的村。

2.0.10 基层村 basic-level village
镇域镇村体系规划中,中心村以外的村。

3 镇村体系和人口预测

3.1 镇村体系和规模分级

3.1.1 镇域镇村体系规划应依据县(市)域城镇体系规划中确定的中心镇、一般镇的性质、职能和发展规模进行制定。

3.1.2　镇域镇村体系规划应包括以下主要内容：

1．调查镇区和村庄的现状，分析其资源和环境等发展条件，预测一、二、三产业的发展前景以及劳力和人口的流向趋势；

2．落实镇区规划人口规模，划定镇区用地规划发展的控制范围；

3．根据产业发展和生活提高的要求，确定中心村和基层村，结合村民意愿，提出村庄的建设调整设想；

4．确定镇域内主要道路交通，公用工程设施、公共服务设施以及生态环境、历史文化保护、防灾减灾防疫系统。

3.1.3　镇区和村庄的规划规模应按人口数量划分为特大、大、中、小型四级。

在进行镇区和村庄规划时，应以规划期末常住人口的数量按表3.1.3的分级确定级别。

表3.1.3　规划规模分级　　　　　　　　　　　　　　　单位：人

规划人口规模 分级	镇区	村庄
特大型	＞50 000	＞1 000
大型	30 001—50 000	601—1 000
中型	10 001—30 000	201—600
小型	≤10 000	≤200

3.2　规划人口预测

3.2.1　镇域总人口应为其行政地域内常住人口，常住人口应为户籍、寄住人口数之和，其发展预测宜按下式计算：

$$Q = Q_0(1+K)^n + p$$

式中：Q——总人口预测数（人）；

　　　Q_0——总人口现状数（人）；

　　　K——规划期内人口的自然增长率（%）；

　　　p——规划期内人口的机械增长数（人）；

　　　n——规划期限（年）。

3.2.2　镇区人口规模应以县域城镇体系规划预测的数量为依据，结合镇区具体情况进行核定；村庄人口规模应在镇域镇村体系规划中进行预测。

3.2.3　镇区人口的现状统计和规划预测，应按居住状况和参与社会生活的性质进行分类。镇区规划期内的人口分类预测，宜按表3.2.3的规定计算。

表3.2.3　镇区规划期内人口分类预测

人口类别		统计范围	预测计算
常住人口	户籍人口	户籍在镇区规划用地范围内的人口	按自然增长和机械增长计算
	寄住人口	居住半年以上的外来人口，寄宿在规划用地范围内的学生	按机械增长计算

人口类别	统计范围	预测计算
通勤人口	劳动、学习在镇区内,住在规划范围外的职工、学生等	按机械增长计算
流动人口	出差、探亲、旅游、赶集等临时参与镇区活动的人员	根据调查进行估算

3.2.4 规划期内镇区人口的自然增长应按计划生育的要求进行计算,机械增长宜考虑下列因素进行预测:

1. 根据产业发展前景及土地经营情况预测劳力转移时,宜按劳力转化因素对镇域所辖地域范围的土地和劳力进行平衡,预测规划期内劳力的数量,分析镇区类型、发展水平、地方优势、建设条件和政策影响以及外来人口进入情况等因素,确定镇区的人口数量。

2. 根据镇区的环境条件预测人口发展规模时,宜按环境容量因素综合分析当地的发展优势、建设条件、环境和生态状况等因素,预测镇区人口的适宜规模。

3. 镇区建设项目已经落实、规划期内人口机械增长比较稳定的情况下,可按带眷情况估算人口发展规模;建设项目尚未落实的情况下,可按平均增长预测人口的发展规模。

4 用地分类和计算

4.1 用地分类

4.1.1 镇用地应按土地使用的主要性质划分为:居住用地、公共设施用地、生产设施用地、仓储用地、对外交通用地、道路广场用地、工程设施用地、绿地、水域和其他用地9大类、30小类。

4.1.2 镇用地的类别应采用字母与数字结合的代号,适用于规划文件的编制和用地的统计工作。

4.1.3 镇用地的分类和代号应符合表4.1.3的规定。

表 4.1.3 镇用地的分类和代号

类别代号 大类	类别代号 小类	类别名称	范围
R		居住用地	各类居住建筑和附属设施及其间距和内部小路、场地、绿化等用地;不包括路面宽度等于和大于6 m的道路用地
	R1	一类居住用地	以一至三层为主的居住建筑和附属设施及其间距内的用地,含宅间绿地、宅间路用地;不包括宅基地以外的生产性用地
	R2	二类居住用地	以四层和四层以上为主的居住建筑和附属设施及其间距、宅间路、组群绿化用地

类别代号		类别名称	范围
大类	小类		
C		公共设施用地	各类公共建筑及其附属设施、内部道路、场地、绿化等用地
	C1	行政管理用地	政府、团体、经济、社会管理机构等用地
	C2	教育机构用地	托儿所、幼儿园、小学、中学及专科院校、成人教育及培训机构等用地
	C3	文体科技用地	文化、体育、图书、科技、展览、娱乐、度假、文物、纪念、宗教等设施用地
	C4	医疗保健用地	医疗、防疫、保健、休疗养等机构用地
	C5	商业金融用地	各类商业服务业的店铺,银行、信用、保险等机构,及其附属设施用地
	C6	集贸市场用地	集市贸易的专用建筑和场地;不包括临时占用街道、广场等设摊用地
M		生产设施用地	独立设置的各种生产建筑及其设施和内部道路、场地、绿化等用地
	M1	一类工业用地	对居住和公共环境基本无干扰、无污染的工业,如缝纫、工艺品制作等工业用地
	M2	二类工业用地	对居住和公共环境有一定干扰和污染的工业,如纺织、食品、机械等工业用地
	M3	三类工业用地	对居住和公共环境有严重干扰、污染和易燃易爆的工业,如采矿、冶金、建材、造纸、制革、化工等工业用地
	M4	农业服务设施用地	各类农产品加工和服务设施用地;不包括农业生产建筑用地
W		仓储用地	物资的中转仓库、专业收购和储存建筑、堆场及其附属设施、道路、场地、绿化等用地
	W1	普通仓储用地	存放一般物品的仓储用地
	W2	危险品仓储用地	存放易燃、易爆、剧毒等危险品的仓储用地
T		对外交通用地	镇对外交通的各种设施用地
	T1	公路交通用地	规划范围内的路段、公路站场、附属设施等用地
	T2	其他交通用地	规划范围内的铁路、水路及其他对外交通路段、站场和附属设施等用地
S		道路广场用地	规划范围内的道路、广场、停车场等设施用地,不包括各类用地中的单位内部道路和停车场地
	S1	道路用地	规划范围内路面宽度等于和大于 6 m 的各种道路、交叉口等用地
	S2	广场用地	公共活动广场、公共使用的停车场用地,不包括各类用地内部的场地
U		工程设施用地	各类公用工程和环卫设施以及防灾设施用地,包括其建筑物、构筑物及管理、维修设施等用地
	U1	公用工程用地	给水、排水、供电、邮政、通信、燃气、供热、交通管理、加油、维修、殡仪等设施用地
	U2	环卫设施用地	公厕、垃圾站、环卫站、粪便和生活垃圾处理设施等用地
	U3	防灾设施用地	各项防灾设施的用地,包括消防、防洪、防风等

类别代号		类别名称	范围
大类	小类		
G		绿地	各类公共绿地、防护绿地;不包括各类用地内部的附属绿化用地
	G1	公共绿地	面向公众、有一定游憩设施的绿地,如公园、路旁或临水宽度等于和大于 5 m 的绿地
	G2	防护绿地	用于安全、卫生、防风等的防护绿地
E		水域和其他用地	规划范围内的水域、农林用地、牧草地、未利用地、各类保护区和特殊用地等
	E1	水域	江河、湖泊、水库、沟渠、池塘、滩涂等水域;不包括公园绿地中的水面
	E2	农林用地	以生产为目的的农林用地,如农田、菜地、园地、林地、苗圃、打谷场以及农业生产建筑等
	E3	牧草和养殖用地	生长各种牧草的土地及各种养殖场用地等
	E4	保护区	水源保护区、文物保护区、风景名胜区、自然保护区等
	E5	墓地	—
	E6	未利用地	未使用和尚不能使用的裸岩、陡坡地、沙荒地等
	E7	特殊用地	军事、保安等设施用地;不包括部队家属生活区等用地

4.2 用地计算

4.2.1 镇的现状和规划用地应统一按规划范围进行计算。

4.2.2 规划范围应为建设用地以及因发展需要实行规划控制的区域,包括规划确定的预留发展、交通设施、工程设施等用地,以及水源保护区、文物保护区、风景名胜区、自然保护区等。

4.2.3 分片布局的规划用地应分片计算用地,再进行汇总。

4.2.4 现状及规划用地应按平面投影面积计算,用地的计算单位应为公顷(hm²)。

4.2.5 用地面积计算的精确度应按制图比例尺确定。1∶10 000、1∶25 000、1∶50 000 的图纸应取值到个位数;1∶5 000 的图纸应取值到小数点后一位数;1∶1 000、1∶2 000的图纸应取值到小数点后两位效。

4.2.6 用地计算表的格式应符合本标准附录 A 的规定。

5 规划建没用地标准

5.1 一般规定

5.1.1 建设用地应包括本标准表4.1.3用地分类中的居住用地、公共设施用地、生产设施用地、仓储用地、对外交通用地、道路广场用地、工程设施用地和绿地 8 大类用地之和。

5.1.2 规划的建设用地标准应包括人均建设用地指标、建设用地比例和建设用地选择三部分。

5.1.3 人均建设用地指标应为规划范围内的建设用地面积除以常住人口数量的平均数值。人口统计应与用地统计的范围相一致。

5.2 人均建设用地指标

5.2.1 人均建设用地指标应按表 5.2.1 的规定分为四级。

表 5.2.1 人均建设用地指标分级

级别	一	二	三	四
人均建设用地指标(m²/人)	>60—≤80	>80—≤100	>100—≤120	>120—≤140

5.2.2 新建镇区的规划人均建设用地指标应按表 5.2.1 中第二级确定;当地处现行国家标准《建筑气候区划标准》GB 50178 的 Ⅰ、Ⅶ 建筑气候区时,可按第三级确定;在各建筑气候区内均不得采用第一、四级人均建设用地指标。

5.2.3 对现有的镇区进行规划时,其规划人均建设用地指标应在现状人均建设用地指标的基础上,按表 5.2.3 规定的幅度进行调整。第四级用地指标可用于 Ⅰ、Ⅶ 建筑气候区的现有镇区。

表 5.2.3 规划人均建设用地指标

现状人均建设用地指标(m²/人)	规划调整幅度(m²/人)
≤60	增 0—15
>60—≤80	增 0—10
>80—≤100	增、减 0—10
>100—≤120	减 0—10
>120—≤140	减 0—15
>140	减至 140 以内

注:规划调整幅度是指规划人均建设用地指标对现状人均建设用地指标的增减数值。

5.2.4 地多人少的边远地区的镇区,可根据所在省、自治区人民政府规定的建设用地指标确定。

5.3 建设用地比例

5.3.1 镇区规划中的居住、公共设施、道路广场以及绿地中的公共绿地四类用地占建设用地的比例宜符合表 5.3.1 的规定。

表 5.3.1 建设用地比例

类别代号	类别名称	占建设用地比例(%)	
		中心镇镇区	一般镇镇区
R	居住用地	28—38	33—43
C	公共设施用地	12—20	10—18
S	道路广场用地	11—19	10—17
G1	公共绿地	8—12	6—10
四类用地之和		64—84	65—85

5.3.2　邻近旅游区及现状绿地较多的镇区,其公共绿地所占建设用地的比例可大于所占比例的上限。

5.4　建设用地选择

5.4.1　建设用地的选择应根据区位和自然条件、占地的数量和质量、现有建筑和工程设施的拆迁和利用、交通运输条件、建设投资和经营费用、环境质量和社会效益以及具有发展余地等因素,经过技术经济比较,择优确定。

5.4.2　建设用地宜选在生产作业区附近,并应充分利用原有用地调整挖潜,同土地利用总体规划相协调。需要扩大用地规模时,宜选择荒地、薄地,不占或少占耕地、林地和牧草地。

5.4.3　建设用地宜选在水源充足,水质良好,便于排水、通风和地质条件适宜的地段。

5.4.4　建设用地应符合下列规定:

1. 应避开河洪、海潮、山洪、泥石流、滑坡、风灾、发震断裂等灾害影响以及生态敏感的地段;

2. 应避开水源保护区、文物保护区、自然保护区和风景名胜区;

3. 应避开有开采价值的地下资源和地下采空区以及文物埋藏区。

5.4.5　在不良地质地带严禁布置居住、教育、医疗及其他公众密集活动的建设项目。因特殊需要布置本条严禁建设以外的项目时,应避免改变原有地形、地貌和自然排水体系,并应制订整治方案和防止引发地质灾害的具体措施。

5.4.6　建设用地应避免被铁路、重要公路、高压输电线路、输油管线和输气管线等所穿越。

5.4.7　位于或邻近各类保护区的镇区,宜通过规划,减少对保护区的干扰。

6　居住用地规划

6.0.1　居住用地占建设用地的比例应符合本标准5.3的规定。

6.0.2　居住用地的选址应有利生产,方便生活,具有适宜的卫生条件和建设条件,并应符合下列规定:

1. 应布置在大气污染源的常年最小风向频率的下风侧以及水污染源的上游;

2. 应与生产劳动地点联系方便,又不相互干扰;

3. 位于丘陵和山区时,应优先选用向阳坡和通风良好的地段。

6.0.3　居住用地的规划应符合下列规定:

1. 应按照镇区用地布局的要求,综合考虑相邻用地的功能、道路交通等因素进行规划;

2. 根据不同的住户需求和住宅类型,宜相对集中布置。

6.0.4　居住建筑的布置应根据气候、用地条件和使用要求,确定建筑的标准、类型、层数、朝向、间距、群体组合、绿地系统和空间环境,并应符合下列规定:

1. 应符合所在省、自治区、直辖市人民政府规定的镇区住宅用地面积标准和容积率指标,以及居住建筑的朝向和日照间距系数;

2. 应满足自然通风要求,在现行国家标准《建筑气候区划标准》GB 50178的Ⅱ、Ⅲ、Ⅳ气候区,居住建筑的朝向应符合夏季防热和组织自然通风的要求。

6.0.5　居住组群的规划应遵循方便居民使用、住宅类型多样、优化居住环境、体现地方特色的原则,应综合考虑空间组织、组群绿地、服务设施、道路系统、停车场地、管线敷设等的要求,区别不同的建设条件进行规划,并应符合下列规定:

1. 新建居住组群的规划,镇区住宅宜以多层为主,并应具有配套的服务设施;

2. 旧区居住街巷的改建规划,应因地制宜体现传统特色和控制住户总量,并应改善道路交通、完善公用工程和服务设施,搞好环境绿化。

7 公共设施用地规划

7.0.1 公共设施按其使用性质分为行政管理、教育机构、文体科技、医疗保健、商业金融和集贸市场六类,其项目的配置应符合表 7.0.1 的规定。

7.0.2 公共设施的用地占建设用地的比例应符合本标准 5.3 的规定。

表 7.0.1 公共设施项目配置

类别	项目	中心镇	一般镇
一、行政管理	1. 党政、团体机构	●	●
	2. 法庭	○	—
	3. 各专项管理机构	●	●
	4. 居委会	●	●
二、教育机构	5. 专科院校	○	—
	6. 职业学校、成人教育及培训机构	○	○
	7. 高级中学	●	○
	8. 初级中学	●	●
	9. 小学	●	●
	10. 幼儿园、托儿所	●	●
三、文体科技	11. 文化站(室)、青少年及老年之家	●	●
	12. 体育场馆	●	○
	13. 科技站	●	○
	14. 图书馆、展览馆、博物馆	●	○
	15. 影剧院、游乐健身场	●	○
	16. 广播电视台(站)	●	○
四、医疗保健	17. 计划生育站(组)	●	●
	18. 防疫站、卫生监督站	●	●
	19. 医院、卫生院、保健站	●	○
	20. 休疗养院	○	—
	21. 专科诊所	○	—

类别	项目	中心镇	一般镇
五、商业金融	22. 百货店、食品店、超市	●	●
	23. 生产资料、建材、日杂商店	●	●
	24. 粮油店	●	●
	25. 药店	●	●
	26. 燃料店(站)	●	●
	27. 文化用品店	●	●
	28. 书店	●	●
	29. 综合商店	●	●
	30. 宾馆、旅店	●	○
	31. 饭店、饮食店、茶馆	●	●
	32. 理发馆、浴室、照相馆	●	●
	33. 综合服务站	●	●
	34. 银行、信用社、保险机构	●	○
六、集贸市场	35. 百货市场	●	●
	36. 蔬菜、果品、副食市场	●	●
	37. 粮油、土特产、畜、禽、水产市场	根据镇的特点和发展需要设置	
	38. 燃料、建材家具、生产资料市场		
	39. 其他专业市场		

注:表中 ●──应设的项目;○──可设的项目。

7.0.3 教育和医疗保健机构必须独立选址,其他公共设施宜相对集中布置,形成公共活动中心。

7.0.4 学校、幼儿园、托儿所的用地,应设在阳光充足、环境安静、远离污染和不危及学生、儿童安全的地段,距离铁路干线应大于 300 m,主要入口不应开向公路。

7.0.5 医院、卫生院、防疫站的选址,应方便使用和避开人流和车流大的地段,并应满足突发灾害事件的应急要求。

7.0.6 集贸市场用地应综合考虑交通、环境与节约用地等因素进行布置,并应符合下列规定:

1. 集贸市场用地的选址应有利于人流和商品的集散,并不得占用公路、主要干路、车站、码头、桥头等交通量大的地段;不应布置在文体、教育、医疗机构等人员密集场所的出入口附近和妨碍消防车通行的地段;影响镇容环境和易燃易爆的商品市场,应设在集镇的边缘,并应符合卫生、安全防护的要求。

2. 集贸市场用地的面积应按平集规模确定,并应安排好大集时临时占用的场地,休集时应考虑设施和用地的综合利用。

8 生产设施和仓储用地规划

8.0.1 工业生产用地应根据其生产经营的需要和对生活环境的影响程度进行选址和布置,并应符合下列规定:

1. 一类工业用地可布置在居住用地或公共设施用地附近;

2. 二类、三类工业用地应布置在常年最小风向频率的上风侧及河流的下游,并应符合现行国家标准《村镇规划卫生标准》GB 18055 的有关规定;

3. 新建工业项目应集中建设在规划的工业用地中;

4. 对已造成污染的二类、三类工业项目必须迁建或调整转产。

8.0.2 镇区工业用地的规划布局应符合下列规定:

1. 同类型的工业用地应集中分类布置,协作密切的生产项目应邻近布置,相互干扰的生产项目应予分隔;

2. 应紧凑布置建筑,宜建设多层厂房;

3. 应有可靠的能源、供水和排水条件,以及便利的交通和通信设施;

4. 公用工程设施和科技信息等项目宜共建共享;

5. 应设置防护绿带和绿化厂区;

6. 应为后续发展留有余地。

8.0.3 农业生产及其服务设施用地的选址和布置应符合下列规定:

1. 农机站、农产品加工厂等的选址应方便作业、运输和管理;

2. 养殖类的生产厂(场)等的选址应满足卫生和防疫要求,布置在镇区和村庄常年盛行风向的侧风位和通风、排水条件良好的地段,并应符合现行国家标准《村镇规划卫生标准》GB 18055 的有关规定;

3. 兽医站应布置在镇区的边缘。

8.0.4 仓库及堆场用地的选址和布置应符合下列规定:

1. 应按存储物品的性质和主要服务对象进行选址;

2. 宜设在镇区边缘交通方便的地段;

3. 性质相同的仓库宜合并布置,共建服务设施;

4. 粮、棉、油类、木材、农药等易燃易爆和危险品仓库严禁布置在镇区人口密集区,与生产建筑、公共建筑、居住建筑的距离应符合环保和安全的要求。

9 道路交通规划

9.1 一般规定

9.1.1 道路交通规划主要应包括镇区内部的道路交通、镇域内镇区和村庄之间的道路交通以及对外交通的规划。

9.1.2 镇的道路交通规划应依据县域或地区道路交通规划的统一部署进行规划。

9.1.3 道路交通规划应根据镇用地的功能、交通的流向和流量,结合自然条件和现状特点,确定镇区内部的道路系统,以及镇域内镇区和村庄之间的道路交通系统,应解决好与区域公路、铁路、水路等交通干线的衔接,并应有利于镇区和村庄的发展、建筑布置和管线敷设。

9.2 镇区道路规划

9.2.1 镇区的道路应分为主干路、干路、支路、巷路四级。

9.2.2 道路广场用地占建设用地的比例应符合本标准5.3的规定。

9.2.3 镇区道路中各级道路的规划技术指标应符合表9.2.3的规定。

表9.2.3 镇区道路规划技术指标

规划技术指标	主干路	干路	支路	巷路
计算行车速度(km/h)	40	30	20	—
道路红线宽度(m)	24—36	16—24	10—14	—
车行道宽度(m)	14—24	10—14	6—7	3.5
每侧人行道宽度(m)	4—6	3—5	0—3	0
道路间距(m)	≥500	250—500	120—300	60—150

9.2.4 镇区道路系统的组成应根据镇的规模分级和发展需求按表9.2.4确定。

表9.2.4 镇区道路系统组成

规划规模分级	道路级别			
	主干路	干路	支路	巷路
特大、大型	●	●	●	●
中型	○	●	●	●
小型	—	○	●	●

注:表中●——应设的级别;○——可设的级别。

主要参考书目

曹型荣,高毅存,等.城市规划实用指南[M].北京:机械工业出版社,2009.

陈道平,等.现代城市规划[M].北京:科学出版社,2004.

陈锦富.中国当代小城镇规划精品集——综合篇(二)[M].北京:中国建筑工业出版社,2003.

陈秋晓,孙宁,陈伟峰,等.城市规划CAD[M].杭州:浙江大学出版社,2009.

陈亦清,沈清基.县域规划理论与实践——浙江乐清县域规划[M].上海:同济大学出版社,1998.

陈友华,赵民.城市规划概论[M].上海:上海科学技术文献出版社,2000.

崔功豪,魏清泉,刘科伟.区域分析与区域规划[M].2版.北京:高等教育出版社,2006.

东南大学建筑系,东南大学建筑研究所.城市环境规划设计与方法[M].北京:中国建筑工业出版社,1997.

董光器.城市总体规划[M].3版.南京:东南大学出版社,2009.

董光器.城市总体规划[M].5版.南京:东南大学出版社,2014.

杜白操,张万方.小城镇规划设计施工指南[M].北京:中国建筑工业出版社,2004.

高文杰,刑天河,王海乾.新世纪小城镇发展与规划[M].北京:中国建筑工业出版社,2004.

耿虹,杨惜敏.中国当代小城镇规划精品集——探索集[M].北京:中国建筑工业出版社,2003.

顾朝林.城镇体系规划——理论·方法·实例[M].北京:中国建筑工业出版社,2005.

广东省城乡规划设计研究院.城市规划资料集[M].北京:中国建筑工业出版社,2005.

华中科技大学建筑城规学院.城市规划资料集第3分册:小城镇规划[M].北京:中国建筑工业出版社,2005.

黄琲斐.面向未来的城市规划和设计——可持续性城市规划和设计的理论及案例分析[M].北京:中国建筑工业出版社,2004.

黄非,单彦名,史玉薇.快速规划设计考试指导[M].北京:中国建筑工业出版社,2007.

黄光宇,陈勇.生态城市理论与规划设计方法[M].北京:科学出版社,2002.

黄明华.生长型规划布局——西北地区中小城市总体规划方法研究[M].北京:中国建筑工业出版社,2008.

黄兴国.城市特色理论与应用研究[M].北京:研究出版社,2004.

金兆森.城镇规划与设计[M].北京:中国农业出版社,2005.

金兆森,张晖,等.村镇规划[M].2版.南京:东南大学出版社,2005.

李德华.城市规划原理[M].3版.北京:中国建筑工业出版社,2001.

李强.城市基础设施工程规划全书(上)[M].北京:中国大地出版社,2001.

李小建.经济地理学[M].2版.北京:高等教育出版社,2006.

刘贵利,詹雪红,严奉天.中小城市总体规划解析[M].南京:东南大学出版社,2005.

潘宜,陈佳骆.小城镇规划编制的理论与方法[M].北京:中国建筑工业出版社,2007.

裴杭.城镇规划原理与设计[M].北京:中国建筑工业出版社,1992.

清华大学建筑与城市研究所. 城市规划理论·方法·实践[M]. 北京:地震出版社,1992.

全国城市规划执业制度管理委员会. 城市规划原理(试用版)[M]. 北京:中国计划出版社,2008.

任致远. 透视城市与城市规划[M]. 北京:中国电力出版社,2005.

谭纵波. 城市规划[M]. 北京:清华大学出版社,2005.

汤铭潭. 小城镇规划——研究标准、方法、实例[M]. 北京:机械工业出版社,2009.

田宝江. 总体城市设计理论与实践[M]. 武汉:华中科技大学出版社,2006.

同济大学城市规划教研室. 小城市总体规划[M]. 北京:中国建筑工业出版社,1986.

王爱华,夏有才. 城市规划新视角[M]. 北京:中国建筑工业出版社,2005.

王宏伟,尧传华,罗成章. 基于空间信息的小城镇规划、建设与管理决策支持系统[M]. 上海:中国城市出版社,2004.

王宁,王炜,赵荣山,等. 小城镇规划与设计[M]. 北京:科学出版社,2001.

王士兰,陈行上,陈钢炎. 中国小城镇规划新视角[M]. 北京:中国建筑工业出版社,2004.

王雨村,杨新海. 小城镇总体规划[M]. 南京:东南大学出版社,2002.

文国玮. 城市交通与道路系统规划[M]. 北京:清华大学出版社,2001.

吴明伟,孔令龙,陈联. 城市中心区规划[M]. 南京:东南大学出版社,1999.

吴志强,李德华. 城市规划原理[M]. 4版. 北京:中国建筑工业出版社,2010.

武进. 中国城市形态:结构、特征及其演变[M]. 南京:江苏科学技术出版社,1996.

武星宽,武静,裴磊. 环境艺术设计学:小城镇特色创新研究[M]. 武汉:武汉理工大学出版社,2005.

肖秋生. 城市总体规划原理[M]. 北京:人民交通出版社,1995.

许学强,周一星,宁越敏. 城市地理学[M]. 2版. 北京:高等教育出版社,2009.

杨振华,曹型荣,任朝钧. 城市总体规划[M]. 北京:机械工业出版社,2016.

袁中金,王勇. 小城镇发展规划[M]. 南京:东南大学出版社,2001.

张京祥. 西方城市规划思想史纲[M]. 南京:东南大学出版社,2005.

章俊华. 规划设计学中的调查分析法与实践[M]. 北京:中国建筑工业出版社,2005.

赵民,陶小马. 城市发展和城市规划的经济学原理[M]. 北京:高等教育出版社,2001.

赵天宇. 城市规划专业毕业设计指南[M]. 北京:中国水利水电出版社,2000.

中国城市规划设计研究院. 小城镇规划及相关技术标准研究[M]. 北京:中国建筑工业出版社,2009.

周安伟. 变革中的城市规划理论研究与实践[M]. 北京:中国铁道出版社,2003.

邹德慈. 城市规划导论[M]. 北京:中国建筑工业出版社,2002.

(法)让-保罗·拉卡兹. 城市规划方法[M]. 高煜,译. 北京:商务印书馆,1996.

(美)凯勒·伊斯特林. 美国城镇规划——按时间顺序进行比较[M]. 何华,周智勇,译. 北京:知识产权出版社,2004.

(美)凯文·林奇. 城市形态[M]. 林庆怡,等,译. 北京:华夏出版社,2001.

(美)伊迪斯·谢里. 建筑策划——从理论到实践的设计指南[M]. 黄慧文,译. 北京:中国建筑工业出版社,2006.

后记

　　城市总体规划涉及城市政治、经济、文化和社会生活等各个领域,是一项全局性、综合性、战略性的工作,在指导城市有序发展、提高城市建设和管理水平方面,发挥着重要的先导和统筹作用。自改革开放以来,我国城市总体规划的编制组织、编制内容面临不断的改革和完善。

　　时代背景的变化,资源环境的约束,城乡发展理念的转变,空间资源配置方式的转变,现代治理能力的提升,凡此种种,皆需要我们调整总体思路,创新规划理念,改进规划方法。

　　2013年11月,党的十八届三中全会提出新型城镇化战略,对城乡统筹关系提出了新的要求,指引着城乡发展理念的转变。

　　2015年12月,中央城市工作会议在北京召开,为未来的城市发展理念定下基调:要坚持集约发展,框定总量、限定容量、盘活存量、做优增量、提高质量,立足国情、尊重自然、顺应自然、保护自然,改善城市生态环境,在统筹上下工夫,在重点上求突破,着力提高城市发展的持续性和宜居性。

　　2016年2月,中共中央国务院发布《关于进一步加强城市规划建设管理工作的若干意见》,勾画了"十三五"乃至更长时间中国城市发展的"路线图":新时期要牢固树立和贯彻落实创新、协调、绿色、开放、共享的发展理念,认识、尊重、顺应城市发展规律,着力转变城市发展方式,塑造城市特色风貌,提升城市环境质量,创新城市管理服务,走出一条具有中国特色的城市发展道路。

　　2017年9月,住房和城乡建设部颁发《关于城市总体规划编制试点的指导意见》(建规〔2017〕200号),部署新一轮城市总体规划编制试点工作。沈阳、长春、南京、厦门、广州、苏州等15个城市被列为全国试点城市,开始启动新一版城市总体规划编制工作。住房和城乡建设部要求,城市总体规划编制试点要强化城市总体规划的战略引领和刚性控制作用,要以"统筹规划"和"规划统筹"为原则,把握好战略定位、空间格局和要素配置,坚持城乡统筹,落实"多规合一",使城市总体规划成为统筹各类发展空间需求和优化资源配置的平台。

　　在城市发展转型思想的指导下,传统以增量发展为主要内容的总体规划也开始了积极的回应与转变,各地的实践也在不断跟进。

　　《北京城市总体规划(2016—2035年)》编制工作,统筹推进"五位一体"总体布局,协调推进"四个全面"战略布局,牢固树立新发展理念,立足京津冀协同发展,坚持以人民为中心,坚持可持续发展,坚持一切从实际出发,注重长远发展,注重减量集约,注重生态保护,注重多规合一。其规划理念、重点、方法都有新突破,对全国其他大城市具有示范作用。

　　《上海市城市总体规划(2016—2040年)》编制工作所确立的"四个转变"规划理念,体现了全面提高城镇化质量、加快转变城镇化发展方式的根本要求;明确"六个突出"发展导向,坚持中国特色新型城镇化道路;提出的"五量调控"发展策略,遵循了高效配置土地资源的基本原则。

　　本书的修编,正当中国城市总体规划变革之时。教材修改几次提笔,又几次搁浅。苦于城市总体规划理论和实践经验的稀薄,驻足与徘徊在修订的时机和边缘。在国家战略和城市发展转型思路的指引下，结合各地新一轮城市总体规划编制实践，实时总结这些新理念、新思路、新举措，切实提高规划编制和实施水平，同时全面融入到教学实践中，是非常必要和迫切的。但各试点城市总体规划编制工作刚刚展开，还不能为法定规划提供某种定式。因此，本书的修编吸收并借鉴了现有总体规划研究成果，引入规划编制的新理念、新内容，但在内容体系上仍基本沿用原有的总体规划思路，即从现状到分析，到预测，到方案，到专项，到实施。在案例借鉴上，结合理论和知识点的归纳，尽可能采用最新的总体规划实践案例，从而直观展现总体规划设计的新思路、新方法。

目前，针对城市总体规划的变革讨论还没有结束，城市总体规划编制试点工作刚刚展开，各地的规划实践还在探索之中，城市总体规划设计的指导教材修订仍然需要继续努力。

本书没有标注资料来源的图片、表格均为笔者绘制。

王勇

2017 年 11 月于苏州科技大学